职业教育
数字媒体应用人才培养系列教材

U0160316

Cinema 4D

S24
微课版

三维设计应用教程

刘振民 张振平 ◎ 主编　　宁莉莉 牛一菽 孙琳 ◎ 副主编

人民邮电出版社
北　京

图书在版编目（CIP）数据

Cinema 4D三维设计应用教程：微课版 / 刘振民，
张振平主编. -- 北京：人民邮电出版社，2023.3
职业教育数字媒体应用人才培养系列教材
ISBN 978-7-115-60725-6

Ⅰ. ①C… Ⅱ. ①刘… ②张… Ⅲ. ①三维动画软件—
高等职业教育—教材 Ⅳ. ①TP391.414

中国国家版本馆CIP数据核字(2023)第035122号

内 容 提 要

Cinema 4D 是功能强大的三维设计软件。本书对 Cinema 4D 的基本操作方法、模型的设计技巧及 Cinema 4D 在各个领域中的应用进行全面的讲解。

本书分为上下两篇。上篇为基础技能篇，内容包括初识 Cinema 4D、参数化对象建模、生成器与变形器建模、多边形建模、体积建模与雕刻建模、灯光技术、材质技术、毛发技术、渲染技术和动画技术。下篇为案例实训篇，内容包括 Cinema 4D 在各个领域中的应用，包括海报设计、电商设计、UI设计、场景设计、游戏设计和动画设计。本书包含大量的课堂案例，且每个课堂案例都配以详细的操作步骤。通过对课堂案例操作的学习，学生可以快速熟悉软件功能并领会课堂案例的设计思路。为增强读者对软件的实际应用能力，本书除第 1 章外均配有课堂练习和课后习题供读者练习。本书的商业案例可以帮助读者快速掌握商业图形图像的设计理念和设计元素，提高读者的实践水平。

本书可作为高等职业院校三维设计类课程的教材，也可供相关人员自学参考。

- ◆ 主　　编　刘振民　张振平
  　　副 主 编　宁莉莉　牛一菽　孙　琳
  　　责任编辑　桑　珊
  　　责任印制　王　郁　焦志炜
- ◆ 人民邮电出版社出版发行　北京市丰台区成寿寺路 11 号
  　　邮编　100164　电子邮件　315@ptpress.com.cn
  　　网址　https://www.ptpress.com.cn
  　　固安县铭成印刷有限公司印刷
- ◆ 开本：787×1092　1/16
  　　印张：20.5　　　　　　　　2023 年 3 月第 1 版
  　　字数：520 千字　　　　　　2024 年 12 月河北第 5 次印刷

定价：69.80 元

读者服务热线：(010)81055256　印装质量热线：(010)81055316
反盗版热线：(010)81055315
广告经营许可证：京东市监广登字 20170147 号

Cinema 4D 是由德国 Maxon Computer 公司开发的一款可以进行建模、动画制作、场景模拟及渲染的专业软件。它功能强大、高效灵活，深受 3D 建模渲染爱好者和 3D 设计人员的喜爱，已经成为这一领域最流行的软件之一。目前，我国很多高职院校的数字媒体艺术类专业都将 Cinema 4D 作为一门重要的专业课程。为了帮助高职院校的教师全面、系统地讲授这门课程，使学生能够熟练地使用 Cinema 4D 进行创意设计，我们组织了几位长期在高职院校从事 Cinema 4D 教学工作的教师和专业平面设计公司中经验丰富的设计师，共同编写了本书。

本书全面贯彻党的二十大精神，以社会主义核心价值观为引领，传承中华优秀传统文化，坚定文化自信，使内容更好体现时代性、把握规律性、富于创造性。

本书具有完善的知识结构体系。在基础技能篇中，除第 1 章外，其余各章均按照"软件功能解析—课堂案例—课堂练习—课后习题"这一思路进行编排。软件功能解析部分可帮助学生学习软件功能和制作特色；课堂案例部分可帮助学生快速上手，熟悉软件功能和设计思路；课堂练习和课后习题部分可以拓展学生的实际应用能力。在案例实训篇中，根据 Cinema 4D 的各个应用领域，精心安排了 18 个精彩案例。通过对这些案例进行全面的分析和详细的学习，学生可以贴近实际工作，开阔艺术创意思维，提升设计与制作水平。本书在内容编写方面，力求细致全面、重点突出；在文字叙述方面，注重言简意赅、通俗易懂；在案例选取方面，强调案例的针对性和实用性。

本书配套资源包含书中所有案例的素材、效果文件，以及课堂练习和课后习题的操作步骤视频。另外，为方便教师教学，本书配备了 PPT 课件、教学大纲和教案等丰富的教学资源，任课教师可到人邮教育社区（www.ryjiaoyu.com）免费下载使用。

本书的参考学时为 64 学时，其中实训环节为 38 学时，各章的参考学时参见下面的学时分配表。

章	课程内容	学时分配	
		讲授	实训
第 1 章	初识 Cinema 4D	2	0
第 2 章	参数化对象建模	4	4
第 3 章	生成器与变形器建模	2	2
第 4 章	多边形建模	2	2
第 5 章	体积建模与雕刻建模	1	2
第 6 章	灯光技术	1	2
第 7 章	材质技术	1	2
第 8 章	毛发技术	1	2
第 9 章	渲染技术	1	2
第 10 章	动画技术	2	2

章	课程内容	学时分配	
		讲授	实训
第 11 章	海报设计	2	2
第 12 章	电商设计	1	2
第 13 章	UI 设计	2	4
第 14 章	场景设计	2	4
第 15 章	游戏设计	1	4
第 16 章	动画设计	1	2
学时总计		26	38

由于编者水平有限，书中难免存在不妥之处，敬请广大读者批评指正。

编 者

2023 年 5 月

Cinema 4D 教学辅助资源

素材类型	名称或数量	素材类型	名称或数量
教学大纲	1 套	课堂案例	31 个
电子教案	16 个单元	课堂练习	15 个
PPT 课件	16 个	课后习题	15 个

配套视频列表

章	微课视频	章	微课视频
第 2 章 参数化对象建模	制作礼物盒模型	第 7 章 材质技术	制作金属材质
	制作美妆主图		制作大理石材质
	制作气球模型		制作饮料瓶玻璃材质
	制作场景模型		制作塑料材质
	制作酒杯模型		制作吹风机陶瓷材质
第 3 章 生成器与变形器建模	制作电动牙刷电商详情页场景	第 8 章 毛发技术	制作牙刷刷头
	制作吹风机 Banner 场景		为牙刷添加材质
	制作标题模型		制作人物头发
	制作沙发模型		制作绿植绒球
	制作纽带模型	第 9 章 渲染技术	制作 U 盘环境
	制作小树模型		进行 U 盘渲染
	制作饮料瓶模型		进行卡通模型渲染
	制作榨汁机模型		进行吹风机渲染
第 4 章 多边形建模	制作 U 盘模型	第 10 章 动画技术	制作云彩飘移动画
	制作耳机模型		制作泡泡变形动画
	制作吹风机模型		制作蚂蚁搬运动画
第 5 章 体积建模与雕刻建模	制作卡通模型		制作饮料瓶运动模糊动画
	制作甜甜圈模型		
	制作小熊模型		制作卡通模型的闭眼动画
	制作面霜模型		
第 6 章 灯光技术	运用三点布光法照亮场景		制作人物环绕动画
	运用两点布光法照亮耳机	第 11 章 海报设计	制作中秋家居宣传海报
	运用两点布光法照亮卡通模型		制作艺术交流海报
	运用三点布光法照亮标题模型		制作耳机海报

章	微课视频	章	微课视频
第12章 电商设计	制作美妆主图	第15章 游戏设计	制作游戏关卡页
	制作吹风机的Banner		制作游戏载入页
	制作电动牙刷详情页		制作游戏操作页
第13章 UI设计	制作欢庆儿童节闪屏页	第16章 动画设计	制作美妆主图动画
	制作旅游引导页		制作欢庆儿童节闪屏页动画
	制作美食活动页		制作美食活动页动画
第14章 场景设计	制作简约室内场景效果		
	制作简约室外场景效果		
	制作现代室内场景效果		

CONTENTS 目 录

目 录 CONTENTS

目录 CONTENTS

CONTENTS 目录

目录 CONTENTS

上篇

基础技能篇

第1章
初识 Cinema 4D

Cinema 4D 作为一款强大的三维模型设计和动画制作软件，已成为当下最受设计师欢迎的软件之一。本章将对 Cinema 4D 的基础知识、工作界面及文件操作等进行系统讲解。通过对本章的学习，读者可以对 Cinema 4D 有一个全面的认识，为之后的深入学习打下坚实的基础。

知识目标

- 了解 Cinema 4D 的基础知识
- 熟悉 Cinema 4D 的工作界面
- 认识 Cinema 4D 的基本工具

能力目标

- 掌握 Cinema 4D 新建文件的方法
- 掌握 Cinema 4D 打开文件的方法
- 掌握 Cinema 4D 合并文件的方法
- 掌握 Cinema 4D 保存文件的方法
- 掌握 Cinema 4D 保存工程文件的方法
- 掌握 Cinema 4D 导出文件的方法

素质目标

- 培养对 Cinema 4D 的学习兴趣
- 培养收集 Cinema 4D 基础知识信息的能力
- 培养树立文化自信、职业自信的能力
- 培养将 Cinema 4D 中的理论知识与实际操作联系在一起的能力

1.1 Cinema 4D 的基础知识

本节的主要内容包括 Cinema 4D 简介、应用领域、工作流程三个部分。通过介绍这三个部分的知识，可使读者对 Cinema 4D 有基本的认识和了解。

1.1.1 Cinema 4D 简介

Cinema 4D（又称 C4D）是由德国 Maxon Computer 公司开发的一款可以进行建模、动画制作、场景模拟及渲染的专业软件，如图 1-1 所示。1993 年，FastRay 正式更名为 Cinema 4D 1.0。截至 2022 年，Cinema 4D 已经发展了 29 年。截至本书编写时，Cinema 4D 已经发展到了 S24 版本，它具备 3D 软件的所有功能，并且更加注重工作流程的便捷和高效，即便是新用户也能在较短的时间内入门。无论是个人还是团队，使用 Cinema 4D 都能制作出令人惊叹的效果。

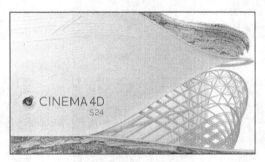

图 1-1

1.1.2 Cinema 4D 的应用领域

随着功能的不断加强和更新，Cinema 4D 的应用领域也愈发广泛，包括平面设计、包装设计、电商设计、用户界面（User Interface，UI）设计、工业设计、游戏设计、建筑设计、动画设计、栏目片头设计、影视特效设计等领域。在这些领域中，结合 Cinema 4D 和其他软件创作出来的设计作品能够给人带来震撼的视觉体验，如图 1-2 所示。

图 1-2

1.1.3　Cinema 4D 的工作流程

Cinema 4D 的工作流程包括建立模型、设置摄像机、设置灯光、赋予材质、制作动画、渲染输出这六大步骤，如图 1-3 所示。

（a）建立模型

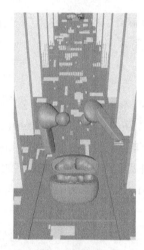

（b）设置摄像机

（c）设置灯光

（d）赋予材质

（e）制作动画

（f）渲染输出

图 1-3

1. 建立模型

使用 Cinema 4D 进行项目制作时，先要建立模型。在 Cinema 4D 中，可以通过参数化对象、生成器及变形器进行基础建模。此外，还可以通过多边形建模、体积建模及雕刻建模创建复杂模型。

2. 设置摄像机

在 Cinema 4D 中建立模型后，需要设置摄像机，并固定好模型的角度与位置，以便渲染出合适的效果图。此外，Cinema 4D 中的摄像机也可以用于制作一些基础动画。

3. 设置灯光

Cinema 4D 拥有强大的照明系统，内置丰富的灯光和阴影效果。调整 Cinema 4D 中灯光和阴影的属性，能够为模型提供真实的照明效果，满足众多复杂场景的渲染需求。

4. 赋予材质

设置灯光后，需要为模型赋予材质。在 Cinema 4D 的"材质"面板中创建材质球后，在"材质编辑器"对话框中选择相关通道即可对材质球进行调节，为模型赋予不同的材质。

5. 制作动画

不需要加入动画效果的项目可以直接渲染输出。对于需要加入动画效果的项目，则需要使用 Cinema 4D 为设置好材质的模型制作动画。在 Cinema 4D 中，既可以制作基础动画，也可以制作高级的角色动画。

6. 渲染输出

以上步骤都完成后，就要将制作好的项目在 Cinema 4D 中进行渲染输出，以查看最终的效果。在渲染输出之前，还可以根据渲染要求添加地板、天空等场景元素。

1.2　Cinema 4D 的工作界面

Cinema 4D 的工作界面分为 10 个部分，分别是标题栏、菜单栏、工具栏、模式工具栏、视图窗口、"对象"窗口、"属性"窗口、时间线面板、"材质"窗口和"坐标"窗口，如图 1-4 所示。

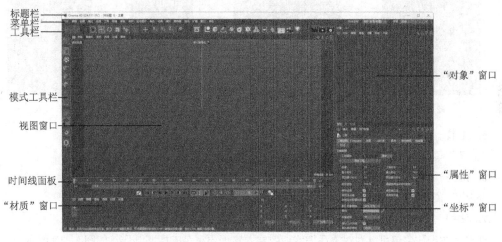

图 1-4

1.2.1　标题栏

标题栏位于工作界面顶端，用于显示软件版本和当前项目的名称等信息，如图 1-5 所示。

Cinema 4D S24.111 (RC) - [未标题 1 *] - 主要

图 1-5

1.2.2　菜单栏

菜单栏位于标题栏下方，其中包含 Cinema 4D 的大部分功能和命令，如图 1-6 所示。

图 1-6

1. 文件
通过"文件"菜单可以对场景中的文件进行新建、打开、保存、关闭等操作，如图 1-7 所示。

2. 编辑
通过"编辑"菜单可以对场景或对象进行一些基本操作，如图 1-8 所示。

3. 创建
通过"创建"菜单可以新建 Cinema 4D 中的大部分对象，如图 1-9 所示。

4. 选择
通过"选择"菜单可以调整选择对象的方式，如图 1-10 所示。

| 图 1-7 | 图 1-8 | 图 1-9 | 图 1-10 |

5. 工具
"工具"菜单提供了工作过程中需要用到的辅助工具，如图 1-11 所示。

6. 网格
"网格"菜单提供了针对可编辑对象的各种编辑命令，如图 1-12 所示。

7. 体积
通过"体积"菜单可以为对象添加体积效果，实现更复杂的模型制作，如图 1-13 所示。

8. 运动图形
通过"运动图形"菜单可以实现多种组合模型的效果，该菜单为建模提供了极大的便利，如图 1-14 所示。

9. 模拟
"模拟"菜单提供了制作动力学、粒子和毛发对象时需要的各种工具，如图 1-15 所示。

10. 渲染
"渲染"菜单提供了渲染场景和对象时需要的各种工具，如图 1-16 所示。

11. 窗口
通过"窗口"菜单不仅可以选择要打开的窗口，还可以在打开的多个窗口之间实现自由切换，如

图 1-17 所示。

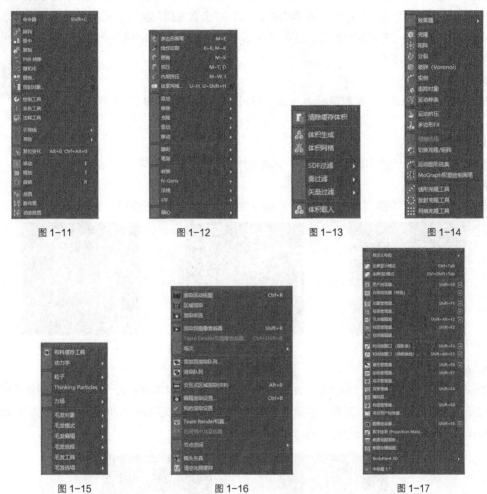

图 1-11   图 1-12   图 1-13   图 1-14

图 1-15   图 1-16   图 1-17

1.2.3 工具栏

工具栏位于菜单栏下方,它将菜单栏中使用频率较高的命令和工具进行了分类组合,以便用户使用,如图 1-18 所示。

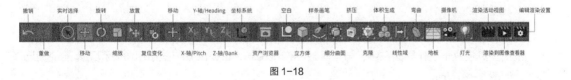

图 1-18

1. 撤销/重做

使用"撤销"工具 可以撤销前一步的操作,组合键为 Ctrl+Z。使用"重做"工具 可以重做对象,组合键为 Ctrl+Y。

2. 实时选择

"实时选择"工具 用于选择单个对象,快捷键为 9。长按该工具会弹出一个工具组,可以根据需要在其中选择其他选择工具，如图 1-19 所示。其中，使用"框选" 工具可以绘制矩形框，用于选择一个或多个对象，快捷键为 0；使用"套索选择" 工具可以绘制任意形状，用于选择一个或多个对象；使用"多边形选择" 工具可以绘制多边形，用于选择一个或多个对象。

图 1-19

3. 移动

使用"移动"工具 可以使对象沿 x、y 或 z 轴进行移动，快捷键为 E，如图 1-20 所示。

4. 旋转

使用"旋转"工具 可以使对象绕 x、y 或 z 轴进行旋转，快捷键为 R，如图 1-21 所示。

5. 缩放

使用"缩放"工具 可以使对象沿 x、y 或 z 轴进行缩放，快捷键为 T，如图 1-22 所示。

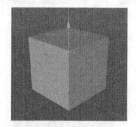
图 1-20

图 1-21

图 1-22

6. 坐标系统

Cinema 4D 提供了两种坐标系统，默认显示的是"对象"坐标系统 ，它按照对象自身的坐标轴进行显示，如图 1-23 所示；还有一种是"全局"坐标系统 ，无论对象如何旋转，其坐标轴都会与视图窗口左下角的世界坐标轴保持一致，如图 1-24 所示。

图 1-23

图 1-24

1.2.4 模式工具栏

模式工具栏位于工作界面左侧，与工具栏的作用相同，它提供了一些常用命令和工具的快捷选择方式，如图 1-25 所示。

1. 转为可编辑对象

单击"转为可编辑对象"按钮 ，可以将参数化对象转换为可编辑对象，快捷键为 C。转换完成后，可以对对象的点、线和面进行编辑。

2. 模型

当可编辑对象处于"点""边"或"多边形"模式时，单击"模型"按钮 ，可以将选中的对象切换到模型状态。

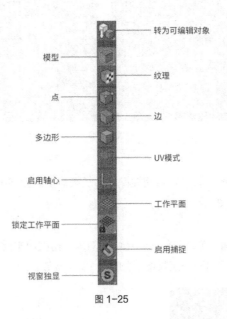

图 1-25

3. 纹理

单击"纹理"按钮 后，可以使用"移动""缩放""旋转"等工具调整可编辑对象上的贴图纹理。

4. 点

单击"点"按钮 ，即可进入可编辑对象的点层级编辑模式（"点"模式），如图 1-26 所示。在"点"模式中，可以对对象上的点进行编辑。

5. 边

单击"边"按钮 ，即可进入可编辑对象的边层级编辑模式（"边"模式），如图 1-27 所示。在"边"模式中，可以对对象上的边进行编辑。

6. 多边形

单击"多边形"按钮 ，即可进入可编辑对象的面层级编辑模式（"多边形"模式），如图 1-28 所示。在"多边形"模式中，可以对对象上的面进行编辑。

图 1-26

图 1-27

图 1-28

7. 启用轴心

单击"启用轴心"按钮 ，即可修改对象轴心的位置；再次单击此按钮，可以退出修改，如图 1-29 所示。

图 1-29

8．启用捕捉

单击"启用捕捉"按钮 ，即可开启捕捉模式，长按该按钮会弹出一个下拉列表，可以根据需要选择其他捕捉模式，如图 1-30 所示。

9．视窗独显

单击"视窗独显"按钮 ，可以单独显示选中的对象。再次单击此按钮，即可退出视窗独显模式。长按"视窗独显"按钮 会弹出一个工具组，如图 1-31 所示。

图 1-30

图 1-31

1.2.5　视图窗口

视图窗口位于工作界面的正中间，用于编辑与观察模型，默认显示透视视图，如图 1-32 所示。

1．视图的控制

按住 Alt 键和鼠标左键进行拖曳即可旋转视图；按住 Alt 键和鼠标中键进行拖曳即可移动视图；按住 Alt 键和鼠标右键进行拖曳即可缩放视图，也可以滚动鼠标滚轮实现缩放。单击鼠标中键可以从默认的透视视图切换为四视图，如图 1-33 所示。如需要放大某个视图，在该视图中单击鼠标中键即可。

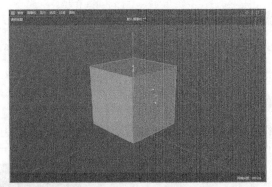

图 1-32

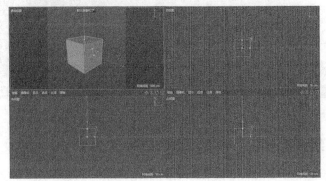

图 1-33

2. 视图的切换

通过"摄像机"菜单可以对视图进行切换，如图 1-34 所示。

3. 视图的显示模式

通过"显示"菜单可以切换对象的显示方式，如图 1-35 所示。

4. 视图显示元素

通过"过滤"菜单可以选择要在视图中显示的元素，如图 1-36 所示。

图 1-34

图 1-35

图 1-36

1.2.6 "对象"窗口

"对象"窗口位于工作界面的右上方，用于显示所有的对象及对象之间的层级关系，如图 1-37 所示。

1.2.7 "属性"窗口

"属性"窗口位于工作界面的右下方，用于调节所有对象、工具和命令的参数，如图 1-38 所示。

图 1-37

图 1-38

1.2.8 时间线面板

时间线面板位于视图窗口下方，用于调节动画效果，如图 1-39 所示。

图 1-39

1.2.9 "材质"窗口

"材质"窗口位于工作界面底部的左侧，用于管理场景中的材质，如图 1-40 所示，双击"材质"窗口的空白区域，可以创建材质球。双击材质球，将弹出"材质编辑器"窗口，在该窗口中可以调节材质的属性，如图 1-41 所示。

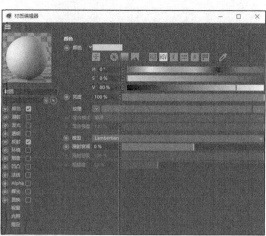

图 1-40

图 1-41

1.2.10 "坐标"窗口

"坐标"窗口位于"材质"窗口右侧，用于调节所有模型在三维空间中的位置、尺寸和旋转角度等参数，如图 1-42 所示。

图 1-42

1.3 Cinema 4D 的文件操作

在 Cinema 4D 中，常用的文件操作命令基本集中在"文件"菜单中，如图 1-43 所示，下面具体介绍几种常用的文件操作。

1.3.1 新建文件

新建文件是 Cinema 4D 中最基本的操作之一。选择"文件 > 新建项目"命令，或按 Ctrl+N 组合键，即可新建文件，文件名默认为"未标题 1"。

1.3.2 打开文件

选择"文件 > 打开项目"命令，或按 Ctrl+O 组合键，弹出"打开文件"对话框，在该对话框中选择文件，确认文件类型和名称，如图 1-44 所示，单击"打开"按钮，或直接双击文件，即可打开选择的文件。

图 1-43

图 1-44

1.3.3 合并文件

Cinema 4D 的工作界面只能显示单个文件，因此当打开多个文件时，若要浏览其他文件，则需要在"窗口"菜单的底部进行切换，如图 1-45 所示。

选择"文件 > 合并项目"命令，或按 Ctrl+Shift+O 组合键，弹出"打开文件"对话框，在该对话框中选择需要合并的文件，单击"打开"按钮，即可将所选文件合并到当前场景中，如图 1-46所示。

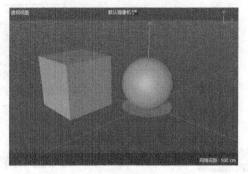

图 1-45　　　　　　　　　　　　　　　　　　　图 1-46

1.3.4　保存文件

文件编辑完成后，需要将文件保存，以便下次打开继续操作。

选择"文件 > 保存项目"命令，或按 Ctrl+S 组合键，可以保存文件。当对编辑完成的文件进行第一次保存时，会弹出"保存文件"对话框，如图 1-47 所示，单击"保存"按钮，即可将文件保存。当对已经保存的文件进行编辑操作后，选择"文件 > 保存项目"命令，不会弹出"保存文件"对话框，计算机会直接保存最终结果并覆盖原文件。

图 1-47

1.3.5　保存工程文件

包含贴图素材的文件编辑完成后，需要保存工程文件，避免贴图素材丢失。

选择"文件 > 保存工程（包含资源）"命令，可以将文件保存为工程文件，该文件中用到的贴图素材也将保存到工程文件夹中，如图 1-48 所示。

1.3.6　导出文件

Cinema 4D 可以将文件导出为.3ds、.xml、.dxf、.obj 等多种格式。

　　选择"文件 > 导出"命令，在弹出的子菜单中选择需要的文件格式，如图 1-49 所示。在弹出的对话框中单击"确定"按钮，弹出"保存文件"对话框，单击"保存"按钮，即可将文件以指定的格式导出。

图 1-48

图 1-49

第 2 章

参数化对象建模

Cinema 4D 中的建模即在视图窗口中创建三维模型,其中运用参数化对象建模是 Cinema 4D 建模方式中最基础的一种。本章将对 Cinema 4D 的参数化对象和样条进行系统讲解。通过对本章的学习,读者可以对 Cinema 4D 的参数化对象建模技术有一个全面的认识,并能快速掌握常用基础模型的制作技术与技巧,为后面学习其他建模技术打下良好的基础。

知识目标

- 了解参数化对象的概念
- 熟悉常用的参数化工具
- 熟悉常用的样条工具

能力目标

- 掌握使用参数化工具建模的方法
- 掌握使用样条工具建模的方法

素质目标

- 培养使用 Cinema 4D 参数化对象建模技术的良好习惯
- 培养对 Cinema 4D 参数化对象建模技术锐意进取、精益求精的工匠精神
- 培养一定的对 Cinema 4D 参数化对象建模技术的创新能力和艺术审美能力

2.1　参数化对象

在 Cinema 4D 中进行参数化对象建模时，可以随时调整场景和对象，整个建模过程灵活可控。同时 Cinema 4D 提供了大量的参数化工具，方便用户建模。

2.1.1　立方体

立方体由"立方体"工具 立方体 创建，它是常用的几何体之一，可以用作多边形建模中的基础物体。在场景中创建立方体后，"属性"窗口中会显示该立方体对象的属性，如图 2-1 所示。

2.1.2　圆盘

"圆盘"工具 圆盘 通常用于建立地面或反光板。在场景中创建圆盘后，"属性"窗口中会显示该圆盘对象的属性，如图 2-2 所示。

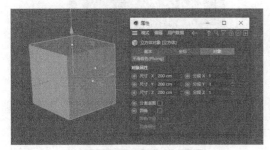
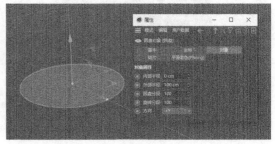

图 2-1　　　　　　　　　　　　　　　　图 2-2

2.1.3　平面

"平面"工具 平面 的应用非常广泛，通常用于建立地面和墙面。在场景中创建平面后，"属性"窗口中会显示该平面对象的属性，如图 2-3 所示。

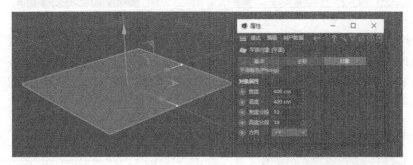

图 2-3

2.1.4　课堂案例——制作礼物盒模型

【案例学习目标】能够使用参数化工具制作礼物盒模型。

【案例知识要点】使用"立方体"工具制作礼物盒，使用"矩形"工具、"样条画笔"工具和"扫描"工具制作丝带。最终效果如图 2-4 所示。

【效果所在位置】云盘\Ch02\制作礼物盒模型\工程文件.c4d。

（1）启动 Cinema 4D。单击"编辑渲染设置"按钮 ⚙，弹出"渲染设置"窗口，在"输出"选项组中设置"宽度"为 800 像素、"高度"为 800 像素，单击"关闭"按钮，关闭"渲染设置"窗口。

（2）选择"立方体"工具 📦，在"对象"窗口中生成一个"立方体"对象。在"属性"窗口的"对象"选项卡中设置"尺寸.X"为 28cm、"尺寸.Y"为 28cm、"尺寸.Z"为 28cm，如图 2-5 所示。

图 2-4

（3）选择"立方体"工具 📦，在"对象"窗口中生成一个"立方体.1"对象。在"属性"窗口的"对象"选项卡中设置"尺寸.X"为 30cm、"尺寸.Y"为 6cm、"尺寸.Z"为 30cm，如图 2-6 所示。

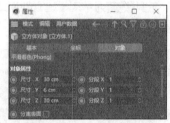

图 2-5   图 2-6

（4）在"坐标"窗口的"位置"选项组中设置"坐标"为"世界坐标"、"X"为 0cm、"Y"为 12cm、"Z"为 0cm，如图 2-7 所示。视图窗口中的效果如图 2-8 所示。

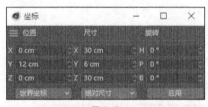

图 2-7   图 2-8

（5）选择"矩形"工具 ▭，在"对象"窗口中生成一个"矩形"对象。在"属性"窗口的"对象"选项卡中设置"宽度"为 30cm、"高度"为 31cm，如图 2-9 所示。在"对象"窗口中，在"矩形"对象上单击鼠标右键，在弹出的快捷菜单中选择"转为可编辑对象"命令，将其转为可编辑对象，如图 2-10 所示。

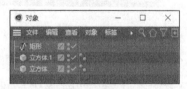

图 2-9   图 2-10

（6）单击"点"按钮█，切换到"点"模式。选择"移动"工具█，按住 Shift 键选中需要的节点，如图 2-11 所示。在"坐标"窗口的"位置"选项组中设置"X"为 0cm、"Y"为-14.3cm、"Z"为 0cm，在"尺寸"选项组中设置"X"为 29cm、"Y"为 0cm、"Z"为 0cm，如图 2-12 所示。

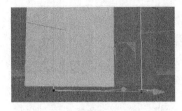

图 2-11

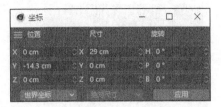

图 2-12

（7）按住 Shift 键选中需要的节点，如图 2-13 所示。在"坐标"窗口的"位置"选项组中设置"X"为 0cm、"Y"为 15.6cm、"Z"为 0cm，在"尺寸"选项组中设置"X"为 31cm、"Y"为 0cm、"Z"为 0cm，如图 2-14 所示。

图 2-13

图 2-14

（8）选择"矩形"工具█，在"对象"窗口中生成一个"矩形.1"对象。在"属性"窗口的"对象"选项卡中设置"宽度"为 0.2cm、"高度"为 3.5cm，如图 2-15 所示。选择"扫描"工具█，在"对象"窗口中生成一个"扫描"对象，并将其重命名为"带子 1"，如图 2-16 所示。

图 2-15

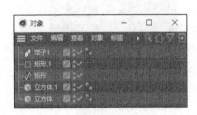

图 2-16

（9）按住 Shift 键选中"矩形"对象和"矩形.1"对象，如图 2-17 所示。将选中的对象拖曳到"带子 1"对象的下方，如图 2-18 所示。折叠"带子 1"对象组。

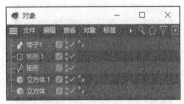

图 2-17

图 2-18

（10）选中"带子 1"对象组，按住 Ctrl 键并向上拖曳鼠标，当鼠标指针变为图 2-19 所示的箭头时，松开鼠标即可复制对象组，会自动生成一个"带子 1.1"对象组，如图 2-20 所示。

图 2-19

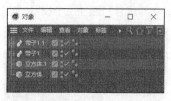

图 2-20

（11）单击"模型"按钮，切换到"模型"模式。选中"带子 1.1"对象组，在"坐标"窗口的"旋转"选项组中设置"H"为 90°，如图 2-21 所示。视图窗口中的效果如图 2-22 所示。

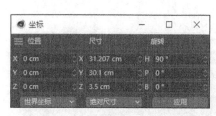

图 2-21

图 2-22

（12）在"对象"窗口中将"带子 1.1"重命名为"带子 2"。按 F3 键，切换至"右视图"窗口，选择"样条画笔"工具，在视图窗口中绘制出图 2-23 所示的形状。按 F1 键，切换至"透视视图"窗口。选择"矩形"工具，在"对象"窗口中生成一个"矩形.1"对象。在"属性"窗口的"对象"选项卡中设置"宽度"为 0.2cm、"高度"为 1.7cm，如图 2-24 所示。

图 2-23

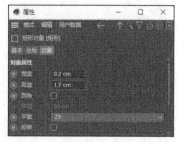

图 2-24

（13）选择"扫描"工具，在"对象"窗口中生成一个"扫描"对象。按住 Shift 键选中"矩形"对象和"样条"对象，如图 2-25 所示。将选中的对象拖曳到"扫描"对象的下方，如图 2-26 所示。

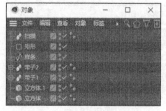

图 2-25

图 2-26

（14）单击"模型"按钮，切换到"模型"模式。选中"扫描"对象组，在"坐标"窗口的"旋转"选项组中设置"H"为 45°，如图 2-27 所示。将"扫描"对象组重命名为"带子 3"，并将其折叠，如图 2-28 所示。

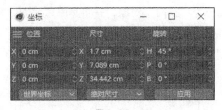

图 2-27   图 2-28

（15）选中"带子 3"对象组，按住 Ctrl 键并向上拖曳鼠标，以复制对象组，会自动生成"带子 3.1"对象组，如图 2-29 所示。选中"带子 3.1"对象组，在"坐标"窗口的"旋转"选项组中设置"H"为 135°，如图 2-30 所示。

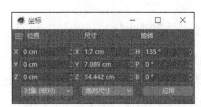

图 2-29   图 2-30

（16）在"对象"窗口中将"带子 3.1"重命名为"带子 4"。选择"空白"工具，在"对象"窗口中生成一个"空白"对象，并将其重命名为"右礼物盒"。框选需要的对象及对象组，如图 2-31 所示。将选中的对象及对象组拖曳到"右礼物盒"对象的下方，如图 2-32 所示。折叠"右礼物盒"对象组。

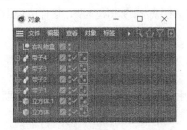

图 2-31   图 2-32

（17）选中"右礼物盒"对象组，在"坐标"窗口的"位置"选项组中设置"X"为 176cm、"Y"为 15cm、"Z"为-270cm，在"旋转"选项组中设置"H"为 45°，如图 2-33 所示。在"对象"窗口中复制"右礼物盒"对象组，并将生成的新对象组重命名为"左礼物盒"，如图 2-34 所示。

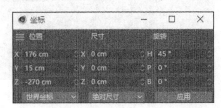
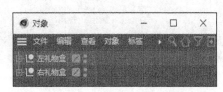

图 2-33   图 2-34

（18）选中"左礼物盒"对象组，在"坐标"窗口的"位置"选项组中设置"X"为-154cm、"Y"为 15cm、"Z"为-235cm；在"旋转"选项组中设置"H"为 45°、"B"为-90°，如图 2-35 所示。

（19）选择"空白"工具 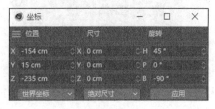，在"对象"窗口中生成一个"空白"对象，并将其重命名为"礼物盒"。将"左礼物盒"对象组和"右礼物盒"对象组选中，并将它们拖曳到"礼物盒"对象的下方，如图 2-36 所示。折叠"礼物盒"对象组。礼物盒模型制作完成。

图 2-35

图 2-36

2.1.5 圆柱体

圆柱体由"圆柱体"工具 创建，它同样是常用的几何体之一。在场景中创建圆柱体后，"属性"窗口中会显示该圆柱体对象的属性，如图 2-37 所示。其常用的属性位于"对象""封顶""切片"3 个选项卡内。

2.1.6 球体

球体由"球体"工具 创建，它也是常用的几何体之一。在场景中创建球体后，"属性"窗口中会显示该球体

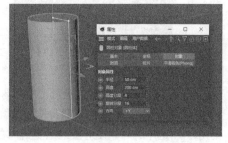

图 2-37

对象的属性，如图 2-38 所示。可以在"类型"下拉列表中选择需要的球体类型，这样既可以创建完整球体，也可以创建半球体或球体的某个部分。

2.1.7 胶囊

胶囊对象看起来像一个顶面和底面为半球体的圆柱。使用"胶囊"工具 在场景中创建胶囊后，"属性"窗口中会显示该胶囊对象的属性，如图 2-39 所示。

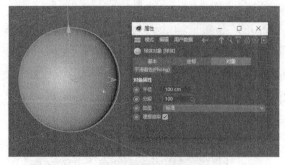

图 2-38

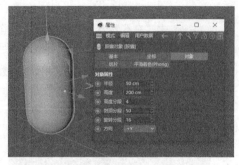

图 2-39

2.1.8　课堂案例——制作美妆主图场景

【案例学习目标】能够使用参数化工具制作美妆主图场景。

【案例知识要点】使用"平面"工具制作背景，使用"圆柱体"工具制作展示台，使用"球体"工具制作装饰球。最终效果如图 2-40 所示。

【效果所在位置】云盘\Ch02\制作美妆主图场景\工程文件.c4d。

图 2-40

（1）启动 Cinema 4D。单击"编辑渲染设置"按钮，弹出"渲染设置"窗口，如图 2-41 所示，在"输出"选项组中设置"宽度"为 800 像素、"高度"为 800 像素，如图 2-42 所示，单击"关闭"按钮，关闭"渲染设置"窗口。

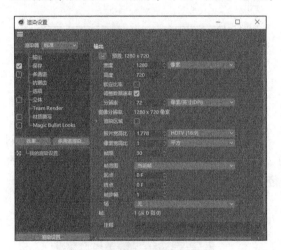

图 2-41

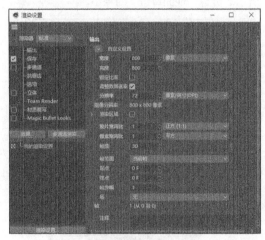

图 2-42

（2）选择"平面"工具，在"对象"窗口中生成一个"平面"对象，并将其重命名为"地面"。在"属性"窗口的"对象"选项卡中设置"宽度"为 1400cm、"高度"为 1400cm，如图 2-43 所示。视图窗口中的效果如图 2-44 所示。

图 2-43

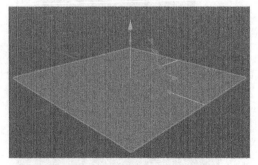

图 2-44

（3）选择"平面"工具，在"对象"窗口中生成一个"平面"对象，并将其重命名为"背景"，如图 2-45 所示。在"属性"窗口的"对象"选项卡中设置"宽度"为 1400cm、"高度"为 1400cm、"方向"为"+Z"，如图 2-46 所示。

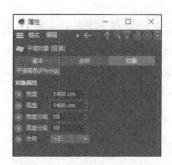

图 2-45　　　　　　　　　　　　　　图 2-46

（4）选择"空白"工具 ，在"对象"窗口中生成一个"空白"对象，并将其重命名为"地面背景"，如图 2-47 所示。将"地面"对象和"背景"对象拖曳到"地面背景"对象的下方，如图 2-48 所示。折叠"地面背景"对象组。

图 2-47　　　　　　　　　　　　　　图 2-48

（5）选择"圆柱体"工具 ，在"对象"窗口中生成一个"圆柱体"对象。在"属性"窗口的"对象"选项卡中设置"半径"为 35cm、"高度"为 250cm、"旋转分段"为 32，如图 2-49 所示；在"封顶"选项卡中勾选"圆角"复选框，设置"半径"为 2cm，如图 2-50 所示。

图 2-49　　　　　　　　　　　　　　图 2-50

（6）在"坐标"窗口的"位置"选项组中设置"X"为 90cm、"Y"为 125cm、"Z"为-138cm，如图 2-51 所示。视图窗口中的效果如图 2-52 所示。

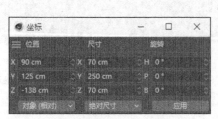

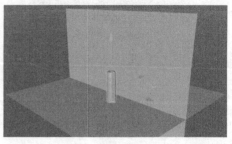

图 2-51　　　　　　　　　　　　　　图 2-52

（7）选择"圆柱体"工具█，在"对象"窗口中生成一个"圆柱体.1"对象。在"属性"窗口的"对象"选项卡中设置"半径"为50cm、"高度"为190cm、"旋转分段"为32，如图 2-53 所示；在"封顶"选项卡中勾选"圆角"复选框，设置"半径"为2cm。

（8）在"坐标"窗口的"位置"选项组中设置"X"为5cm、"Y"为95cm、"Z"为-164cm，如图 2-54 所示。

图 2-53

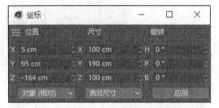

图 2-54

（9）选择"圆柱体"工具█，在"对象"窗口中生成一个"圆柱体.2"对象。在"属性"窗口的"对象"选项卡中设置"半径"为54cm、"高度"为75cm、"旋转分段"为32，如图 2-55 所示；在"封顶"选项卡中勾选"圆角"复选框，设置"半径"为2cm。

（10）在"坐标"窗口的"位置"选项组中设置"X"为-78cm、"Y"为38cm、"Z"为-225cm，如图 2-56 所示。

图 2-55

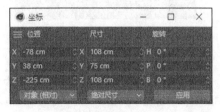

图 2-56

（11）使用相同的方法再创建 4 个圆柱体对象。在"圆柱体.3"对象的"属性"窗口的"对象"选项卡中设置"半径"为40cm、"高度"为56cm、"旋转分段"为32；在"封顶"选项卡中勾选"圆角"复选框，设置"半径"为2cm。在"坐标"窗口的"位置"选项组中设置"X"为66cm、"Y"为28cm、"Z"为-246cm。

（12）在"圆柱体.4"对象的"属性"窗口的"对象"选项卡中设置"半径"为44cm、"高度"为76cm、"旋转分段"为32；在"封顶"选项卡中勾选"圆角"复选框，设置"半径"为2cm。在"坐标"窗口的"位置"选项组中设置"X"为152cm、"Y"为38cm、"Z"为-204cm。

（13）在"圆柱体.5"对象的"属性"窗口的"对象"选项卡中设置"半径"为35cm、"高度"为111cm、"旋转分段"为32；在"封顶"选项卡中勾选"圆角"复选框，设置"半径"为2cm。在"坐标"窗口的"位置"选项组中设置"X"为215cm、"Y"为56cm、"Z"为-136cm。

（14）在"圆柱体.6"对象的"属性"窗口的"对象"选项卡中设置"半径"为40cm、"高度"为50cm、"旋转分段"为32；在"封顶"选项卡中勾选"圆角"复选框，设置"半径"为2cm。在"坐标"窗口的"位置"选项组中设置"X"为-200cm、"Y"为25cm、"Z"为-164cm。视图窗口中的效果如图2-57所示。

图2-57

（15）选择"空白"工具，在"对象"窗口中生成一个"空白"对象，并将其重命名为"底座"，如图2-58所示。框选需要的对象，将选中的对象拖曳到"底座"对象的下方，如图2-59所示。折叠"底座"对象组。

图2-58

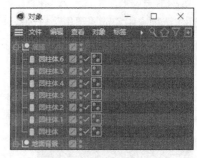

图2-59

（16）选择"球体"工具，在"对象"窗口中生成一个"球体"对象。在"属性"窗口的"对象"选项卡中设置"半径"为7cm，如图2-60所示。在"坐标"窗口的"位置"选项组中设置"X"为68cm、"Y"为7cm、"Z"为-311cm，如图2-61所示。

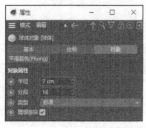

图2-60

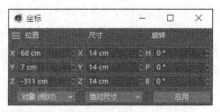

图2-61

（17）使用相同的方法再创建5个球体对象。在"球体.1"对象的"属性"窗口的"对象"选项卡中，设置"半径"为7cm。在"坐标"窗口的"位置"选项组中设置"X"为1cm、"Y"为7cm、"Z"为-243cm。

（18）在"球体.2"对象的"属性"窗口的"对象"选项卡中设置"半径"为 10cm。在"坐标"窗口的"位置"选项组中设置"X"为–40cm、"Y"为 10cm、"Z"为–300cm。

（19）在"球体.3"对象的"属性"窗口的"对象"选项卡中设置"半径"为 7cm。在"坐标"窗口的"位置"选项组中设置"X"为 210cm、"Y"为 7cm、"Z"为–220cm。

（20）在"球体.4"对象的"属性"窗口的"对象"选项卡中设置"半径"为 8cm。在"坐标"窗口的"位置"选项组中设置"X"为–140cm、"Y"为 8cm、"Z"为–295cm。

（21）在"球体.5"对象的"属性"窗口的"对象"选项卡中设置"半径"为 8cm。在"坐标"窗口的"位置"选项组中设置"X"为–241cm、"Y"为 8cm、"Z"为–210cm。

（22）选择"空白"工具，在"对象"窗口中生成一个"空白"对象，并将其重命名为"装饰球"。框选需要的对象，如图 2-62 所示。将选中的对象拖曳到"装饰球"对象的下方，如图 2-63 所示。折叠"装饰球"对象组。

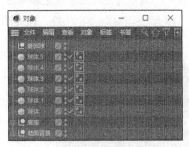
图 2-62
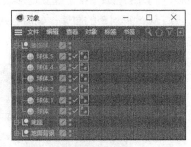
图 2-63

（23）选择"空白"工具，在"对象"窗口中生成一个"空白"对象，并将其重命名为"场景"。框选需要的对象组，如图 2-64 所示。将选中的对象组拖曳到"场景"对象的下方，如图 2-65 所示。折叠"场景"对象组。国货美妆主图场景制作完成。

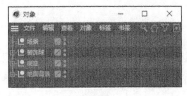
图 2-64
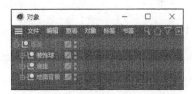
图 2-65

2.1.9 圆锥体

使用"圆锥体"工具在场景中创建圆锥体后，"属性"窗口中会显示该圆锥体对象的属性，如图 2-66 所示，其常用的属性与圆柱体基本相同。另外，在视图窗口中拖曳参数化对象上的控制点可以改变参数化对象的参数。

2.1.10 管道

管道的外观与圆柱体类似，二者的区别在于管道是空心的，具有内部半径和外部半径。使用"管道"工具在场景中创建管道后，"属性"窗口中会显示该管道对象的属性，如图 2-67 所示。其常用的属性位于"对象"和"切片"两个选项卡内。

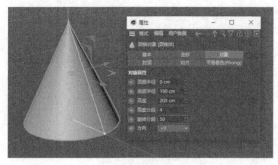
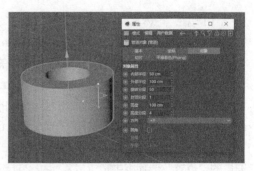

图 2-66　　　　　　　　　　　　　　　　　　图 2-67

2.1.11　地形

　　"地形"工具 ▲ 地形 通常用于建立地形模型。使用"地形"工具 ▲ 地形 在场景中创建地形后，"属性"窗口中会显示该地形对象的属性，如图 2-68 所示，调节相关属性可以制作出山峰、洼地和平地等不同的效果。

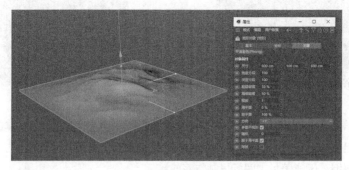

图 2-68

2.1.12　圆环面

　　"圆环面"工具 ◎ 圆环面 通常用于建立环形或具有圆形横截面的环状物体。使用"圆环面"工具 ◎ 圆环面 在场景中创建圆环面后，"属性"窗口中会显示该圆环面对象的属性，如图 2-69 所示。其常用的属性位于"对象"和"切片"两个选项卡内。

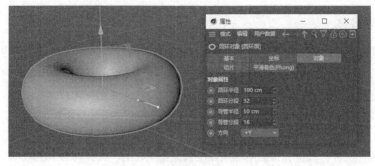

图 2-69

2.1.13 课堂案例——制作气球模型

【案例学习目标】能够使用参数化工具制作气球模型。

【案例知识要点】使用"球体"工具和"圆环面"工具制作气球主体,使用"样条画笔"工具、"圆环"工具和"扫描"工具制作气球线。最终效果如图 2-70 所示。

图 2-70

【效果所在位置】云盘\Ch02\制作气球模型\工程文件.c4d。

（1）启动 Cinema 4D。单击"编辑渲染设置"按钮，弹出"渲染设置"窗口，在"输出"选项组中设置"宽度"为 800 像素、"高度"为 800 像素，单击"关闭"按钮，关闭"渲染设置"窗口。

（2）选择"球体"工具，在"对象"窗口中生成一个"球体"对象。在"属性"窗口的"对象"选项卡中设置"半径"为 24cm、"分段"为 24，如图 2-71 所示。在"坐标"窗口的"位置"选项组中，设置"X"为 0cm、"Y"为 395cm、"Z"为-317cm，如图 2-72 所示。

图 2-71

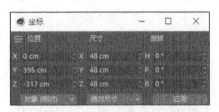

图 2-72

（3）按住 Shift 键单击"锥化"工具，在"球体"对象下方生成一个"锥化"对象，如图 2-73 所示。在"对象"窗口中选中"锥化"对象，在"属性"窗口的"对象"选项卡中设置"强度"为 11%，如图 2-74 所示。

图 2-73

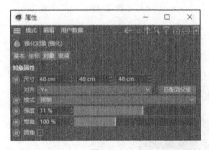

图 2-74

（4）在"坐标"窗口的"旋转"选项组中设置"B"为 180°，如图 2-75 所示。视图窗口中的效果如图 2-76 所示。

（5）选择"圆环面"工具，在"对象"窗口中生成一个"圆环面"对象。在"属性"窗口的"对象"选项卡中设置"圆环半径"为 2cm、"导管半径"为 1cm，如图 2-77 所示。在"坐标"窗口的"位置"选项组中设置"X"为 0cm、"Y"为 371cm、"Z"为-317cm，如图 2-78 所示。

图 2-75

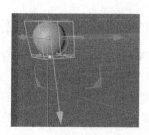

图 2-76

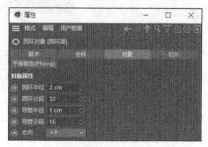

图 2-77

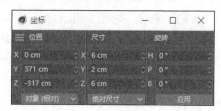

图 2-78

（6）选择"圆环面"工具 ⊙，在"对象"窗口中生成一个"圆环面.1"对象。在"属性"窗口的"对象"选项卡中设置"圆环半径"为3cm、"导管半径"为1cm，如图 2-79 所示。在"坐标"窗口的"位置"选项组中设置"X"为0cm、"Y"为369cm、"Z"为-317cm，如图 2-80 所示。

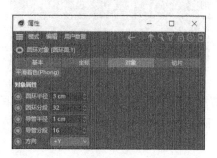

图 2-79

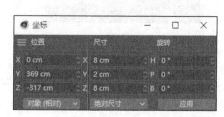

图 2-80

（7）按F4键，切换至"正视图"窗口。选择"样条画笔"工具 ✐，在视图窗口中绘制出图 2-81 所示的形状。按 F1 键，切换至"透视视图"窗口。单击"模型"按钮 ▣，切换到"模型"模式。选中"样条"对象，在"坐标"窗口的"位置"选项组中设置"Z"为-317cm，如图 2-82 所示。视图窗口中的效果如图 2-83 所示。

图 2-81

图 2-82

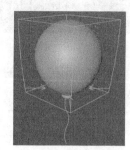

图 2-83

（8）选择"圆环"工具◎，在"对象"窗口中生成一个"圆环"对象。在"属性"窗口的"对象"选项卡中设置"半径"为 0.5cm，如图 2-84 所示。选择"扫描"工具✎，在"对象"窗口中生成一个"扫描"对象。

（9）选中"圆环"对象和"样条"对象，并将它们拖曳到"扫描"对象的下方，如图 2-85 所示。折叠"扫描"对象组。

图 2-84

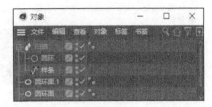

图 2-85

（10）选择"空白"工具▣，在"对象"窗口中生成一个"空白"对象，并将其重命名为"气球"。框选需要的对象及对象组，如图 2-86 所示。将选中的对象及对象组拖曳到"气球"对象的下方，如图 2-87 所示。折叠"气球"对象组。

图 2-86

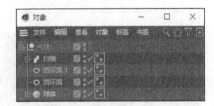

图 2-87

（11）选中"气球"对象组，在"坐标"窗口的"位置"选项组中设置"X"为-184cm、"Y"为-84cm、"Z"为50cm，如图 2-88 所示。视图窗口中的效果如图 2-89 所示。

图 2-88

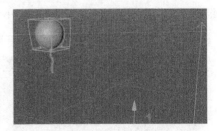

图 2-89

（12）按住 Ctrl 键并向上拖曳鼠标，以复制对象组，会自动生成"气球.1"对象组，如图 2-90 所示。选中"气球.1"对象组，在"坐标"窗口的"位置"选项组中设置"X"为-246cm、"Y"为-184cm、"Z"为226cm，如图 2-91 所示。

（13）选中"气球"对象组，按住 Ctrl 键并向上拖曳鼠标，以复制对象组，会自动生成"气球.2"对象组，如图 2-92 所示。选中"气球.2"对象组，在"坐标"窗口的"位置"选项组中设置"X"为-190cm、"Y"为-125cm、"Z"为180cm，如图 2-93 所示。

图 2-90

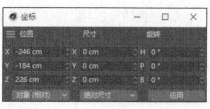

图 2-91

图 2-92

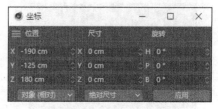

图 2-93

（14）使用上述方法再复制出 5 个"气球"对象组。选中"气球.3"对象组，在"坐标"窗口的"位置"选项组中设置"X"为-129cm、"Y"为-86cm、"Z"为 99cm，如图 2-94 所示。选中"气球.4"对象组，在"坐标"窗口的"位置"选项组中设置"X"为 190cm、"Y"为-1cm、"Z"为 99cm，如图 2-95 所示。

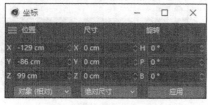

图 2-94

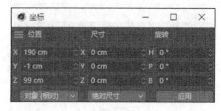

图 2-95

（15）选中"气球.5"对象组，在"坐标"窗口的"位置"选项组中设置"X"为 232cm、"Y"为-50cm、"Z"为 99cm，如图 2-96 所示。选中"气球.6"对象组，在"坐标"窗口的"位置"选项组中设置"X"为 228cm、"Y"为-75cm、"Z"为 265cm，如图 2-97 所示。

图 2-96

图 2-97

（16）选中"气球.7"对象组，在"坐标"窗口的"位置"选项组中设置"X"为 272cm、"Y"为-145cm、"Z"为 215cm，如图 2-98 所示。视图窗口中的效果如图 2-99 所示。

（17）选择"空白"工具，在"对象"窗口中生成一个"空白"对象，并将其重命名为"气球"。框选需要的对象组，如图 2-100 所示。将选中的对象组拖曳到"气球"对象的下方，并折叠"气球"对象组，如图 2-101 所示。气球模型制作完成。

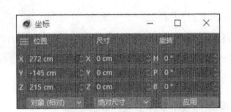

图 2-98

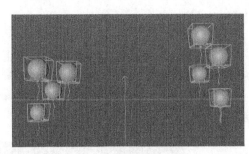

图 2-99

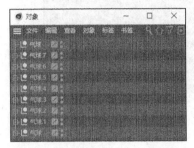

图 2-100

图 2-101

2.2 样条

样条是 Cinema 4D 中默认的二维图形，可以通过"样条画笔"工具 绘制样条，也可以通过样条列表直接创建样条。绘制出的样条结合其他命令可以生成三维模型，这是一种基础的建模方法。

长按工具栏中的"样条画笔"按钮 ，弹出样条工具组，如图 2-102 所示。选择"创建 > 样条"命令，也可以弹出样条工具组，如图 2-103 所示。在样条工具组中单击需要创建的样条的图标，即可在视图窗口中绘制或创建对应的样条。

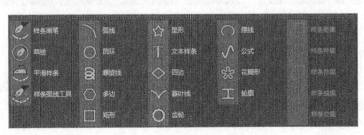

图 2-102

图 2-103

2.2.1 样条画笔

"样条画笔"工具 是 Cinema 4D 中常用来绘制曲线的工具之一，它分为 5 种类型，即"线性""立方""Akima""B-样条""贝塞尔"，如图 2-104 所示。

图 2-104

系统默认的曲线类型为"贝塞尔"。在场景中绘制一条曲线后，"属性"窗口中会显示该曲线对象的属性，如图 2-105 所示。

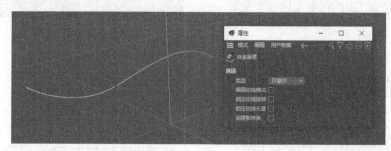

图 2-105

2.2.2 圆环

圆环样条由"圆环"工具 创建，它是常用的样条之一。在场景中创建圆环样条后，"属性"窗口中会显示该圆环样条对象的属性，如图 2-106 所示。

2.2.3 矩形

使用"矩形"工具 可以创建出多种尺寸的矩形样条。在场景中创建矩形样条后，"属性"窗口中会显示该矩形样条对象的属性，如图 2-107 所示，调节"宽度"和"高度"等选项，可以改变矩形样条的尺寸。

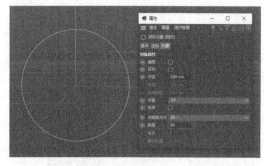

图 2-106

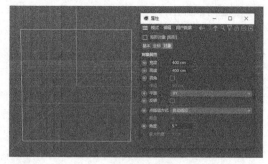

图 2-107

2.2.4 公式

使用"公式"工具 创建样条后，可以在"属性"窗口中输入公式以改变样条形状。在场景中创建公式样条后，"属性"窗口中会显示该公式样条对象的属性，如图 2-108 所示。

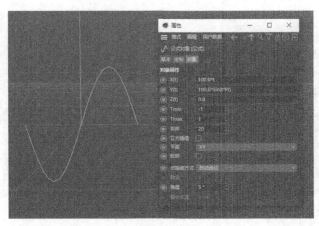

图 2-108

2.2.5　课堂案例——制作场景模型

【案例学习目标】能够使用参数化工具制作场景模型。

【案例知识要点】使用"公式"工具、"矩形"工具和"扫描"工具制作窗帘，使用"立方体"工具、"圆柱体"工具、"布尔"工具、"宝石体"工具、"管道"工具和"圆锥体"工具绘制装饰对象，使用"摄像机"工具控制视图中的显示效果。最终效果如图 2-109 所示。

【效果所在位置】云盘\Ch02\制作场景模型\工程文件.c4d。

（1）启动 Cinema 4D。选择"渲染 > 编辑渲染设置"命令，弹出"渲染设置"窗口，如图 2-110 所示。在"输出"选项组中设置"宽度"为 1024 像素、"高度"为 1369 像素，如图 2-111 所示，单击"关闭"按钮，关闭"渲染设置"窗口。

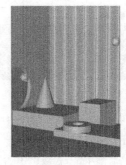

图 2-109

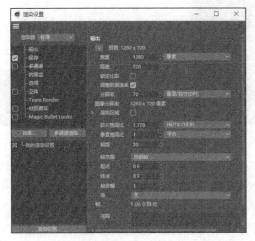

图 2-110

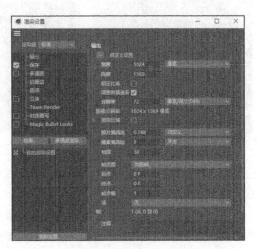

图 2-111

（2）选择"公式"工具 ，在"属性"窗口中设置"Tmin"为 25、"采样"为 200，如图 2-112 所示。视图窗口中的效果如图 2-113 所示。

图 2-112

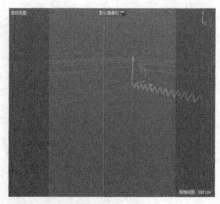

图 2-113

（3）在"对象"窗口中的"公式"对象上单击鼠标右键，在弹出的快捷菜单中选择"转为可编辑对象"命令，将其转为可编辑对象。选择"矩形"工具，在"对象"窗口中生成一个"矩形"对象，如图 2-114 所示。选择"扫描"工具，在"对象"窗口中生成一个"扫描"对象，如图 2-115 所示。

图 2-114

图 2-115

（4）在"对象"窗口中选中"矩形"对象，在"属性"窗口中设置"宽度"为 10cm、"高度"为 3200cm，如图 2-116 所示。视图窗口中的效果如图 2-117 所示。分别将"矩形"对象和"公式"对象拖曳到"扫描"对象的下方，选中"扫描"对象组，将其重命名为"窗帘"，如图 2-118 所示。

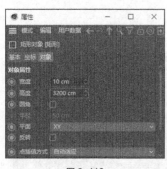

图 2-116

图 2-117

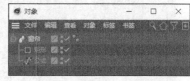

图 2-118

（5）选择"旋转"工具，视图窗口中的效果如图 2-119 所示。将鼠标指针放置在 x 轴上并单击，按住 Shift 键并拖曳鼠标，将对象旋转 90°，效果如图 2-120 所示。

（6）在"对象"窗口中的"窗帘"对象上单击鼠标右键，在弹出的快捷菜单中选择"转为可编辑对象"命令，将其转为可编辑对象，如图 2-121 所示。在"坐标"窗口的"尺寸"选项组中设置"X"为 3300cm、"Y"为 210cm、"Z"为 3200cm，如图 2-122 所示。

（7）选择"立方体"工具，在"对象"窗口中生成一个"立方体"对象，并使用相同的方法将其转为可编辑对象，如图 2-123 所示。

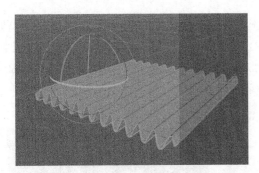

图 2-119

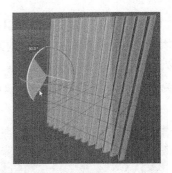

图 2-120

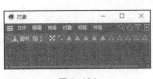

图 2-121

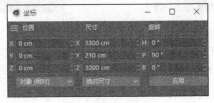

图 2-122

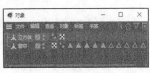

图 2-123

（8）在"坐标"窗口的"位置"选项组中设置"X"为150cm、"Y"为0cm、"Z"为-1060cm，在"尺寸"选项组中设置"X"为78cm、"Y"为3300cm、"Z"为2000cm，如图2-124所示。视图窗口中的效果如图2-125所示。

图 2-124

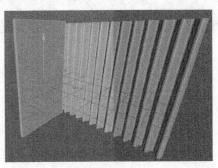

图 2-125

（9）选择"圆柱体"工具 ，在"对象"窗口中生成一个"圆柱体"对象。选择"旋转"工具 ，视图窗口中的效果如图2-126所示。将鼠标指针放置在 z 轴上并单击，按住 Shift 键并拖曳鼠标，将对象旋转90°，效果如图2-127所示。

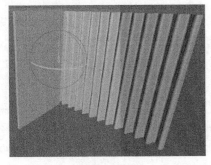

图 2-126

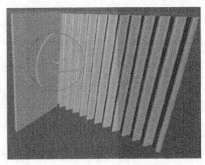

图 2-127

（10）在"对象"窗口中的"圆柱体"对象上单击鼠标右键，在弹出的快捷菜单中选择"转为可编辑对象"命令，将其转为可编辑对象，如图 2-128 所示。在"坐标"窗口的"位置"选项组中设置"X"为 210cm、"Y"为-185cm、"Z"为-1170cm，在"尺寸"选项组中设置"X"为 850cm、"Y"为 850cm、"Z"为 850cm，如图 2-129 所示。

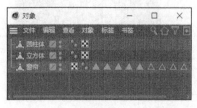

图 2-128

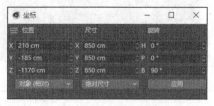

图 2-129

（11）选择"布尔"工具，在"对象"窗口中生成一个"布尔"对象，如图 2-130 所示。将"圆柱体"对象拖曳到"布尔"对象的下方，如图 2-131 所示。使用相同的方法将"立方体"对象拖曳到"布尔"对象的下方，并放置在"圆柱体"对象的上方。将"布尔"对象组重命名为"墙体"，如图 2-132 所示。

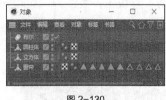

图 2-130

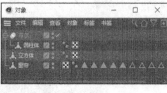

图 2-131

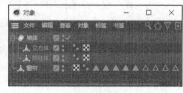

图 2-132

（12）选择"立方体"工具，在"对象"窗口中生成一个"立方体"对象，将其转为可编辑对象，如图 2-133 所示。在"坐标"窗口的"位置"选项组中设置"X"为 1800cm、"Y"为-920cm、"Z"为-1620cm，在"尺寸"选项组中设置"X"为 3160cm、"Y"为 130cm、"Z"为 3000cm，如图 2-134 所示。在"对象"窗口中将该"立方体"对象重命名为"地面"，如图 2-135 所示。

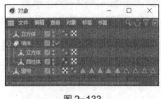

图 2-133

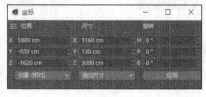

图 2-134

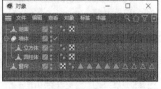

图 2-135

（13）选择"立方体"工具，在"对象"窗口中生成一个"立方体"对象，将其转为可编辑对象，如图 2-136 所示。在"坐标"窗口的"位置"选项组中设置"X"为 830cm、"Y"为-730cm、"Z"为-820cm，在"尺寸"选项组中设置"X"为 1200cm、"Y"为 320cm、"Z"为 1100cm，如图 2-137 所示。视图窗口中的效果如图 2-138 所示。

（14）选择"立方体"工具，在"对象"窗口中生成一个"立方体.1"对象，将其转为可编辑对象，如图 2-139 所示。在"坐标"窗口的"位置"选项组中设置"X"为 1665cm、"Y"为-620cm、"Z"为-520cm，在"尺寸"选项组中设置"X"为 460cm、"Y"为 460cm、"Z"为 630cm，如图 2-140 所示。视图窗口中的效果如图 2-141 所示。

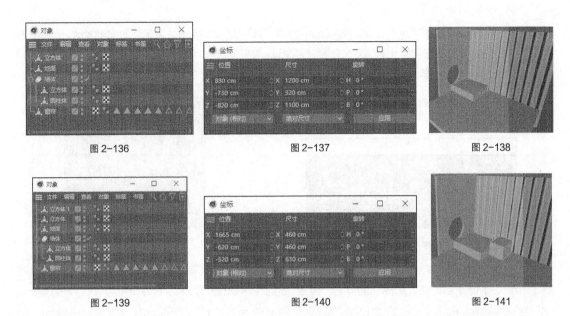

图 2-136　　　　　　　　　　　图 2-137　　　　　　　　　　　图 2-138

图 2-139　　　　　　　　　　　图 2-140　　　　　　　　　　　图 2-141

（15）选择"立方体"工具，在"对象"窗口中生成一个"立方体.2"对象，将其转为可编辑对象，如图 2-142 所示。在"坐标"窗口的"位置"选项组中设置"X"为 2070cm、"Y"为 -800cm、"Z"为 -1260cm，在"尺寸"选项组中设置"X"为 1270cm、"Y"为 120 cm、"Z"为 800 cm，如图 2-143 所示。视图窗口中的效果如图 2-144 所示。

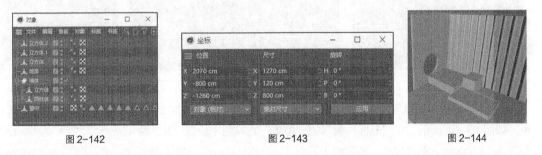

图 2-142　　　　　　　　　　　图 2-143　　　　　　　　　　　图 2-144

（16）选择"管道"工具，在"对象"窗口中生成一个"管道"对象，在"属性"窗口中设置"旋转分段"为 32、"外部半径"为 240cm、"内部半径"为 170cm，如图 2-145 所示。在"对象"窗口中将"管道"对象转为可编辑对象，如图 2-146 所示。

图 2-145

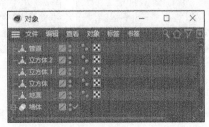

图 2-146

（17）在"坐标"窗口的"位置"选项组中设置"X"为 1830cm、"Y"为-680cm、"Z"为-1500cm，在"尺寸"选项组中设置"X"为 500cm、"Y"为 100cm、"Z"为 500cm，如图 2-147 所示。视图窗口中的效果如图 2-148 所示。

图 2-147　　　　　　　　　　　　　　　　　图 2-148

（18）选择"圆锥体"工具 ，在"对象"窗口中生成一个"圆锥体"对象，将其转为可编辑对象，如图 2-149 所示。在"坐标"窗口的"位置"选项组中设置"X"为 530cm、"Y"为-265cm、"Z"为-680cm，在"尺寸"选项组中设置"X"为 400cm、"Y"为 600cm、"Z"为 400cm，如图 2-150 所示。视图窗口中的效果如图 2-151 所示。

图 2-149　　　　　　　　图 2-150　　　　　　　　图 2-151

（19）选择"宝石体"工具 ，在"对象"窗口中生成一个"宝石体"对象，将其转为可编辑对象，如图 2-152 所示。在"坐标"窗口的"位置"选项组中设置"X"为 410cm、"Y"为 50cm、"Z"为-1200cm，在"尺寸"选项组中设置"X"为 170cm、"Y"为 170cm、"Z"为 170cm，如图 2-153 所示。视图窗口中的效果如图 2-154 所示。

图 2-152　　　　　　　　图 2-153　　　　　　　　图 2-154

（20）选择"宝石体"工具 ，在"对象"窗口中生成一个"宝石体.1"对象，将其转为可编辑对象，如图 2-155 所示。在"坐标"窗口的"位置"选项组中设置"X"为 2000cm、"Y"为 730cm、"Z"为-450cm，在"尺寸"选项组中设置"X"为 170cm、"Y"为 170cm、"Z"为 170cm，如图 2-156 所示。视图窗口中的效果如图 2-157 所示。

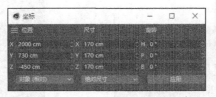

图 2-155　　　　　　　　　图 2-156　　　　　　　　　图 2-157

（21）在"对象"窗口中框选需要的对象，如图 2-158 所示。按 Alt+G 组合键将选中的对象编组，并将生成的对象组命名为"装饰物"，如图 2-159 所示。

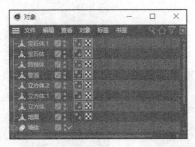

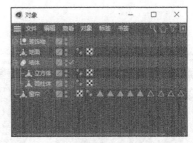

图 2-158　　　　　　　　　　　　　　　　　图 2-159

（22）选择"摄像机"工具，在"对象"窗口中生成一个"摄像机"对象，如图 2-160 所示。在"属性"窗口中设置"焦距"为 135，如图 2-161 所示。

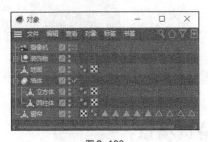

图 2-160　　　　　　　　　　　　　　　　　图 2-161

（23）在"坐标"窗口的"位置"选项组中设置"X"为 5536cm、"Y"为 807cm、"Z"为-7370cm，在"旋转"选项组中设置"H"为 34°、"P"为-6°、"B"为 0°，如图 2-162 所示。在"对象"窗口中单击"摄像机"对象右侧的█按钮，如图 2-163 所示，进入摄像机视图。

（24）在"对象"窗口中框选需要的对象，如图 2-164 所示。按 Alt+G 组合键将选中的对象编组，并将生成的对象组命名为"场景"，如图 2-165 所示。视图窗口中的效果如图 2-166 所示。场景模型制作完成。

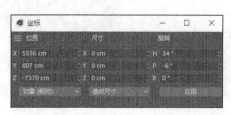

图2-162

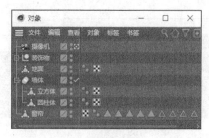

图2-163

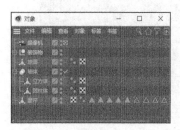

图2-164

图2-165

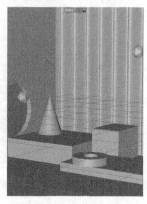

图2-166

课堂练习——制作酒杯模型

【练习知识要点】使用"样条画笔"工具和"柔性差值"命令制作酒杯样条，使用"坐标"窗口调整对象的位置，使用"创建轮廓"工具为样条创建轮廓，使用"连接对象+删除"命令合并样条，使用"倒角"工具调整杯口的形状，使用"旋转"工具制作立体效果。最终效果如图2-167所示。

【效果所在位置】云盘\Ch02\制作酒杯模型\工程文件.c4d。

图2-167

课后习题——制作电动牙刷电商详情页场景

【习题知识要点】使用"立方体"工具、"平面"工具和"圆柱体"工具制作背景，使用"球体"工具和"置换"工具制作水泡，使用"摄像机"工具控制视图中的显示效果。最终效果如图2-168所示。

【效果所在位置】云盘\Ch02\制作电动牙刷电商详情页场景\工程文件.c4d。

图2-168

第 3 章
生成器与变形器建模

通过对上一章参数化对象建模技术的学习,读者可以掌握基础的建模技术,以便接着学习生成器与变形器建模技术。本章将对 Cinema 4D 的生成器和变形器建模进行系统讲解。通过对本章的学习,读者可以对 Cinema 4D 的生成器与变形器建模技术有一个全面的认识,并能快速掌握常用模型的制作技术与技巧,为后面学习多边形建模技术打下良好的基础。

知识目标

- ✔ 熟悉生成器建模的常用工具
- ✔ 熟悉变形器建模的常用工具

能力目标

- ✔ 掌握使用生成器工具建模的方法
- ✔ 掌握使用变形器工具建模的方法

素质目标

- ✔ 培养使用 Cinema 4D 生成器与变形器建模技术的良好习惯
- ✔ 培养对 Cinema 4D 生成器与变形器建模技术锐意进取、精益求精的工匠精神
- ✔ 培养一定的对 Cinema 4D 生成器与变形器建模技术的创新能力和艺术审美能力

3.1 生成器建模

Cinema 4D 中的生成器由"细分曲面"和"挤压"两部分组成，这两部分的工具的图标都是绿色的，并且都位于父级。

长按工具栏中的"细分曲面"按钮 ，弹出相应的生成器工具组，如图 3-1 所示，此工具组中的工具用于对参数化对象进行形态上的调整。长按工具栏中的"挤压"按钮 ，弹出相应的生成器工具组，如图 3-2 所示，此工具组中的工具用于对样条对象进行形态上的调整。

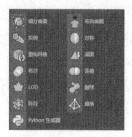

图 3-1   图 3-2

3.1.1 细分曲面

"细分曲面"生成器 是常用的三维设计工具之一，通过为对象的点、线、面增加权重，以及对对象表面进行细分，能够将对象锐利的边缘变得圆滑，如图 3-3 所示。在"对象"窗口中，需要把要修改的对象作为"细分曲面"生成器的子级，这样该对象的表面才会被细分。

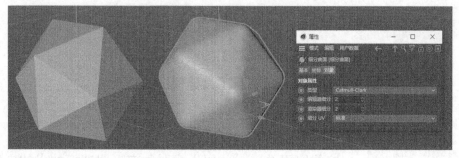

图 3-3

3.1.2 布尔

"布尔"生成器 用于对绘制的两个参数化对象进行布尔运算。"属性"窗口中会显示布尔对象的属性，其常用的属性位于"对象"选项卡内，如图 3-4 所示。在"对象"窗口中，需要把要进行布尔运算的两个对象作为"布尔"生成器的子级，这样对象之间才会进行布尔运算，运算类型包括相加、相减、交集和补集。"属性"窗口中默认的"布尔类型"为"A 减 B"，对应的运算类型为相减。

图 3-4

3.1.3 对称

"对称"生成器 用于将绘制的参数化对象进行镜像复制，新复制的对象会继承原对象的所有属性。"属性"窗口中会显示对称对象的属性，其常用的属性位于"对象"选项卡内，如图 3-5 所示。在"对象"窗口中，需要把要进行镜像复制的对象作为"对称"生成器的子级，这样才可以将该对象进行镜像复制。

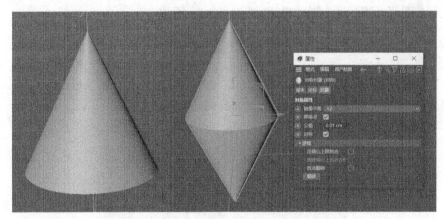

图 3-5

3.1.4 融球

"融球"生成器 用于将绘制的多个参数化对象融合在一起，形成粘连效果。"属性"窗口中会显示融球对象的属性，其常用的属性位于"对象"选项卡内，如图 3-6 所示。在"对象"窗口中，需要把要修改的对象作为"融球"生成器的子级，这样对象的表面才会产生融合效果。

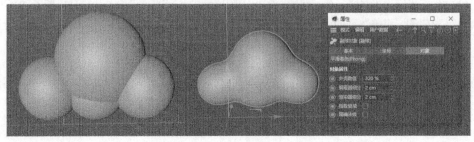

图 3-6

3.1.5 减面

"减面"生成器 用于减少模型的面，通常用来制作低多边形的模型。"属性"窗口中会显示减面对象的属性，其常用的属性位于"对象"选项卡内，如图 3-7 所示。在"对象"窗口中，需要把要修改的对象作为"减面"生成器的子级，这样才可以为该对象生成低边效果。

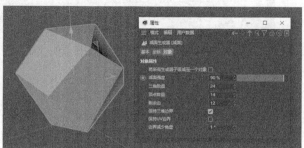

图 3-7

3.1.6 课堂案例——制作吹风机 Banner 场景

【案例学习目标】能够使用生成器制作吹风机 Banner 场景。

【案例知识要点】使用"平面"工具制作地面，使用"立方体"工具、"胶囊"工具和"布尔"工具制作墙体，使用"圆柱体"工具和"圆锥体"工具制作圆盘和树，使用"球体"工具和"融球"工具制作云朵。最终效果如图 3-8 所示。

【效果所在位置】云盘\Ch03\制作吹风机 Banner 场景\工程文件.c4d。

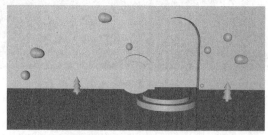

图 3-8

（1）启动 Cinema 4D。单击"编辑渲染设置"按钮，弹出"渲染设置"窗口，在"输出"选项组中设置"宽度"为 1920 像素、"高度"为 900 像素，单击"关闭"按钮，关闭"渲染设置"窗口。

（2）选择"平面"工具，在"对象"窗口中生成一个"平面"对象，并将其重命名为"地面"。在"属性"窗口的"对象"选项卡中设置"宽度"为 900cm、"高度"为 1400cm、"宽度分段"为 10、"高度分段"为 10，如图 3-9 所示。

（3）选择"立方体"工具，在"对象"窗口中生成一个"立方体"对象，并将其重命名为"前墙"。在"属性"窗口的"对象"选项卡中设置"尺寸.X"为 19cm、"尺寸.Y"为 500cm、"尺寸.Z"为 1200cm，如图 3-10 所示。在"坐标"窗口的"位置"选项组中设置"Y"为 116cm，如图 3-11 所示。

（4）选择"胶囊"工具，在"对象"窗口中生成一个"胶囊"对象，并将其重命名为"洞"。在"属性"窗口的"对象"选项卡中设置"半径"为 40cm、"高度"为 200cm、"高度分段"为 4、

"封顶分段"为 8、"旋转分段"为 16,如图 3-12 所示。在"坐标"窗口的"位置"选项组中设置
"X"为 0cm、"Y"为 20cm、"Z"为 120cm,如图 3-13 所示。

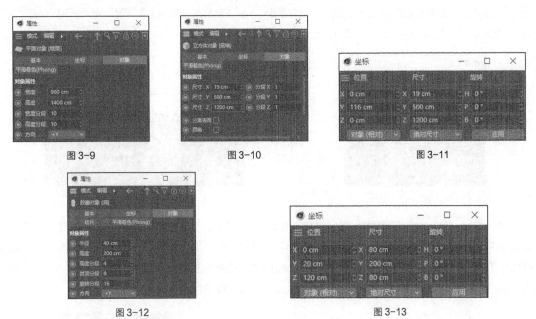

图 3-9　　　　　　　　图 3-10　　　　　　　　图 3-11

图 3-12　　　　　　　　　　　图 3-13

（5）选择"布尔"工具，在"对象"窗口中生成一个"布尔"对象，并将其重命名为"墙洞"。将
"前墙"对象和"洞"对象拖到"墙洞"对象的下方，如图 3-14 所示。视图窗口中的效果如图 3-15 所示。

图 3-14　　　　　　　　　　　图 3-15

（6）选择"立方体"工具，在"对象"窗口中生成一个"立方体"对象，并将其重命名为"后
墙"。在"坐标"窗口的"位置"选项组中设置"X"为-20cm、"Y"为 116cm，如图 3-16 所示。
在"属性"窗口的"对象"选项卡中设置"尺寸.X"为 19cm、"尺寸.Y"为 500cm、"尺寸.Z"为
1200cm，如图 3-17 所示。

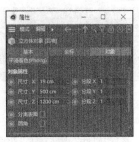

图 3-16　　　　　　　　　　　图 3-17

（7）选择"圆柱体"工具█，在"对象"窗口中生成一个"圆柱体"对象，并将其重命名为"平圆盘大"。在"属性"窗口的"对象"选项卡中设置"半径"为40cm、"高度"为10cm、"高度分段"为4、"旋转分段"为32，如图3-18所示。在"坐标"窗口的"位置"选项组中设置"X"为100cm、"Y"为2cm、"Z"为92cm，如图3-19所示。

图3-18

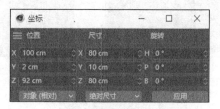

图3-19

（8）选择"圆柱体"工具█，在"对象"窗口中生成一个"圆柱体"对象，并将其重命名为"平圆盘小"。在"属性"窗口的"对象"选项卡中设置"半径"为32cm、"高度"为10cm、"高度分段"为4、"旋转分段"为32。在"坐标"窗口的"位置"选项组中设置"X"为100cm、"Y"为7cm、"Z"为92cm，如图3-20所示。视图窗口中的效果如图3-21所示。

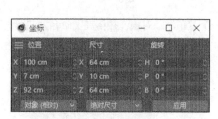

图3-20

图3-21

（9）选择"圆柱体"工具█，在"对象"窗口中生成一个"圆柱体"对象，并将其重命名为"竖圆盘大"。在"属性"窗口的"对象"选项卡中设置"半径"为30cm、"高度"为10cm、"高度分段"为4、"旋转分段"为32。在"坐标"窗口的"位置"选项组中设置"X"为40cm、"Y"为30cm、"Z"为50cm，在"旋转"选项组中设置"B"为90°，如图3-22所示。视图窗口中的效果如图3-23所示。

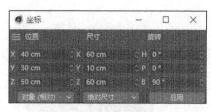

图3-22

图3-23

（10）选择"圆柱体"工具█，在"对象"窗口中生成一个"圆柱体"对象，并将其重命名为"竖圆盘小"。在"属性"窗口的"对象"选项卡中设置"半径"为20cm、"高度"为6cm、"高度分段"为 4、"旋转分段"为 32。在"坐标"窗口的"位置"选项组中设置"X"为 44cm、"Y"为 30cm、"Z"为 50cm，在"旋转"选项组中设置"B"为 90°，如图 3-24 所示。视图窗口中的效果如图 3-25 所示。

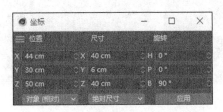

图 3-24

图 3-25

（11）选择"空白"工具，在"对象"窗口中生成一个"空白"对象，并将其重命名为"圆盘"。在"对象"窗口中框选需要的对象，如图 3-26 所示。将选中的对象拖曳到"圆盘"对象的下方，如图 3-27 所示。折叠"圆盘"对象组。

图 3-26

图 3-27

（12）选择"球体"工具，在"对象"窗口中生成一个"球体"对象，并将其重命名为"左球"。在"属性"窗口的"对象"选项卡中设置"半径"为 6cm，如图 3-28 所示。在"坐标"窗口的"位置"选项组中设置"X"为 125cm、"Y"为 40cm、"Z"为-90cm，如图 3-29 所示。

图 3-28

图 3-29

（13）选择"球体"工具，在"对象"窗口中生成一个"球体"对象，并将其重命名为"中球"。在"属性"窗口的"对象"选项卡中设置"半径"为 5cm。在"坐标"窗口的"位置"选项组中设置"X"为 85cm、"Y"为 74cm、"Z"为 41cm。视图窗口中的效果如图 3-30 所示。

（14）选择"球体"工具，在"对象"窗口中生成一个"球体"对象，并将其重命名为"下球"。在"属性"窗口的"对象"选项卡中设置"半径"为 2cm。在"坐标"窗口的"位置"选项组中设置"X"为 185cm、"Y"为 40cm、"Z"为 120cm。视图窗口中的效果如图 3-31 所示。

（15）选择"球体"工具，在"对象"窗口中生成一个"球体"对象，并将其重命名为"右中球"。在"属性"窗口的"对象"选项卡中设置"半径"为5cm。在"坐标"窗口的"位置"选项组中设置"X"为88cm、"Y"为70cm、"Z"为150cm。视图窗口中的效果如图3-32所示。

图3-30   图3-31   图3-32

（16）选择"球体"工具█，在"对象"窗口中生成一个"球体"对象，并将其重命名为"右球"。在"属性"窗口的"对象"选项卡中设置"半径"为5cm。在"坐标"窗口的"位置"选项组中设置"X"为144cm、"Y"为88cm、"Z"为158cm。视图窗口中的效果如图3-33所示。

（17）选择"空白"工具█，在"对象"窗口中生成一个"空白"对象，并将其重命名为"小球"。在"对象"窗口中框选需要的对象，如图3-34所示。将选中的对象拖曳到"小球"对象的下方，如图3-35所示。折叠"小球"对象组。

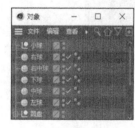

图3-33   图3-34   图3-35

（18）选择"圆柱体"工具█，在"对象"窗口中生成一个"圆柱体"对象，并将其重命名为"树干"。在"属性"窗口的"对象"选项卡中设置"半径"为2cm、"高度"为9cm、"高度分段"为4、"旋转分段"为16，如图3-36所示。在"坐标"窗口的"位置"选项组中设置"X"为50cm、"Y"为1cm、"Z"为-42cm，如图3-37所示。

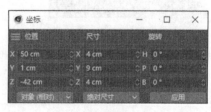

图3-36   图3-37

（19）选择"圆锥体"工具█，在"对象"窗口中生成一个"圆锥体"对象，并将其重命名为"下树冠"。在"属性"窗口的"对象"选项卡中设置"底部半径"为7cm、"高度"为14cm，如图3-38所示。在"坐标"窗口的"位置"选项组中设置"X"为50cm、"Y"为11cm、"Z"为-42cm，如图 3-39 所示。

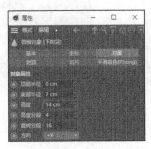

图 3-38

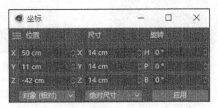

图 3-39

（20）选择"圆锥体"工具▲，在"对象"窗口中生成一个"圆锥体"对象，并将其重命名为"中树冠"。在"属性"窗口的"对象"选项卡中设置"底部半径"为 6cm、"高度"为 11cm。在"坐标"窗口的"位置"选项组中设置"X"为 50cm、"Y"为 17cm、"Z"为-42cm。视图窗口中的效果如图 3-40 所示。

（21）选择"圆锥体"工具▲，在"对象"窗口中生成一个"圆锥体"对象，并将其重命名为"上树冠"。在"属性"窗口的"对象"选项卡中设置"底部半径"为 5cm、"高度"为 9cm。在"坐标"窗口的"位置"选项组中设置"X"为 50cm、"Y"为 23cm、"Z"为-42cm。视图窗口中的效果如图 3-41 所示。

图 3-40

图 3-41

（22）选择"空白"工具▣，在"对象"窗口中生成一个"空白"对象，并将其重命名为"左松树"。在"对象"窗口中框选需要的对象，如图 3-42 所示。将选中的对象拖曳到"左松树"对象的下方，如图 3-43 所示。折叠"左松树"对象组。

图 3-42

图 3-43

（23）在"对象"窗口中，按住 Ctrl 键并向上拖曳"左松树"对象组，如图 3-44 所示，松开鼠标会生成一个"左松树.1"对象组，如图 3-45 所示。将"左松树.1"对象组重命名为"右松树"，如图 3-46 所示。

图 3-44　　　　　　　　　　图 3-45　　　　　　　　　　图 3-46

（24）在"坐标"窗口的"位置"选项组中设置"X"为 37cm、"Y"为 0cm、"Z"为 222cm，如图 3-47 所示。视图窗口中的效果如图 3-48 所示。

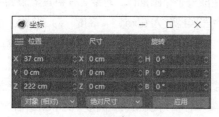

图 3-47　　　　　　　　　　　　　　图 3-48

（25）选择"球体"工具，在"对象"窗口中生成一个"球体"对象。在"属性"窗口的"对象"选项卡中设置"半径"为 9cm。在"坐标"窗口的"位置"选项组中设置"X"为 100cm、"Y"为 66cm、"Z"为-86cm。视图窗口中的效果如图 3-49 所示。

（26）选择"球体"工具，在"对象"窗口中生成一个"球体.1"对象。在"属性"窗口的"对象"选项卡中设置"半径"为 6cm。在"坐标"窗口的"位置"选项组中设置"X"为 100cm、"Y"为 65cm、"Z"为-78cm。视图窗口中的效果如图 3-50 所示。

图 3-49　　　　　　　　　　　　　图 3-50

（27）选择"融球"工具，在"对象"窗口中生成一个"融球"对象。将"球体.1"对象和"球体"对象拖曳到"融球"对象的下方，如图 3-51 所示。选中"融球"对象组，在"属性"窗口的"对象"选项卡中设置"外壳数值"为 200%、"编辑器细分"为 1cm、"渲染器细分"为 1cm，如图 3-52 所示。将"融球"对象组重命名为"左云朵"，并将其折叠，如图 3-53 所示。

（28）复制"左云朵"对象组，会生成一个"左云朵.1"对象组，将其重命名为"中云朵"。在"坐标"窗口的"位置"选项组中设置"X"为-33cm、"Y"为 48cm、"Z"为 88cm。视图窗口中的效果如图 3-54 所示。

（29）复制"左云朵"对象组，会生成一个"左云朵.1"对象组，将其重命名为"右云朵"。在"坐标"窗口的"位置"选项组中设置"X"为-33cm、"Y"为-10cm、"Z"为 288cm。视图窗口中的效果如图 3-55 所示。

图 3-51

图 3-52

图 3-53

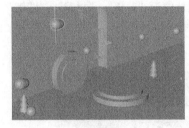
图 3-54

图 3-55

（30）选择"空白"工具，在"对象"窗口中生成一个"空白"对象，并将其重命名为"云朵"。在"对象"窗口中框选需要的对象，如图 3-56 所示。将选中的对象拖曳到"云朵"对象的下方，如图 3-57 所示。折叠"云朵"对象组。

（31）选择"空白"工具，在"对象"窗口中生成一个"空白"对象，并将其重命名为"场景"。在"对象"窗口中框选所有对象及对象组，将选中的对象及对象组拖曳到"场景"对象的下方，如图 3-58 所示。折叠"场景"对象组。吹风机 Banner 场景制作完成。

图 3-56

图 3-57

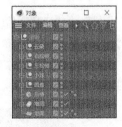
图 3-58

3.1.7　挤压

"挤压"生成器用于将绘制的样条转换为三维模型，使样条具有厚度。"属性"窗口中会显示挤压对象的属性，其常用的属性位于"对象""封盖""选集"3 个选项卡内，如图 3-59 所示。在"对象"窗口中，需要把要挤压的对象作为"挤压"生成器的子级，这样该对象才会被挤压。

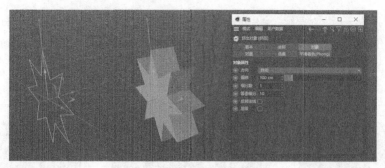

图 3-59

3.1.8 旋转

"旋转"生成器 用于将绘制的样条绕 y 轴旋转任意角度，从而生成三维模型，如图 3-60 所示。"属性"窗口中会显示旋转对象的属性，其常用的属性位于"对象""封盖""选集"3 个选项卡内，如图 3-60 所示。在"对象"窗口中，需要把要旋转的样条作为"旋转"生成器的子级，这样该样条才会绕 y 轴进行旋转，从而生成三维模型。

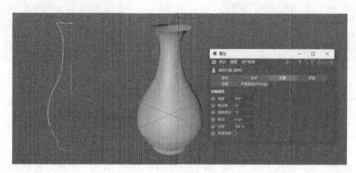

图 3-60

3.1.9 扫描

"扫描"生成器 用于使一个样条按照另一个样条的路径进行扫描，从而生成三维模型。"属性"窗口中会显示扫描对象的属性，其常用的属性位于"对象""封盖""选集"3 个选项卡内，如图 3-61 所示。在"对象"窗口中，需要把要扫描的样条作为"扫描"生成器的子级，这样该样条才会被扫描。

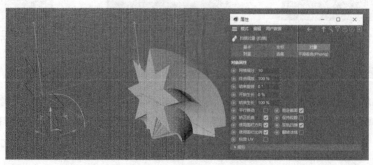

图 3-61

3.1.10 样条布尔

"样条布尔"生成器的使用方法与"布尔"生成器的使用方法一样，它是对多个样条进行布尔运算的工具，如图 3-62 所示。在"对象"窗口中，需要把样条作为"样条布尔"生成器的子级，这样才可以在多个样条间进行布尔运算。

图 3-62

3.1.11 课堂案例——制作标题模型

【案例学习目标】能够使用生成器制作标题模型。

【案例知识要点】使用"文本"工具和"属性"窗口输入文字并设置文字属性，使用"样条画笔"工具和"挤压"工具制作文字的立体效果，使用"内部挤压"命令和"挤压"命令制作文字的凸凹效果，使用"螺旋线"工具制作装饰图形。最终效果如图 3-63 所示。

图 3-63

【效果所在位置】云盘\Ch03\制作标题模型\工程文件.c4d。

（1）启动 Cinema 4D。选择"渲染 > 编辑渲染设置"命令，弹出"渲染设置"窗口，如图 3-64 所示。在"输出"选项组中设置"宽度"为 750 像素、"高度"为 750 像素，如图 3-65 所示，单击"关闭"按钮，关闭"渲染设置"窗口。

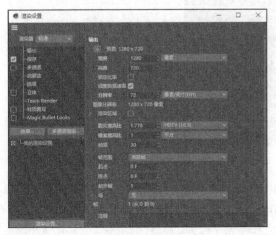

图 3-64

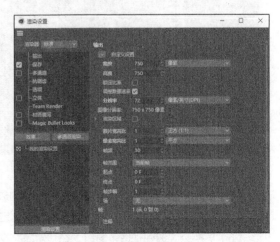

图 3-65

（2）选择"文本"工具，在"对象"窗口中添加一个"文本"对象，如图 3-66 所示。在"对象"窗口中将"文本"对象重命名为"主标题"，如图 3-67 所示。

图 3-66　　　　　　　　　　　图 3-67

（3）在"属性"窗口的"文本样条"文本框中输入两行文字"超级""折扣日"，在"字体"下拉列表中选择"方正粗谭黑简体"，在"对齐"下拉列表中选择"中对齐"，将"垂直间隔"设置为-70cm，如图 3-68 所示。视图窗口中的效果如图 3-69 所示。

图 3-68　　　　　　　　　　　图 3-69

（4）选择"启用捕捉"工具组中的"启用量化"工具，激活量化选项。在"透视视图"窗口中单击鼠标中键，切换为四视图显示模式，如图 3-70 所示。在"正视图"窗口中单击鼠标中键，以选择正视图，如图 3-71 所示。

图 3-70　　　　　　　　　　　图 3-71

（5）选择"样条画笔"工具，沿着文字的边缘进行勾勒，效果如图 3-72 所示。选择"启用捕捉"工具组中的"启用量化"工具，关闭量化选项。

（6）切换至"透视视图"窗口。在"对象"窗口中单击"样条"对象，将其选中。按住 Alt 键单击"挤压"工具，为"样条"对象添加挤压效果，如图 3-73 所示。

图 3-72

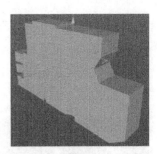

图 3-73

（7）单击"模型"按钮 ，切换到"模型"模式。在"属性"窗口中设置"偏移"为 30cm，如图 3-74 所示。在"坐标"窗口的"位置"选项组中设置"X"为 0cm、"Y"为 0cm、"Z"为 60cm，如图 3-75 所示。

图 3-74

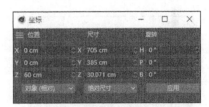

图 3-75

（8）在"对象"窗口中的"主标题"对象组上单击鼠标右键，在弹出的快捷菜单中选择"转为可编辑对象"命令，将"主标题"对象组转为可编辑对象，如图 3-76 所示。单击"主标题"对象组左侧的 按钮，展开该对象组，如图 3-77 所示。

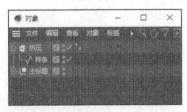

图 3-76

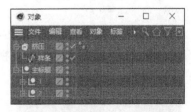

图 3-77

（9）在"1"对象组上单击鼠标右键，在弹出的快捷菜单中选择"选择子级"命令（或按鼠标中键），选中其子级。在"1"对象组上单击鼠标右键，在弹出的快捷菜单中选择"连接对象+删除"命令，将其与选中的对象连接，如图 3-78 所示。用相同的方法对"2"对象组进行操作，效果如图 3-79 所示。

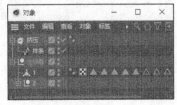

图 3-78

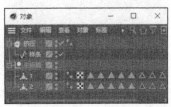

图 3-79

（10）双击"1"对象右侧的"多边形选集标签[C1]"按钮▲，如图3-80所示。视图窗口中的效果如图3-81所示。

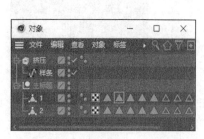

图3-80

图3-81

（11）在视图窗口中单击鼠标右键，在弹出的快捷菜单中选择"内部挤压"命令，在"属性"窗口中设置"偏移"为2cm，如图3-82所示。视图窗口中的效果如图3-83所示。

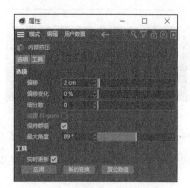

图3-82

图3-83

（12）在视图窗口中单击鼠标右键，在弹出的快捷菜单中选择"挤压"命令，在"属性"窗口中设置"偏移"为3cm，如图3-84所示。视图窗口中的效果如图3-85所示。

图3-84

图3-85

（13）在视图窗口中单击鼠标右键，在弹出的菜单中选择"内部挤压"命令，在"属性"窗口中设置"偏移"为2cm。视图窗口中的效果如图3-86所示。在视图窗口中单击鼠标右键，在弹出的菜单中选择"挤压"命令，在"属性"窗口中设置"偏移"为3cm。视图窗口中的效果如图3-87所示。

图 3-86

图 3-87

（14）双击"2"对象右侧的"多边形选集标签[C1]"按钮 ，如图 3-88 所示。视图窗口中的效果如图 3-89 所示。

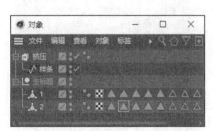

图 3-88

图 3-89

（15）在视图窗口中单击鼠标右键，在弹出的快捷菜单中选择"内部挤压"命令，在"属性"窗口中设置"偏移"为 1.5cm，如图 3-90 所示。视图窗口中的效果如图 3-91 所示。

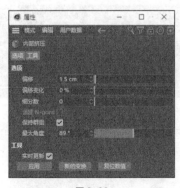

图 3-90

图 3-91

（16）在视图窗口中单击鼠标右键，在弹出的快捷菜单中选择"挤压"命令，在"属性"窗口中设置"偏移"为 3cm，如图 3-92 所示。视图窗口中的效果如图 3-93 所示。

（17）在视图窗口中单击鼠标右键，在弹出的快捷菜单中选择"内部挤压"命令，在"属性"窗口中设置"偏移"为 1cm。视图窗口中的效果如图 3-94 所示。在视图窗口中单击鼠标右键，在弹出的菜单中选择"挤压"命令，在"属性"窗口中设置"偏移"为 3cm。视图窗口中的效果如图 3-95 所示。

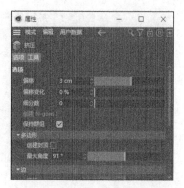

图 3-92

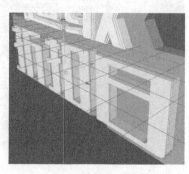

图 3-93

图 3-94

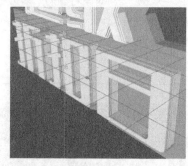

图 3-95

（18）在"对象"窗口中将"挤压"对象重命名为"主标题边框"，如图 3-96 所示。在"主标题边框"对象的子级上单击鼠标中键，并单击鼠标右键，在弹出的快捷菜单中选择"转为可编辑对象"命令，将其转为可编辑对象，如图 3-97 所示。

图 3-96

图 3-97

（19）双击"主标题边框"对象右侧的"多边形选集标签[C2]"按钮▲（或在视图窗口中单击），如图 3-98 所示。视图窗口中的效果如图 3-99 所示。

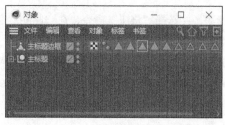

图 3-98

图 3-99

（20）在视图窗口中单击鼠标右键，在弹出的快捷菜单中选择"内部挤压"命令，在"属性"窗口中设置"偏移"为3cm，如图 3-100 所示。视图窗口中的效果如图 3-101 所示。

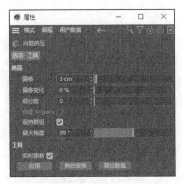

图 3-100

图 3-101

（21）在视图窗口中单击鼠标右键，在弹出的快捷菜单中选择"挤压"命令，在"属性"窗口中设置"偏移"为-3cm，如图 3-102 所示。视图窗口中的效果如图 3-103 所示。

图 3-102

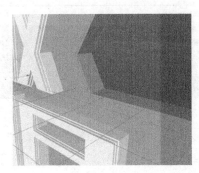

图 3-103

（22）在视图窗口中单击鼠标右键，在弹出的快捷菜单中选择"内部挤压"命令，在"属性"窗口中设置"偏移"为 3cm。视图窗口中的效果如图 3-104 所示。在视图窗口中单击鼠标右键，在弹出的快捷菜单中选择"挤压"命令，在"属性"窗口中设置"偏移"为3cm。视图窗口中的效果如图 3-105 所示。

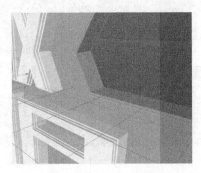

图 3-104

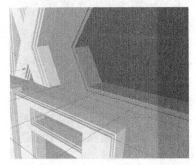

图 3-105

（23）在视图窗口中单击鼠标右键，在弹出的快捷菜单中选择"内部挤压"命令，在"属性"窗口中设置"偏移"为 3cm。视图窗口中的效果如图 3-106 所示。在视图窗口中单击鼠标右键，在弹出的快捷菜单中选择"挤压"命令，在"属性"窗口中设置"偏移"为-3cm。视图窗口中的效果如图 3-107 所示。

图 3-106

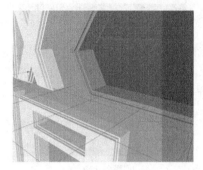
图 3-107

（24）选择"文本"工具 ，在"对象"窗口中添加一个"文本"对象，如图 3-108 所示。在"对象"窗口中将"文本"对象重命名为"副标题"，如图 3-109 所示。

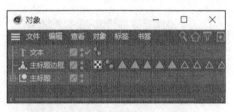
图 3-108

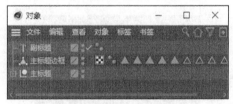
图 3-109

（25）在"属性"窗口的"文本样条"文本框中输入"福利狂欢 5 折购"，在"字体"下拉列表中选择"方正粗谭黑简体"，在"对齐"下拉列表中选择"中对齐"，如图 3-110 所示。视图窗口中的效果如图 3-111 所示。

图 3-110

图 3-111

（26）单击"模型"按钮 ，切换到"模型"模式。选择"缩放"工具 ，按住 Shift 键并拖曳鼠标，将鼠标指针移动到合适的位置，以缩小文字，效果如图 3-112 所示。单击"对象"窗口中的"副标题"对象,将其选中。在"坐标"窗口的"位置"选项组中设置"X"为 0cm、"Y"为-275cm、"Z"为 5cm。视图窗口中的效果如图 3-113 所示。

图 3-112

图 3-113

(27)选择"矩形"工具圆,在"对象"窗口中添加一个"矩形"对象,如图 3-114 所示。在"属性"窗口中设置"宽度"为 320cm、"高度"为 60cm,勾选"圆角"复选框,设置"半径"为 30cm,如图 3-115 所示。

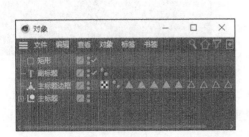

图 3-114

图 3-115

(28)在"对象"窗口中的"矩形"对象上单击鼠标右键,在弹出的快捷菜单中选择"转为可编辑对象"命令,将其转为可编辑对象,如图 3-116 所示。

(29)在"对象"窗口中单击"矩形"对象,将其选中。按住 Alt 键单击"挤压"工具圆,为"矩形"对象添加挤压效果,如图 3-117 所示。

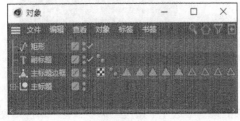

图 3-116

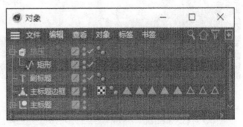

图 3-117

(30)在"属性"窗口中设置"偏移"为 20cm,如图 3-118 所示。单击"模型"按钮圆,切换到"模型"模式。在"对象"窗口中单击"挤压"对象，在"坐标"窗口的"位置"选项组中设置"X"
为 0cm、"Y"为-260cm、"Z"为 7cm，如图 3-119 所示。

图 3-118

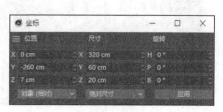

图 3-119

（31）用鼠标中键单击"对象"窗口中的"挤压"对象，将该对象及其子级选中，如图 3-120 所
示，单击鼠标右键，在弹出的快捷菜单中选择"连接对象+删除"命令，将选中的两个对象连接，如
图 3-121 所示。

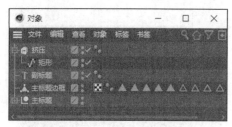

图 3-120

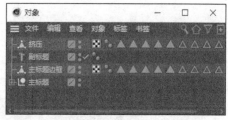

图 3-121

（32）单击"多边形"按钮，切换到"多边形"模式。在视图窗口中选中需要的面，如图 3-122
所示。在视图窗口中单击鼠标右键，在弹出的快捷菜单中选择"内部挤压"命令，在"属性"窗口中
设置"偏移"为 3cm，如图 3-123 所示。

图 3-122

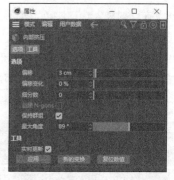

图 3-123

（33）在视图窗口中单击鼠标右键，在弹出的快捷菜单中选择"挤压"命令，在"属性"窗口中
设置"偏移"为-3cm，如图 3-124 所示。视图窗口中的效果如图 3-125 所示。

图 3-124

图 3-125

（34）选择"文件 > 打开项目"命令，在弹出的"打开文件"对话框中选择云盘中的"Ch03\制作标题模型\素材\01"文件，单击"打开"按钮打开选择的文件，效果如图 3-126 所示。

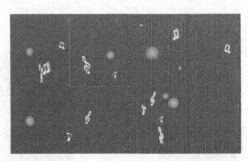

图 3-126

（35）按 Ctrl+A 组合键，将上一步打开的文件中的对象全部选中。按 Ctrl+C 组合键，将所有对象复制一份。选择"窗口 > 未标题 1"命令，返回到原工程。按 Ctrl+V 组合键，将复制的对象粘贴在视图窗口中，效果如图 3-127 所示。

（36）单击"模型"按钮 ，切换到"模型"模式。在"对象"窗口中单击"挤压"对象，在"坐标"窗口的"位置"选项组中设置"X"为-10cm、"Y"为-30cm、"Z"为-5cm，如图 3-128 所示。

图 3-127

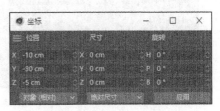

图 3-128

（37）选择"螺旋线"工具 ，在"对象"窗口中生成一个"螺旋线"对象，如图 3-129 所示。在"属性"窗口中设置"起始半径"为 30cm、"终点半径"为 10cm、"高度"为 40cm，如图 3-130 所示。

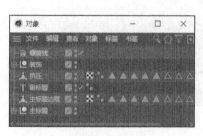

图 3-129

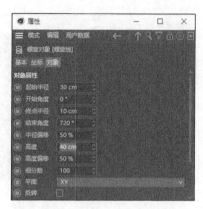

图 3-130

（38）选择"圆环"工具 ◎，在"对象"窗口中生成一个"圆环"对象，如图 3-131 所示。在"属性"窗口中设置"半径"为 2cm，如图 3-132 所示。

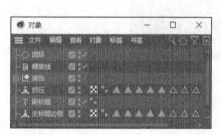

图 3-131

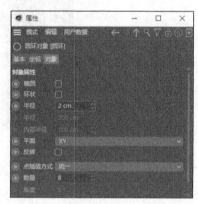

图 3-132

（39）选择"扫描"工具 ◢，在"对象"面板中生成一个"扫描"对象，如图 3-133 所示。在"对象"窗口中将"圆环"对象和"螺旋线"对象拖曳到"扫描"对象的下方，并将"扫描"对象重命名为"螺旋线"，如图 3-134 所示。

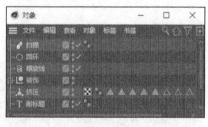

图 3-133

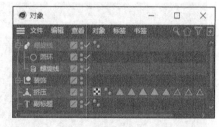

图 3-134

（40）折叠"螺旋线"对象组，并将其拖曳到"装饰"对象组中，如图 3-135 所示。按住 Ctrl 键并垂直向上拖曳"螺旋线"对象组，以复制该对象组。使用相同的方法再复制出 4 个对象组，如图 3-136 所示。

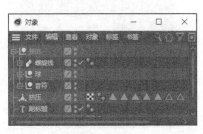

图 3-135

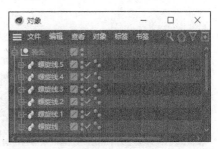

图 3-136

（41）在"对象"窗口中框选需要的对象组，如图 3-137 所示。按 Alt+G 组合键将选中的对象组编组，并将生成的对象组命名为"螺旋线"，如图 3-138 所示。

图 3-137

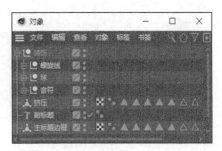

图 3-138

（42）展开"螺旋线"对象组，选中"螺旋线.5"对象组，如图 3-139 所示。在"坐标"窗口的"位置"选项组中设置"X"为-178cm、"Y"为-150cm、"Z"为-170cm，在"旋转"选项组中设置"H"为-52°、"P"为52°、"B"为40°，如图 3-140 所示。

图 3-139

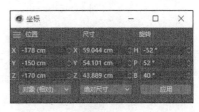

图 3-140

（43）选中"螺旋线"对象组中的"螺旋线.4"对象组，在"坐标"窗口的"位置"选项组中设置"X"为-240cm、"Y"为30cm、"Z"为5cm，在"旋转"选项组中设置"H"为95°、"P"为73°、"B"为-80°，如图 3-141 所示。视图窗口中的效果如图 3-142 所示。

（44）选中"螺旋线"对象组中的"螺旋线.3"对象组，在"坐标"窗口的"位置"选项组中设置"X"为-300cm、"Y"为220cm、"Z"为23cm，在"旋转"选项组中设置"H"为130°、"P"为60°、"B"为-85°，如图 3-143 所示。视图窗口中的效果如图 3-144 所示。

（45）选中"螺旋线"对象组中的"螺旋线.2"对象组，在"坐标"窗口的"位置"选项组中设置"X"为270cm、"Y"为160cm、"Z"为-87cm，在"旋转"选项组中设置"H"为75°、"P"为-40°、"B"为55°，如图 3-145 所示。视图窗口中的效果如图 3-146 所示。

图 3-141

图 3-142

图 3-143

图 3-144

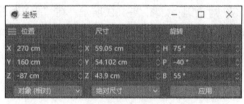

图 3-145

图 3-146

（46）选中"螺旋线"对象组中的"螺旋线.1"对象组，在"坐标"窗口的"位置"选项组中设置"X"为 100cm、"Y"为 250cm、"Z"为-10cm，在"旋转"选项组中设置"H"为 60°、"P"为 50°、"B"为-10°，如图 3-147 所示。视图窗口中的效果如图 3-148 所示。

图 3-147

图 3-148

（47）选中"螺旋线"对象组中的"螺旋线"对象组，在"坐标"窗口的"位置"选项组中设置"X"为 340cm、"Y"为 0cm、"Z"为 5cm，在"旋转"选项组中设置"H"为 50°、"P"为 50°、"B"为-25°，如图 3-149 所示。视图窗口中的效果如图 3-150 所示。

图 3-149

图 3-150

（48）在"对象"窗口中将"挤压"对象重命名为"副标题边框"，如图 3-151 所示。框选所有对象及对象组，按 Alt+G 组合键将选中的对象及对象组编组，并将生成的对象组命名为"标题"，如图 3-152 所示。

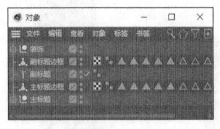
图 3-151

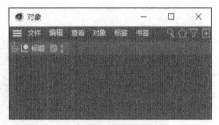
图 3-152

（49）标题模型制作完成，效果如图 3-153 所示。

图 3-153

3.2 变形器建模

Cinema 4D 中的变形器通常作为对象的子级或与对象平级。该工具可用于对三维对象进行扭曲、倾斜及旋转等变形处理，具有出错少、速度快的特点。

长按工具栏中的"弯曲"按钮，弹出变形器工具组，如图 3-154 所示。选择"创建 > 变形器"命令，也可以弹出变形器工具组，如图 3-155 所示。在变形器工具组中单击需要的变形器的图标，即可创建对应的变形器。

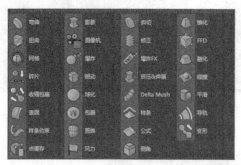

图 3-154

图 3-155

3.2.1 弯曲

　　"弯曲"变形器用于对绘制的参数化对象进行弯曲变形，如图 3-156 所示。"属性"窗口中会显示弯曲对象的属性，调整相关属性可以调整弯曲对象的弧度和角度。其常用的属性位于"对象""衰减"两个选项卡内。在"对象"窗口中，需要把"弯曲"变形器作为要修改对象的子级，这样才可以对该对象进行弯曲操作，效果如图 3-157 所示。

图 3-156

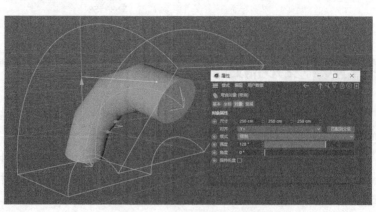

图 3-157

3.2.2　膨胀

"膨胀"变形器 用于对绘制的参数化对象进行局部放大或局部缩小处理，如图 3-158 所示。"属性"窗口中会显示膨胀对象的属性，其常用的属性位于"对象""衰减"两个选项卡内。在"对象"窗口中，需要把"膨胀"变形器作为要修改对象的子级，这样才可以对该对象进行膨胀操作，效果如图 3-159 所示。

图 3-158

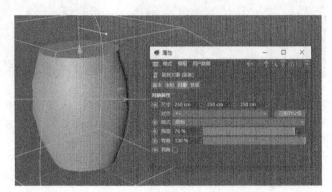
图 3-159

3.2.3　FFD

"FFD"变形器 用于在绘制的参数化对象外部形成晶格，在"点"模式下调整晶格上的控制点，可以调整参数化对象的形状，如图 3-160 所示。"属性"窗口中会显示晶格对象的属性，其常用的属性位于"对象"选项卡内。在"对象"窗口中，需要把"FFD"变形器作为要修改对象的子级，这样才可以对该对象进行变形操作，效果如图 3-161 所示。

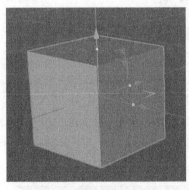
图 3-160

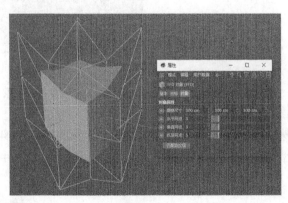
图 3-161

3.2.4　包裹

"包裹"变形器 用于将绘制的参数化对象的平面弯曲成柱状或球状，如图 3-162 所示。"属性"窗口中会显示包裹对象的属性，可以调整包裹的起始位置和结束位置，其常用的属性位于"对象""衰减"两个选项卡内。在"对象"窗口中，需要把"包裹"变形器作为要修改对象的子级，这样才可以对该对象进行变形操作，效果如图 3-163 所示。

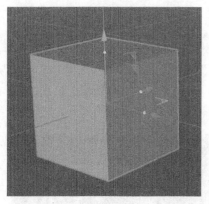
图 3-162

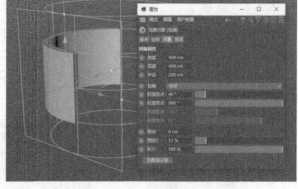
图 3-163

3.2.5 课堂案例——制作沙发模型

【案例学习目标】能够使用变形器制作沙发模型。

【案例知识要点】使用"立方体"工具和"FFD"工具制作沙发坐垫和沙发靠背；使用"膨胀"工具制作沙发扶手；使用"对称"工具对沙发进行对称处理。最终效果如图 3-164 所示。

【效果所在位置】云盘\Ch03\制作沙发模型\工程文件.c4d。

扫 码 观 看
本案例视频

图 3-164

（1）启动 Cinema 4D。单击"编辑渲染设置"按钮 ⚙，弹出"渲染设置"窗口，在"输出"选项组中设置"宽度"为 1400 像素、"高度"为 1064 像素，单击"关闭"按钮，关闭"渲染设置"窗口。选择"文件 > 合并项目"命令，在弹出的"打开文件"对话框中选择云盘中的"Ch03\制作沙发模型\素材\01"文件，单击"打开"按钮打开选择的文件，如图 3-165 所示。视图窗口中的效果如图 3-166 所示。

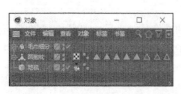
图 3-165

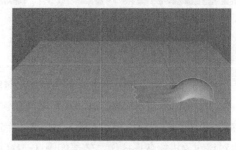
图 3-166

（2）选择"立方体"工具 ，在"对象"窗口中生成一个"立方体"对象，并将其重命名为"沙发底"，如图 3-167 所示。在"属性"窗口的"对象"选项卡中设置"尺寸.X"为 188cm、"尺寸.Y"为 17cm、"尺寸.Z"为 80cm，勾选"圆角"复选框，设置"圆角半径"为 1cm，如图 3-168 所示。在"坐标"选项卡中设置"P.X"为-150cm、"P.Y"为-5cm、"P.Z"为 182cm，如图 3-169 所示。

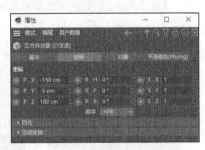

| 图 3-167 | 图 3-168 | 图 3-169 |

（3）选择"立方体"工具 ，在"对象"窗口中生成一个"立方体"对象，并将其重命名为"沙发坐垫"，如图 3-170 所示。在"属性"窗口的"对象"选项卡中设置"尺寸.X"为 94cm、"尺寸.Y"为 17cm、"尺寸.Z"为 80cm，"分段 X"为 3、"分段 Y"为 1、"分段 Z"为 3，勾选"圆角"复选框，设置"圆角半径"为 3cm、"圆角细分"为 5，如图 3-171 所示。在"坐标"选项卡中设置"P.X"为-195cm、"P.Y"为 12cm、"P.Z"为 178cm，如图 3-172 所示。在视图窗口中选择"显示 > 光影着色(线条)"命令。

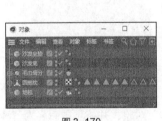

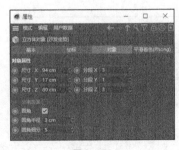

| 图 3-170 | 图 3-171 | 图 3-172 |

（4）按住 Shift 键选择"FFD"工具 ，在"沙发坐垫"对象的下方生成一个"FFD"对象作为其子级，如图 3-173 所示。单击"点"按钮 ，切换到"点"模式。选择"移动"工具 ，在视图窗口中选中需要的点，如图 3-174 所示。

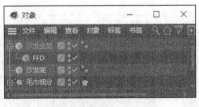

| 图 3-173 | 图 3-174 |

（5）在"坐标"窗口的"位置"选项组中设置"X"为 0cm、"Y"为 32cm、"Z"为 0cm，如图 3-175 所示。视图窗口中的效果如图 3-176 所示。

图 3-175

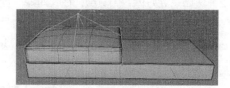

图 3-176

（6）按住 Shift 键在视图窗口中选中需要的点，如图 3-177 所示。在"坐标"窗口的"位置"选项组中设置"X"为 0cm、"Y"为 13cm、"Z"为 0cm，如图 3-178 所示。视图窗口中的效果如图 3-179 所示。

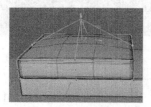

图 3-177

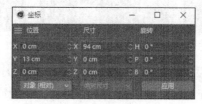

图 3-178

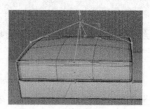

图 3-179

（7）按住 Shift 键在视图窗口中选中需要的点，如图 3-180 所示。在"坐标"窗口的"位置"选项组中设置"X"为 0cm、"Y"为 6.5cm、"Z"为 0cm，如图 3-181 所示。视图窗口中的效果如图 3-182 所示。折叠"沙发坐垫"对象组。

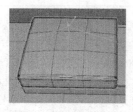

图 3-180

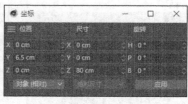

图 3-181

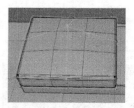

图 3-182

（8）选择"立方体"工具，在"对象"窗口中生成一个"立方体"对象，并将其重命名为"沙发扶手"，如图 3-183 所示。在"属性"窗口的"对象"选项卡中设置"尺寸.X"为 16cm、"尺寸.Y"为 70cm、"尺寸.Z"为 80cm、"分段 X"为 1、"分段 Y"为 10、"分段 Z"为 1，勾选"圆角"复选框，设置"圆角半径"为 4cm、"圆角细分"为 6，如图 3-184 所示。在"坐标"选项卡中设置"P.X"为-252cm、"P.Y"为 18cm、"P.Z"为 182cm，如图 3-185 所示。

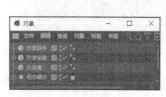

图 3-183

图 3-184

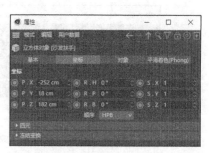

图 3-185

（9）按住 Shift 键选择"膨胀"工具█，在"沙发扶手"对象的下方生成一个"膨胀"对象作为其子级，如图 3-186 所示。在"属性"窗口的"对象"选项卡中设置"强度"为 6%，如图 3-187 所示。视图窗口中的效果如图 3-188 所示。折叠"沙发扶手"对象组。

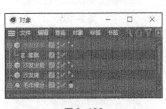

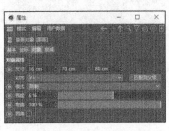
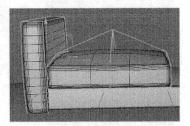

图 3-186　　　　　　　　图 3-187　　　　　　　　图 3-188

（10）选择"立方体"工具█，在"对象"窗口中生成一个"立方体"对象，并将其重命名为"沙发靠背"，如图 3-189 所示。在"属性"窗口的"对象"选项卡中设置"尺寸.X"为 18cm、"尺寸.Y"为 59cm、"尺寸.Z"为 94cm，"分段 X"为 1、"分段 Y"为 10、"分段 Z"为 10，勾选"圆角"复选框，设置"圆角半径"为 4cm、"圆角细分"为 6，如图 3-190 所示。在"坐标"选项卡中设置"P.X"为-196cm、"P.Y"为 51.5cm、"P.Z"为 213cm，"R.H"为-90°、"R.P"为 0°、"R.B"为-15°，如图 3-191 所示。

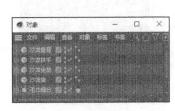

图 3-189　　　　　　　　图 3-190　　　　　　　　图 3-191

（11）按住 Shift 键选择"FFD"工具█，在"沙发靠背"对象的下方生成一个"FFD"对象作为其子级，如图 3-192 所示。单击"点"按钮█，切换到"点"模式。选择"移动"工具█，在视图窗口中选中需要的点，如图 3-193 所示。在"坐标"窗口的"位置"选项组中设置"X"为 30cm、"Y"为 0cm、"Z"为 0cm，如图 3-194 所示。

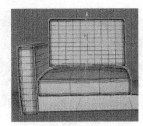

图 3-192　　　　　　　　图 3-193　　　　　　　　图 3-194

（12）在视图窗口中选中需要的点，如图 3-195 所示。在"坐标"窗口的"位置"选项组中设置"X"为 9cm、"Y"为-28cm、"Z"为 0cm，如图 3-196 所示。视图窗口中的效果如图 3-197 所示。

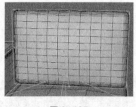
图 3-195

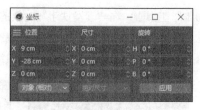
图 3-196

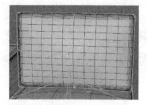
图 3-197

（13）在视图窗口中选中需要的点，如图 3-198 所示。在"坐标"窗口的"位置"选项组中设置"X"为 9cm、"Y"为 0cm、"Z"为 49cm，如图 3-199 所示。视图窗口中的效果如图 3-200 所示。

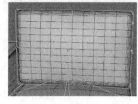
图 3-198

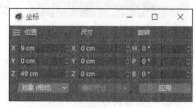
图 3-199

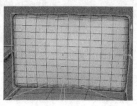
图 3-200

（14）在视图窗口中选中需要的点，如图 3-201 所示。在"坐标"窗口的"位置"选项组中设置"X"为 9cm、"Y"为 0cm、"Z"为-49cm，如图 3-202 所示。视图窗口中的效果如图 3-203 所示。

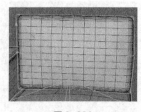
图 3-201

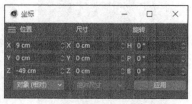
图 3-202

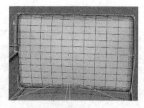
图 3-203

（15）在"对象"面板中，按住 Alt 键分别双击"沙发靠背"对象组中的"FFD"对象、"沙发扶手"对象组中的"膨胀"对象和"沙发坐垫"对象组中的"FFD"对象右侧的■按钮，隐藏这些对象，"对象"窗口如图 3-204 所示。分别折叠对象组，框选需要的对象组，如图 3-205 所示。按 Alt+G 组合键将选中的对象组编组，并将生成的对象组命名为"沙发顶"，如图 3-206 所示。

图 3-204

图 3-205

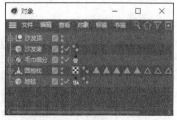
图 3-206

（16）选择"对称"工具■，在"对象"窗口中生成一个"对称"对象。将"沙发顶"对象组拖曳到"对称"对象的下方，并将"对称"对象组重命名为"沙发对称"，如图 3-207 所示。选中"沙发顶"对象组，在"属性"窗口的"坐标"选项卡中设置"P.X"为-66cm、"P.Y"为 45cm、"P.Z"

为 153cm，如图 3-208 所示。

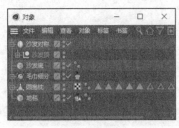
图 3-207

图 3-208

（17）选中"沙发对称"对象组，在"属性"窗口的"坐标"选项卡中设置"P.X"为-149cm、"P.Y"为-17cm、"P.Z"为 36cm，如图 3-209 所示。视图窗口中的效果如图 3-210 所示。折叠"沙发对称"对象组。

图 3-209

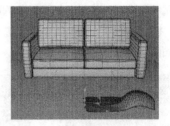
图 3-210

（18）在视图窗口中选择"显示 > 光影着色"命令。选择"文件 > 合并项目"命令，在弹出的"打开文件"对话框中选择云盘中的"Ch03\制作沙发模型\素材\02"文件，单击"打开"按钮将选择的文件导入，"对象"窗口如图 3-211 所示。视图窗口中的效果如图 3-212 所示。

（19）在"对象"窗口中按 Ctrl+A 组合键将对象及对象组全部选中，按 Alt+G 组合键将选中的对象及对象组编组，并将生成的对象组命名为"沙发"，如图 3-213 所示。沙发模型制作完成。

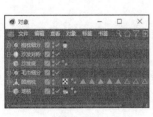
图 3-211

图 3-212

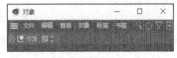
图 3-213

3.2.6　锥化

"锥化"变形器用于对绘制的参数化对象进行锥化变形，使其部分缩小，如图 3-214 所示。"属性"窗口中会显示锥化对象的属性，其常用的属性位于"对象""衰减"两个选项卡内。在"对象"窗口中，需要把"锥化"变形器作为要修改对象的子级，这样才可以对该对象进行锥化操作，效果如图 3-215 所示。

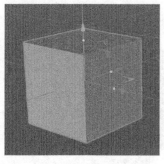

图 3-214

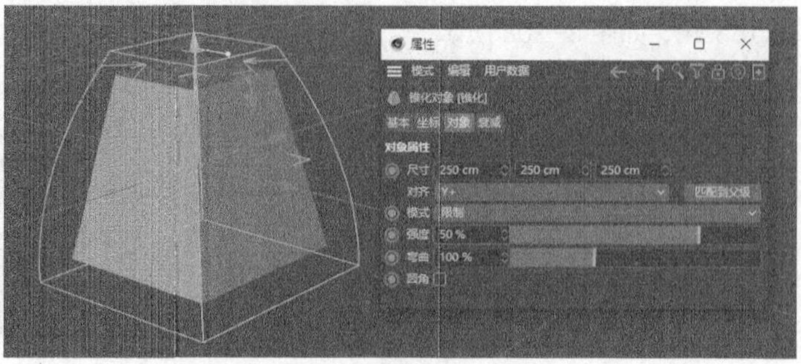

图 3-215

3.2.7 扭曲

"扭曲"变形器 用于对绘制的参数化对象进行扭曲变形，使其扭曲成需要的角度，如图 3-216 所示。"属性"窗口中会显示扭曲对象的属性，其常用的属性位于"对象""衰减"两个选项卡内。在"对象"窗口中，需要把"扭曲"变形器作为要修改对象的子级，这样才可以对该对象进行扭曲操作，效果如图 3-217 所示。

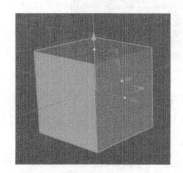

图 3-216

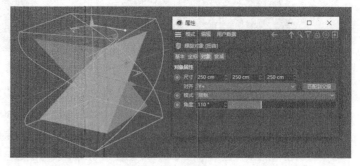

图 3-217

3.2.8 样条约束

"样条约束"变形器 是常用的变形器之一，它可以将参数化对象约束到样条上，从而制作出路径动画效果。

在场景中创建一个"样条约束"变形器。创建一个"花瓣形"对象和一个"胶囊"对象，在"属性"窗口中进行相应的设置，如图 3-218 所示，效果如图 3-219 所示。

图 3-218

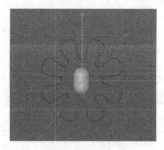

图 3-219

在"对象"窗口中,将"样条约束"变形器作为"胶囊"对象的子级,如图 3-220 所示。将"花瓣形"对象拖曳到"样条约束"变形器的"属性"窗口内的"样条"文本框中,如图 3-221 所示,效果如图 3-222 所示。

图 3-220   图 3-221   图 3-222

3.2.9 课堂案例——制作纽带模型

【案例学习目标】能够使用变形器制作纽带模型。

【案例知识要点】使用"样条画笔"工具绘制路径,使用"地形"工具创建纹理,使用"样条约束"工具和"细分曲面"工具制作纽带效果。最终效果如图 3-223 所示。

图 3-223

【效果所在位置】云盘\Ch03\制作纽带模型\工程文件.c4d。

(1)启动 Cinema 4D。单击"编辑渲染设置"按钮 ,弹出"渲染设置"窗口。在"输出"选项组中设置"宽度"为 50 厘米、"高度"为 35 厘米、分辨率为 300 像素/英寸(DPI),如图 3-224 所示,单击"关闭"按钮,关闭"渲染设置"窗口。

(2)选择"样条画笔"工具 ,在视图窗口中合适的位置分别单击,创建出 7 个节点,如图 3-225 所示。在绘制的样条上单击鼠标右键,在弹出的快捷菜单中选择"断开点连接"命令。在"对象"窗口中生成一个"样条"对象,如图 3-226 所示。

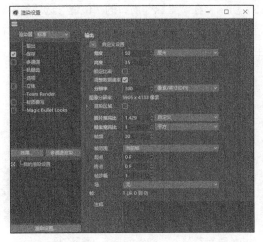

图 3-224   图 3-225   图 3-226

（3）选择"实时选择"工具 ◉，在视图窗口中选中需要的节点，如图 3-227 所示。在"坐标"窗口的"位置"选项组中设置"X"为-94cm、"Y"为 293.5cm、"Z"为 0cm，如图 3-228 所示，确定节点的具体位置。在视图窗口中选中需要的节点，如图 3-229 所示。在"坐标"窗口的"位置"选项组中设置"X"为-128cm、"Y"为 314cm、"Z"为 0cm，如图 3-230 所示，确定节点的具体位置。

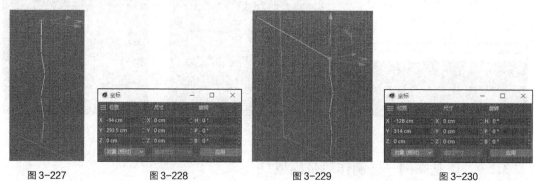

图 3-227　　　　　图 3-228　　　　　　图 3-229　　　　　图 3-230

（4）在视图窗口中选中需要的节点，如图 3-231 所示。在"坐标"窗口的"位置"选项组中设置"X"为-174cm、"Y"为 288cm、"Z"为 0cm，如图 3-232 所示，确定节点的具体位置。在视图窗口中选中需要的节点，如图 3-233 所示。在"坐标"窗口的"位置"选项组中设置"X"为-148cm、"Y"为 252cm、"Z"为 0cm，如图 3-234 所示，确定节点的具体位置。

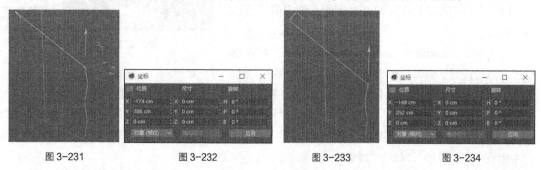

图 3-231　　　　　图 3-232　　　　　　图 3-233　　　　　图 3-234

（5）在视图窗口中选中需要的节点，如图 3-235 所示。在"坐标"窗口的"位置"选项组中设置"X"为-114cm、"Y"为 228cm、"Z"为 0cm，如图 3-236 所示，确定节点的具体位置。在视图窗口中选中需要的节点，如图 3-237 所示。在"坐标"窗口的"位置"选项组中设置"X"为-138.5cm、"Y"为 198cm、"Z"为 0cm，如图 3-238 所示，确定节点的具体位置。

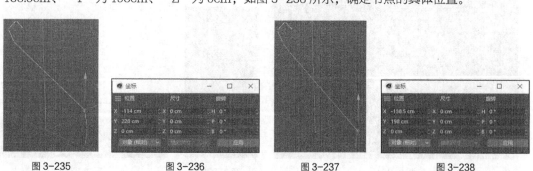

图 3-235　　　　　图 3-236　　　　　　图 3-237　　　　　图 3-238

（6）在视图窗口中选中需要的节点，如图 3-239 所示。在"坐标"窗口的"位置"选项组中设置"X"为-190cm、"Y"为 197cm、"Z"为 0cm，如图 3-240 所示，确定节点的具体位置。视图窗口中的效果如图 3-241 所示。

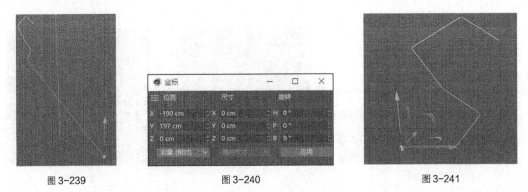

图 3-239　　　　　　　　　　图 3-240　　　　　　　　　　图 3-241

（7）按 Ctrl+A 组合键将样条的节点全部选中，如图 3-242 所示。在视图窗口中单击鼠标右键，在弹出的快捷菜单中选择"柔性差值"命令，效果如图 3-243 所示。选择"样条画笔"工具，在视图窗口中分别拖曳各节点的控制手柄到合适的位置，效果如图 3-244 所示。

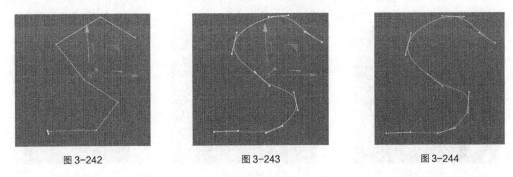

图 3-242　　　　　　　　　　图 3-243　　　　　　　　　　图 3-244

（8）选择"地形"工具，在"对象"窗口中生成一个"地形"对象，如图 3-245 所示。在"属性"窗口的"对象"选项卡中设置"尺寸"为 34cm、4.25cm、510cm，设置"地平面"为 76%、"随机"为 1，勾选"球状"复选框，如图 3-246 所示。视图窗口中的效果如图 3-247 所示。

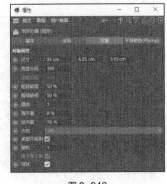

图 3-245　　　　　　　　　　图 3-246　　　　　　　　　　图 3-247

（9）选择"样条约束"工具，在"对象"窗口中生成一个"样条约束"对象，将"样条约束"

对象拖曳到"地形"对象下方，如图3-248所示。选择"对象"窗口中的"样条"对象，将其拖曳到"属性"窗口"对象"选项卡内的"样条"文本框中，设置"轴向"为-X，如图3-249所示。展开"尺寸"选项，按住Ctrl键在 x 轴上单击，以添加节点，如图3-250所示。

图 3-248

图 3-249

图 3-250

（10）双击左侧节点，在弹出的文本框中输入0.4，如图3-251所示，调整节点的位置。分别拖曳各节点的控制手柄到合适的位置，如图3-252所示。视图窗口中的效果如图3-253所示。折叠"地形"对象组。

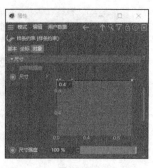

图 3-251

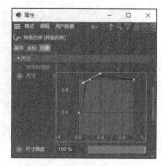
图 3-252

图 3-253

（11）选择"细分曲面"工具，在"对象"窗口中生成一个"细分曲面"对象。将"地形"对象组拖到"细分曲面"对象的下方，如图3-254所示。视图窗口中的效果如图3-255所示。在"对象"窗口中框选所有的对象及对象组，如图3-256所示。

图 3-254

图 3-255

图 3-256

（12）按Alt+G组合键将选中的对象及对象组编组，并将生成的对象组命名为"S"，如图3-257

所示。在"坐标"窗口的"位置"选项组中设置"P.X"为 545cm、"P.Y"为-105cm、"P.Z"为 0cm，如图 3-258 所示。纽带模型制作完成。

图 3-257

图 3-258

3.2.10　置换

"置换"变形器 通过在"属性"窗口的"着色器"选项中添加贴图，对绘制的参数化对象进行变形操作，如图 3-259 所示。其常用的属性位于"对象""着色""衰减""刷新"4 个选项卡内。在"对象"窗口中，需要把"置换"变形器作为要修改对象的子级，这样才可以对该对象进行变形操作，效果如图 3-260 所示。

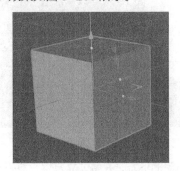

图 3-259

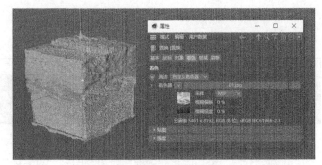

图 3-260

3.2.11　课堂案例——制作小树模型

【案例学习目标】能够使用变形器制作小树模型。

【案例知识要点】使用"立方体"工具、"减面"工具和"置换"工具制作树干，使用"球体"工具和"减面"工具制作树冠。最终效果如图 3-261 所示。

【效果所在位置】云盘\Ch03\制作小树模型\工程文件.c4d。

（1）单击"编辑渲染设置"按钮 ，弹出"渲染设置"窗口，在"输出"选项组中设置"宽度"为 750 像素、"高度"为 1624 像素，单击"关闭"按钮，关闭"渲染设置"窗口。

（2）选择"立方体"工具，在"对象"窗口中生成一个"立方体"对象。在"属性"窗口的"对象"选项卡中设置"尺寸.X"为 27.3cm、

图 3-261

"尺寸.Y"为 121.3cm、"尺寸.Z"为 32cm、"分段 X"为 3、"分段 Y"为 11、"分段 Z"为 3，如图 3-262 所示；在"坐标"选项卡中设置"P.X"为 330.8cm、"P.Y"为 206.7cm、"P.Z"为

-963cm，如图 3-263 所示。视图窗口中的效果如图 3-264 所示。

图 3-262　　　　　　　　　　　图 3-263　　　　　　　　　　　图 3-264

（3）选择"减面"工具 ，在"对象"窗口中生成一个"减面"对象。将"立方体"对象拖曳到"减面"对象的下方，如图 3-265 所示。

（4）选择"置换"工具 ，在"对象"窗口中生成一个"置换"对象，如图 3-266 所示。在"属性"窗口的"着色"选项卡中设置"着色器"为"噪波"，如图 3-267 所示。

图 3-265　　　　　　　　　　　图 3-266　　　　　　　　　　　图 3-267

（5）在"对象"窗口中将"置换"对象拖曳到"立方体"对象的下方，并将"立方体"对象右侧的"平滑着色(Phong)标签"按钮 删除，如图 3-268 所示。将"减面"对象组重命名为"减面.1"，如图 3-269 所示。视图窗口中的效果如图 3-270 所示。

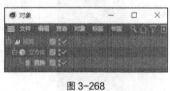
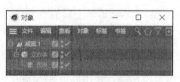

图 3-268　　　　　　　　　　　图 3-269　　　　　　　　　　　图 3-270

（6）选择"球体"工具 ，在"对象"窗口中生成一个"球体"对象。在"属性"窗口的"对象"选项卡中设置"半径"为47cm、"分段"为20，如图 3-271 所示；在"坐标"选项卡中设置"P.X"为 330.8cm、"P.Y"为 276.6cm、"P.Z"为-964cm，如图 3-272 所示。视图窗口中的效果如图 3-273 所示。

| 图 3-271 | 图 3-272 | 图 3-273 |

（7）选择"减面"工具 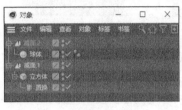，在"对象"窗口中生成一个"减面"对象，将其重命名为"减面.2"。将"球体"对象拖曳到"减面.2"对象的下方，如图 3-274 所示。将"球体"对象右侧的"平滑着色(Phong)标签"按钮 删除，如图 3-275 所示。视图窗口中的效果如图 3-276 所示。分别折叠"减面.1"和"减面.2"对象组。

| 图 3-274 | 图 3-275 | 图 3-276 |

（8）选择"球体"工具 ，在"对象"窗口中生成一个"球体"对象。在"属性"窗口的"对象"选项卡中设置"半径"为 31cm、"分段"为 20，如图 3-277 所示；在"坐标"选项卡中设置"P.X"为 333.4cm、"P.Y"为 229cm、"P.Z"为−1011.6cm，如图 3-278 所示。视图窗口中的效果如图 3-279 所示。

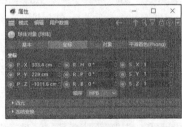

| 图 3-277 | 图 3-278 | 图 3-279 |

（9）选择"减面"工具 ，在"对象"窗口中生成一个"减面"对象，将其重命名为"减面.3"。将"球体"对象拖到"减面.3"对象的下方，如图 3-280 所示。将"球体"对象右侧的"平滑着色(Phong)标签"按钮 删除，如图 3-281 所示。视图窗口中的效果如图 3-282 所示。折叠"减面.3"对象组。

（10）选择"球体"工具 ，在"对象"窗口中生成一个"球体"对象。在"属性"窗口的"对象"选项卡中设置"半径"为 20cm、"分段"为 21，如图 3-283 所示；在"坐标"选项卡中设置"P.X"为 341.3cm、"P.Y"为 255.2cm、"P.Z"为−910.5cm，如图 3-284 所示。视图窗口中的效果如图 3-285 所示。

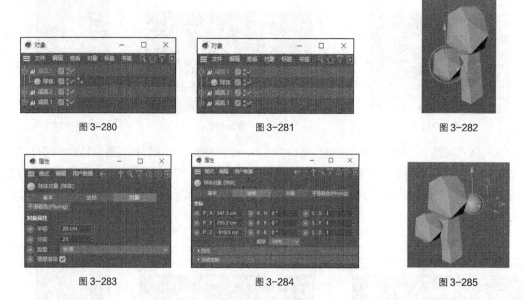

图 3-280　　　　　　图 3-281　　　　　　图 3-282

图 3-283　　　　　　图 3-284　　　　　　图 3-285

（11）选择"减面"工具　，在"对象"窗口中生成一个"减面"对象，将其重命名为"减面.4"。将"球体"对象拖曳到"减面.4"对象的下方，如图 3-286 所示。将"球体"对象右侧的"平滑着色(Phong)标签"按钮　删除，如图 3-287 所示。视图窗口中的效果如图 3-288 所示。折叠"减面.4"对象组。

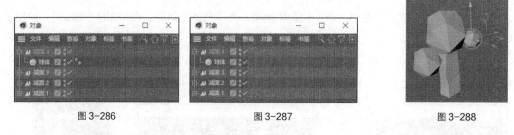

图 3-286　　　　　　图 3-287　　　　　　图 3-288

（12）按住 Ctrl 键并向上拖曳"对象"窗口中的"减面.1"对象组，复制出新的对象组并将其命名为"减面.5"，如图 3-289 所示。展开"减面.5"对象组，如图 3-290 所示。将"立方体"对象和"置换"对象拖曳至组外，如图 3-291 所示。

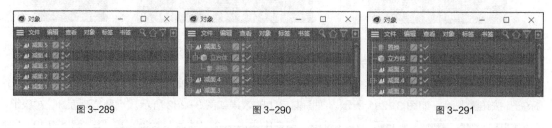

图 3-289　　　　　　图 3-290　　　　　　图 3-291

（13）选中"立方体"对象，在"属性"窗口的"对象"选项卡中设置"尺寸.X"为 13cm、"尺寸.Y"为 53.4cm、"尺寸.Z"为 15.5cm，如图 3-292 所示；在"坐标"选项卡中设置"P.X"为 330.8cm、"P.Y"为 220.3cm、"P.Z"为-996cm，"R.H"为 0°、"R.P"为 56.5°、"R.B"为 0°，如图 3-293所示。

（14）将"立方体"对象拖曳到"减面.5"对象的下方，将"置换"对象拖曳到"立方体"对象的下方，如图 3-294 所示。折叠"减面.5"对象组。

图 3-292

图 3-293

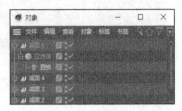
图 3-294

（15）按住 Ctrl 键并向上拖曳"对象"窗口中的"减面.1"对象组，复制出新的对象组并将其命名为"减面.6"，如图 3-295 所示。展开"减面.6"对象组，如图 3-296 所示。将"立方体"对象和"置换"对象拖曳至组外，如图 3-297 所示。

图 3-295

图 3-296

图 3-297

（16）选中"立方体"对象，在"属性"窗口的"对象"选项卡中设置"尺寸.X"为 13cm、"尺寸.Y"为 53.4cm、"尺寸.Z"为 14cm，"分段 X"为 3、"分段 Y"为 5、"分段 Z"为 3，如图 3-298 所示；在"坐标"选项卡中设置"P.X"为 334.8cm、"P.Y"为 226.9cm、"P.Z"为-934.4cm，"R.H"为-16.3°、"R.P"为-47.2°、"R.B"为 0°，如图 3-299 所示。

（17）将"立方体"对象拖曳到"减面.6"对象的下方，将"置换"对象拖曳到"立方体"对象的下方，如图 3-300 所示。折叠"减面.6"对象组。

图 3-298

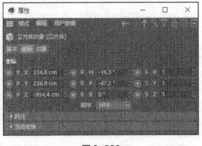
图 3-299

图 3-300

（18）选中所有对象组，如图 3-301 所示。按 Alt+G 组合键将选中的对象组编组，将生成的对象组重命名为"右边大树"，如图 3-302 所示。视图窗口中的效果如图 3-303 所示。小树模型制作完成。

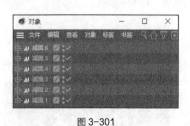

图 3-301

图 3-302

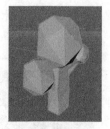

图 3-303

课堂练习——制作饮料瓶模型

【练习知识要点】使用"样条画笔"工具绘制饮料瓶轮廓，使用"旋转"工具制作饮料瓶的立体效果，使用"缩放"命令复制并缩放对象，使用"焊接"命令焊接对象，使用"框选"工具选中并修改节点的位置，使用"平面"工具、"对称"工具和"细分曲面"工具制作瓶贴，使用"收缩包裹"工具制作包裹效果，使用"圆柱体"工具、"挤压"命令、"内部挤压"命令和"循环/路径切割"命令制作瓶盖。最终效果如图 3-304 所示。

【效果所在位置】云盘\Ch03\制作饮料瓶模型\工程文件.c4d。

图 3-304

课后习题——制作榨汁机模型

【习题知识要点】使用"圆柱体"工具、"缩放"工具、"倒角"命令、"循环选择"命令、"内部挤压"命令和"细分曲面"工具制作榨汁机底部，使用"圆盘"工具、"循环路径切割"命令、"圆柱体"工具、"立方体"工具、"克隆"工具和"反转法线"命令制作刀片和榨汁机盖。最终效果如图 3-305 所示。

【效果所在位置】云盘\Ch03\制作榨汁机模型\工程文件.c4d。

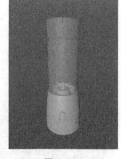

图 3-305

04

第4章
多边形建模

多边形建模用于快速搭建各种复杂的模型，它是 Cinema 4D 建模方式中最核心的一种。本章将对多边形建模的概念，"点"模式、"边"模式及"多边形"模式下的常用命令进行系统讲解。通过对本章的学习，读者可以对 Cinema 4D 的多边形建模技术有一个全面的认识，并能快速掌握各种复杂模型的制作技术与技巧。

知识目标

- ✅ 了解多边形建模的概念
- ✅ 熟悉"点"模式下的常用命令
- ✅ 熟悉"边"模式下的常用命令
- ✅ 熟悉"多边形"模式下的常用命令

能力目标

- ✅ 掌握"点"模式下常用命令的使用方法
- ✅ 掌握"边"模式下常用命令的使用方法
- ✅ 掌握"多边形"模式下常用命令的使用方法
- ✅ 掌握多边形建模的方法

素质目标

- ✅ 培养使用 Cinema 4D 多边形建模技术的良好习惯
- ✅ 培养对 Cinema 4D 多边形建模技术锐意进取、精益求精的工匠精神
- ✅ 培养一定的对 Cinema 4D 多边形建模技术的创新能力和艺术审美能力

4.1　多边形建模

在 Cinema 4D 中，如果想对绘制的参数化对象进行编辑，需要将参数化对象转为可编辑对象。选中需要编辑的参数化对象，单击模式工具栏中的"转为可编辑对象"按钮，即可将该对象转为可编辑对象。

可编辑对象有 3 种编辑模式，分别为"点"模式、"边"模式和"多边形"模式，如图 4-1 所示。

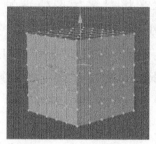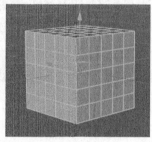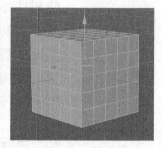

图 4-1

4.2　"点"模式

将需要编辑的参数化对象转为可编辑对象后，在"点"模式下选中对象并单击鼠标右键，会弹出图 4-2 所示的快捷菜单。

图 4-2

4.2.1　封闭多边形孔洞

"封闭多边形孔洞"命令通常用于"点""边""多边形"模式下。该命令可以将参数化对象中的孔洞封闭。"属性"窗口中显示了封闭多边形孔洞的属性，如图 4-3 所示。

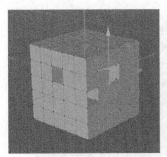

图 4-3

4.2.2　多边形画笔

"多边形画笔"命令通常用于"点""边""多边形"模式下。该命令不仅可以在多边形上连接任意的点、线和多边形，还可以绘制多边形。"属性"窗口中显示了多边形画笔的属性，如图 4-4 所示。

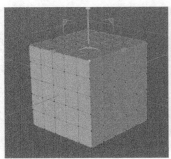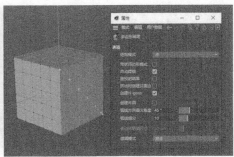

图 4-4

4.2.3　倒角

"倒角"命令是多边形建模中常用的命令之一。该命令可以对选中的点进行倒角操作，从而生成新的边。"属性"窗口中显示了倒角对象的属性，如图 4-5 所示。

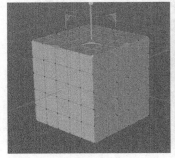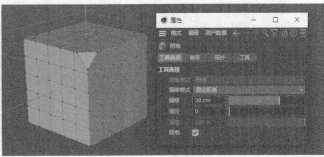

图 4-5

4.2.4　线性切割

　　"线性切割"命令同样通常用于"点""边""多边形"模式下。选择该命令后单击并拖曳切割线，可以在参数化对象上分割出新的边。"属性"窗口中显示了线性切割的属性，如图4-6所示。

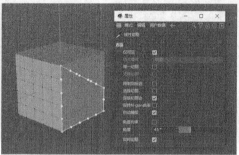

图4-6

4.2.5　循环/路径切割

　　"循环/路径切割"命令通常用于对循环封闭的对象的表面进行切割，该命令可以沿着选中的点或边添加新的循环边。"属性"窗口中显示了循环/路径切割的属性，如图4-7所示。

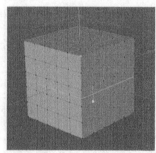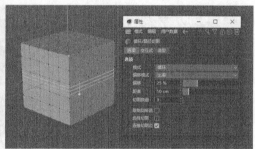

图4-7

4.2.6　笔刷

　　"笔刷"命令通常用于"点""边""多边形"模式下，该命令可以对参数化对象上的点进行涂抹。"属性"窗口中显示了笔刷的属性，如图4-8所示。

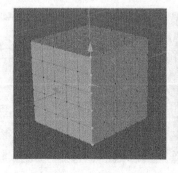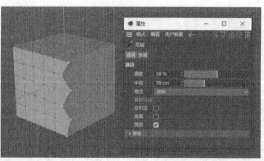

图4-8

4.2.7　滑动

"滑动"命令在"点"模式下只能对参数化对象上的点进行操作，"属性"窗口中显示了"偏移"选项，如图 4-9 所示。该命令在"边"模式下则可以对多条边同时进行操作，"属性"窗口中增加了对应的属性。

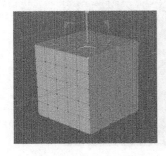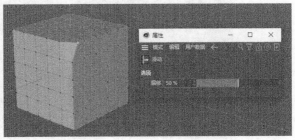

图 4-9

4.2.8　克隆

"克隆"命令通常用于"点""多边形"模式下，可以复制所选的点或面。"属性"窗口中显示了克隆的属性，如图 4-10 所示。

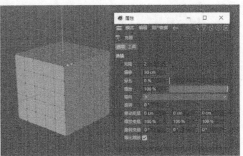

图 4-10

4.2.9　缝合

"缝合"命令通常用于"点""边""多边形"模式下，该命令可以实现参数化对象上点与点、边与边及面与面的连接，如图 4-11 所示。

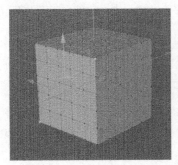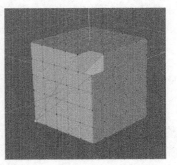

图 4-11

4.2.10　焊接

"焊接"命令通常用于"点""边""多边形"模式下，该命令可以将参数化对象上的多个点、边和面合并在指定的点上，如图4-12所示。

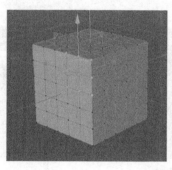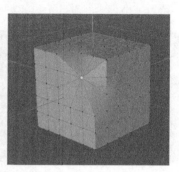

图4-12

4.2.11　消除

"消除"命令通常用于"点""边""多边形"模式下，该命令可以将参数化对象中不需要的点、边和面移除，从而形成新的多边形拓扑结构。消除不同于删除，它不会使参数化对象产生孔洞，如图4-13所示。

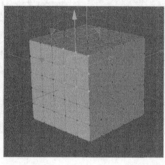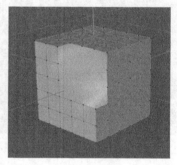

图4-13

4.2.12　优化

"优化"命令通常用于"点""边""多边形"模式下，该命令可以优化参数化对象，合并参数化对象上相邻但未焊接在一起的点，也可以消除多余的空闲点；另外，还可以设置"优化公差"来控制焊接范围。

4.3　"边"模式

将需要编辑的参数化对象转为可编辑对象后，在"边"模式下选中参数化对象并单击鼠标右键，会弹出图4-14所示的快捷菜单。

图 4-14

4.3.1 提取样条

"提取样条"命令是多边形建模中常用的命令之一。在场景中选中需要的边，选择该命令可以把选中的边提取出来，并将其变成新的样条，如图 4-15 所示。

图 4-15

4.3.2 选择平滑着色（Phong）断开边

"选择平滑着色（Phong）断开边"命令仅可在"边"模式下使用。该命令可用于选中已经断开平滑着色的边，如图 4-16 所示。

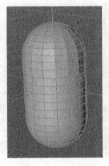 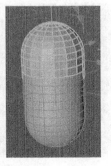

图 4-16

4.4 "多边形"模式

　　将需要编辑的参数化对象转为可编辑对象后，在"多边形"模式下选中参数化对象并单击鼠标右键，会弹出图 4-17 所示的快捷菜单。

图 4-17

4.4.1 挤压

　　"挤压"命令是多边形建模中常用的命令之一，可以在"点""边""多边形"模式下使用，但通常用于"多边形"模式下。该命令用于将选中的面向外挤出或向内压缩。"属性"窗口中显示了挤压对象的属性，如图 4-18 所示。

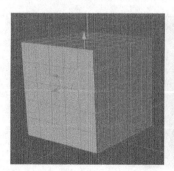 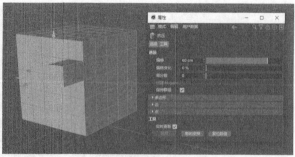

图 4-18

4.4.2　内部挤压

"内部挤压"命令同样是多边形建模中常用的命令之一，仅可在"多边形"模式下使用。该命令用于将选中的面向内挤压。"属性"窗口中显示了内部挤压对象的属性，如图 4-19 所示。

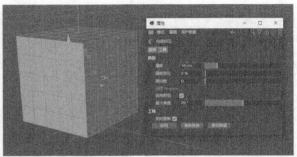

图 4-19

4.4.3　沿法线缩放

"沿法线缩放"命令仅可在"多边形"模式下使用。该命令用于将选中的面在垂直于该面的法线平面上缩放。"属性"窗口中显示了缩放对象的属性，如图 4-20 所示。

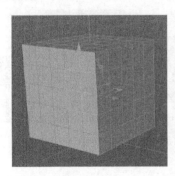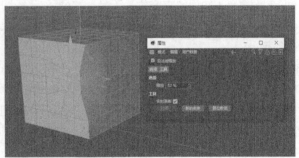

图 4-20

4.4.4　反转法线

"反转法线"命令仅可在"多边形"模式下使用。该命令用于将选中面的法线反转，如图 4-21 所示。

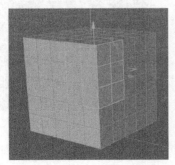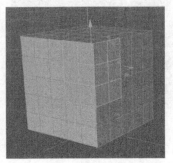

图 4-21

4.4.5　分裂

"分裂"命令仅可在"多边形"模式下使用。该命令用于将选中的面分裂成一个独立的面，如图 4-22 所示。

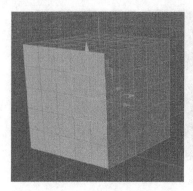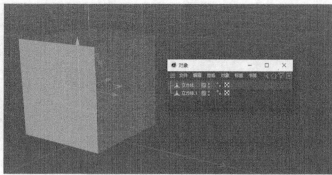

图 4-22

4.4.6　课堂案例——制作 U 盘模型

【案例学习目标】能够使用多边形建模工具制作 U 盘模型。

【案例知识要点】使用"立方体"工具、"循环/路径切割"命令、"挤压"命令和"倒角"命令制作 U 盘模型。最终效果如图 4-23 所示。

【效果所在位置】云盘\Ch04\制作 U 盘模型\工程文件.c4d。

（1）启动 Cinema 4D。选择"渲染 > 编辑渲染设置"命令，弹出"渲染设置"窗口，如图 4-24 所示。在"输出"选项组中设置"宽度"为 800 像素、"高度"为 800 像素，如图 4-25 所示，单击"关闭"按钮，关闭"渲染设置"窗口。

图 4-23

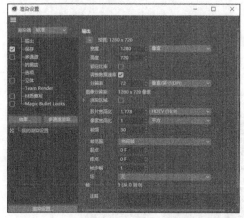

图 4-24

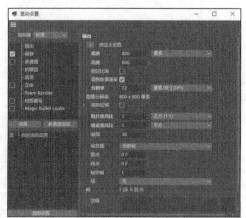

图 4-25

（2）选择"立方体"工具，在"对象"窗口中生成一个"立方体"对象，如图 4-26 所示；并将其重命名为"U 盘主体"，如图 4-27 所示。

图 4-26

图 4-27

（3）在"对象"面板中的"U 盘主体"对象上单击鼠标右键，在弹出的快捷菜单中选择"转为可编辑对象"命令，将其转为可编辑对象，如图 4-28 所示。

（4）在"坐标"窗口的"尺寸"选项组中设置"X"为 150cm、"Y"为 25cm、"Z"为 65cm，如图 4-29 所示。

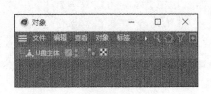

图 4-28

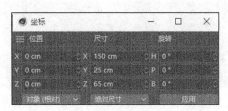

图 4-29

（5）单击"边"按钮，切换到"边"模式。在视图窗口中单击鼠标右键，在弹出的快捷菜单中选择"循环/路径切割"命令，在视图窗口中选中需要编辑的边，如图 4-30 所示。在"属性"窗口中设置"切割数量"为 4，效果如图 4-31 所示。

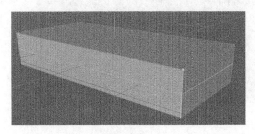

图 4-30

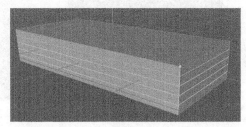

图 4-31

（6）在视图窗口中选中需要编辑的边，如图 4-32 所示。在"属性"窗口中设置"切割数量"为 4，效果如图 4-33 所示。

图 4-32

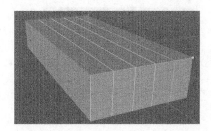

图 4-33

（7）在视图窗口中选中需要编辑的边，如图 4-34 所示。在"属性"窗口中设置"切割数量"为 3，效果如图 4-35 所示。

图 4-34 图 4-35

（8）选择"选择 > 环状选择"命令，单击"多边形"按钮 ，切换到"多边形"模式。选择"移动"工具 ，按住 Shfit 键在"视图"窗口中选中需要编辑的面，如图 4-36 所示。

图 4-36

（9）在视图窗口中单击鼠标右键，在弹出的快捷菜单中选择"挤压"命令。在"属性"窗口中设置"偏移"为-3cm，如图 4-37 所示，效果如图 4-38 所示。

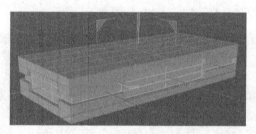

图 4-37 图 4-38

（10）单击"边"按钮 ，切换到"边"模式。选择"选择 > 选择平滑着色断开"命令，在"属性"窗口中单击"全选"按钮，如图 4-39 所示。视图窗口中的效果如图 4-40 所示。

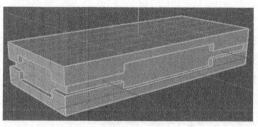

图 4-39 图 4-40

（11）在视图窗口中单击鼠标右键，在弹出的快捷菜单中选择"倒角"命令。在"属性"窗口中设置"偏移"为 0.5cm、"细分"为 3、"斜角"为"均匀"，如图 4-41 所示，效果如图 4-42 所示。

图 4-41

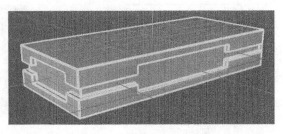

图 4-42

（12）选择"立方体"工具 ，在"对象"窗口中生成一个"立方体"对象，如图 4-43 所示；并将其转为可编辑对象，如图 4-44 所示。

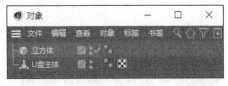

图 4-43

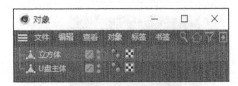

图 4-44

（13）单击"模型"按钮 ，切换到"模型"模式。在"坐标"窗口的"位置"选项组中设置"X"为-37cm、"Y"为 0cm、"Z"为-27cm，在"尺寸"选项组中设置"X"为 25cm、"Y"为 15cm、"Z"为 15cm，如图 4-45 所示。视图窗口中的效果如图 4-46 所示。

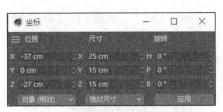

图 4-45

图 4-46

（14）单击"边"按钮 ，切换到"边"模式。在视图窗口中单击鼠标右键，在弹出的快捷菜单中选择"循环/路径切割"命令。在视图窗口中选中需要编辑的边，如图 4-47 所示。在"属性"窗口中设置"切割数量"为 10，效果如图 4-48 所示。

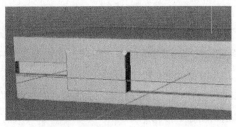

图 4-47

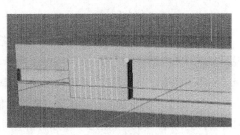

图 4-48

（15）选择"选择 > 选择平滑着色断开"命令，在"属性"窗口中单击"全选"按钮，如图 4-49

所示。视图窗口中的效果如图 4-50 所示。

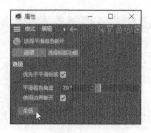

图 4-49

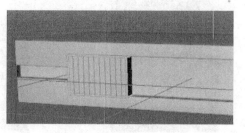

图 4-50

（16）在视图窗口中单击鼠标右键，在弹出的快捷菜单中选择"倒角"命令。在"属性"窗口中设置"偏移"为 0.5cm、"细分"为 3、"斜角"为"均匀"，如图 4-51 所示，效果如图 4-52 所示。

图 4-51

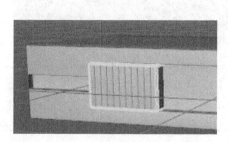

图 4-52

（17）单击"多边形"按钮，切换到"多边形"模式。选择"移动"工具，按住 Shift 键在视图窗口中选中需要编辑的面，如图 4-53 所示。在视图窗口中单击鼠标右键，在弹出的快捷菜单中选择"挤压"命令。在"属性"窗口中设置"偏移"为 0.8cm，如图 4-54 所示。

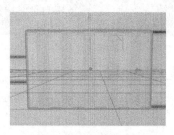

图 4-53

图 4-54

（18）单击"边"按钮，切换到"边"模式。选择"选择 > 循环选择"命令，按住 Shift 键在视图窗口中选中要挤压的边，如图 4-55 所示。在视图窗口中单击鼠标右键，在弹出的快捷菜单中选择"倒角"命令。在"属性"窗口中设置"偏移"为 0.15cm，如图 4-56 所示。

（19）选择"细分曲面"工具，在"对象"窗口中生成一个"细分曲面"对象。在"对象"窗口中将"立方体"对象设置为"细分曲面"对象的子级，如图 4-57 所示。

（20）在"对象"窗口中选中"细分曲面"对象组，在"属性"窗口中设置"编辑器细分"为 4、"渲染器细分"为 4，如图 4-58 所示。视图窗口中的效果如图 4-59 所示。

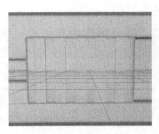

图 4-55

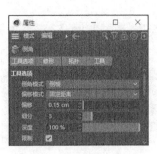

图 4-56

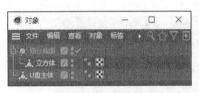

图 4-57

图 4-58

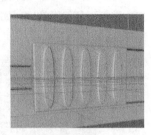

图 4-59

（21）按住 Alt 键选择"对称"工具，在"对象"窗口中生成一个"对称"对象，"细分曲面"对象组将自动位于"对称"对象的下方，如图 4-60 所示。在"属性"窗口中设置"镜像平面"为"XY"，如图 4-61 所示。将"对称"对象重命名为"按钮"。

图 4-60

图 4-61

（22）选择"立方体"工具，在"对象"窗口中生成一个"立方体"对象，如图 4-62 所示。将"立方体"对象转为可编辑对象，并将其重命名为"U 盘接口"，如图 4-63 所示。

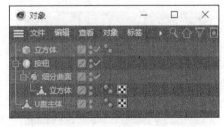

图 4-62

图 4-63

（23）单击"模型"按钮，切换到"模型"模式。在"坐标"窗口的"位置"选项组中设置"X"为-90cm、"Y"为 0cm、"Z"为 0cm，在"尺寸"选项组中设置"X"为 40cm、"Y"为 15cm、

"Z"为35cm，如图4-64所示。视图窗口中的效果如图4-65所示。

图4-64

图4-65

（24）单击"边"按钮，切换到"边"模式。选择"选择 > 循环/路径切割"命令，在视图窗口中选择需要编辑的边，如图4-66所示。在"属性"窗口中设置"偏移"为35%，效果如图4-67所示。

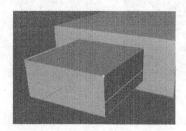

图4-66

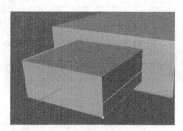

图4-67

（25）选择需要编辑的边，如图4-68所示。在"属性"窗口中设置"偏移"为80%，勾选"镜像切割"复选框，效果如图4-69所示。

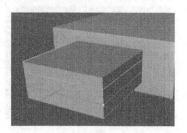

图4-68

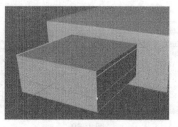

图4-69

（26）选择需要编辑的边，如图4-70所示。在"属性"窗口中设置"偏移"为5%，取消勾选"镜像切割"复选框，效果如图4-71所示。

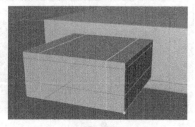

图4-70

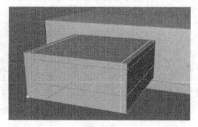

图4-71

（27）选择需要编辑的边，如图4-72所示。在"属性"窗口中设置"偏移"为50%，效果如

图 4-73 所示。

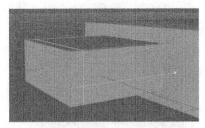

图 4-72

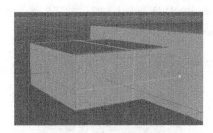

图 4-73

（28）选择需要编辑的边，如图 4-74 所示。在"属性"窗口中设置"偏移"为 45%，效果如图 4-75 所示。

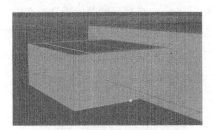

图 4-74

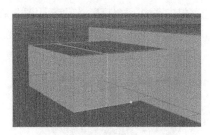

图 4-75

（29）选择需要编辑的边，如图 4-76 所示。在"属性"窗口中设置"切割数量"为 4，效果如图 4-77 所示。

图 4-76

图 4-77

（30）单击"多边形"按钮，切换到"多边形"模式。选择"移动"工具，按住 Shift 键在视图窗口中选中需要编辑的面，如图 4-78 所示。在视图窗口中单击鼠标右键，在弹出的快捷菜单中选择"挤压"命令，在"属性"窗口中设置"偏移"为-6cm，视图窗口中的效果如图 4-79 所示。

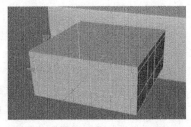

图 4-78

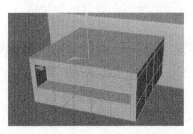

图 4-79

（31）按住 Shift 键在视图窗口中选中需要编辑的面，如图 4-80 所示。在视图窗口中单击鼠标右键，在弹出的快捷菜单中选择"挤压"命令，在"属性"窗口中设置"偏移"为-10cm，视图窗口中的效果如图 4-81 所示。

图 4-80

图 4-81

（32）单击"边"按钮，切换到"边"模式。选择"选择 > 选择平滑着色断开"命令，在"属性"窗口中单击"全选"按钮，效果如图 4-82 所示。在视图窗口中单击鼠标右键，在弹出的快捷菜单中选择"倒角"命令，在"属性"窗口中设置"偏移"为 0.5cm，视图窗口中的效果如图 4-83 所示。

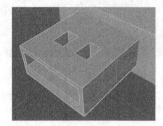
图 4-82

图 4-83

（33）在"对象"窗口中框选所有对象，如图 4-84 所示。按 Alt+G 组合键将选中的对象编组，并将生成的对象组命名为"U 盘"，如图 4-85 所示。U 盘模型制作完成，视图窗口中的效果如图 4-86 所示。

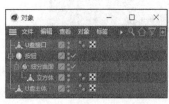
图 4-84

图 4-85

图 4-86

课堂练习——制作耳机模型

【练习知识要点】使用"圆柱体"工具、"立方体"工具和"布尔"工具制作耳机，使用"封闭多边形孔洞"命令封闭多边形的孔洞，使用"线性切割"命令和"循环切割"命令切割面，使用"框选"工具选中需要编辑的点，使用"焊接"命令焊接对象，使用"细分曲面"工具制作细分曲面效果，使用"圆环"工具和"放样"工具制作耳塞部分。最终效果如图 4-87 所示。

【效果所在位置】云盘\Ch04\制作耳机模型\工程文件.c4d。

图 4-87

课后习题——制作吹风机模型

【习题知识要点】使用"圆柱体"工具、"循环选择"命令、"循环切割"命令、"布尔"工具、"消除"命令、"线性切割"命令、"倒角"命令、"内部挤压"命令和"挤压"命令制作机身，使用"管道"工具、"立方体"工具、"连接对象+删除"命令和"细分曲面"工具制作网格，使用"样条画笔"工具、"圆环"工具和"扫描"工具制作电线。最终效果如图 4-88 所示。

【效果所在位置】云盘\Ch04\制作吹风机模型\工程文件.c4d。

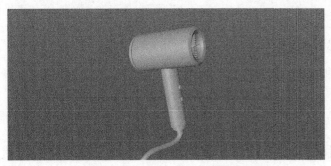

图 4-88

第 5 章
体积建模与雕刻建模

体积建模与雕刻建模是 Cinema 4D 中比较特殊的建模方式，其中体积建模常用于搭建卡通模型，雕刻建模常用于搭建甜甜圈等模型。本章将对 Cinema 4D 的体积建模与雕刻建模进行系统讲解。通过对本章的学习，读者可以对 Cinema 4D 的体积建模与雕刻建模技术有一个全面的认识，并能快速掌握常用模型的制作技术与技巧。

知识目标

- ✔ 掌握体积建模的常用工具
- ✔ 掌握雕刻建模的常用工具

能力目标

- ✔ 掌握体积建模的方法
- ✔ 掌握雕刻建模的方法

素质目标

- ✔ 培养使用 Cinema 4D 体积建模与雕刻建模技术的良好习惯
- ✔ 培养对 Cinema 4D 体积建模与雕刻建模技术锐意进取、精益求精的工匠精神
- ✔ 培养一定的对 Cinema 4D 体积建模与雕刻建模技术的创新能力和艺术审美能力

5.1 体积建模

使用体积建模工具可以使多个参数化对象或样条对象通过布尔运算组合成一个新对象，从而产生不同的效果。在制作异形模型时，使用体积建模工具可大大简化操作。长按工具栏中的"体积生成"按钮，会弹出图 5-1 所示的工具组。

图 5-1

5.1.1 体积生成

"体积生成"工具用于将多个对象通过"加""减""相交"3 种模式合并为一个新对象。合并后的对象效果更好、布线更均匀，但不能被渲染。"属性"窗口中会显示该对象的属性，如图 5-2 所示。

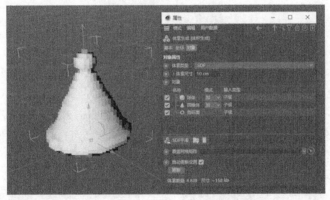

图 5-2

5.1.2 体积网格

"体积网格"工具用于为通过"体积生成"工具合并的对象添加网格，使其成为实体模型。为合并后的对象添加"体积网格"效果后，即可将其渲染输出。"属性"窗口中会显示该对象的属性，如图 5-3 所示。

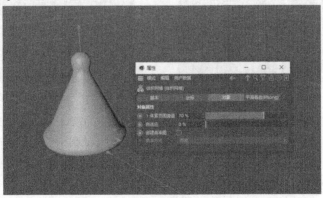

图 5-3

5.1.3 课堂案例——制作卡通模型

【案例学习目标】能够使用体积建模工具制作卡通模型。

【案例知识要点】使用"球体"工具和"FFD"工具制作头部模型，使用"细分曲面"工具、"胶囊"工具、"对称"工具、"锥化"工具、"体积生成"命令和"体积网格"命令制作身体模型，使用"圆环"工具、"扫描"工具制作眼镜和眼睛模型。最终效果如图5-4所示。

【效果所在位置】云盘\Ch05\制作卡通模型\工程文件.c4d。

扫码观看
本案例视频

图 5-4

1. 制作头部模型

（1）启动 Cinema 4D。选择"渲染 > 编辑渲染设置"命令，弹出"渲染设置"窗口，如图 5-5 所示。在"输出"选项组中设置"宽度"为 600 像素、"高度"为 800 像素，如图 5-6 所示，单击"关闭"按钮，关闭"渲染设置"窗口。

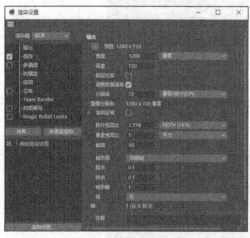

图 5-5

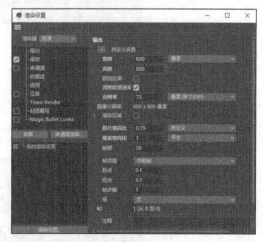

图 5-6

（2）切换至"正视图"窗口。选择"球体"工具 ，在"对象"窗口中生成一个"球体"对象。单击"转为可编辑对象"按钮 ，将"球体"对象转为可编辑对象，如图 5-7 所示。

（3）在"坐标"窗口的"尺寸"选项组中设置"X"为 200cm、"Y"为 150cm、"Z"为 200cm，如图 5-8 所示。视图窗口中的效果如图 5-9 所示。

图 5-7

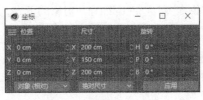
图 5-8

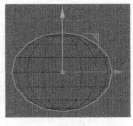
图 5-9

（4）在"对象"窗口中将"球体"对象重命名为"头部"，如图 5-10 所示。选择"FFD"工具 ，在"对象"窗口中生成一个"FFD"对象，将其拖曳到"头部"对象的下方，如图 5-11 所示。视图窗口中的效果如图 5-12 所示。

图 5-10

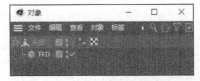
图 5-11

图 5-12

（5）在"属性"窗口的"对象"选项卡中单击"匹配到父级"按钮，如图 5-13 所示。单击"点"按钮 ，切换到"点"模式。选择"框选"工具 ，在视图窗口中框选需要的节点，如图 5-14 所示。在"坐标"窗口的"位置"选项组中设置"X"为 0cm、"Y"为 100cm、"Z"为 0cm，视图窗口中的效果如图 5-15 所示。

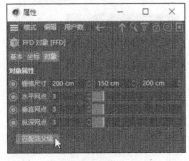
图 5-13

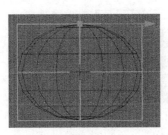
图 5-14

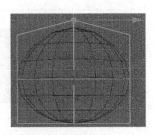
图 5-15

（6）在"对象"面板中的"头部"对象上单击鼠标右键，在弹出的快捷菜单中选择"当前状态转对象"命令，在"对象"窗口中生成一个"头部"对象，如图 5-16 所示。选中"头部"对象组，按 Delete 键将其删除，"对象"窗口中的效果如图 5-17 所示。

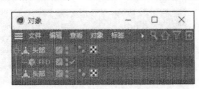
图 5-16

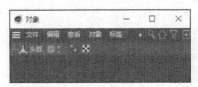
图 5-17

（7）选择"细分曲面"工具 ，在"对象"窗口中生成一个"细分曲面"对象，将其重命名为"头部细分"。将"头部"对象拖曳到"头部细分"对象的下方，如图 5-18 所示，视图窗口中的效果如图 5-19 所示。折叠"头部细分"对象组。

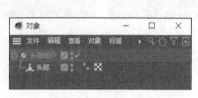

图 5-18

图 5-19

2. 制作身体模型

（1）选择"球体"工具 ，在"对象"窗口中生成一个"球体"对象，如图 5-20 所示。在"属性"窗口的"对象"选项卡中设置"半径"为 50cm，如图 5-21 所示。

图 5-20

图 5-21

（2）单击"模型"按钮 ，切换到"模型"模式。在"坐标"窗口的"位置"选项组中设置"X"为 0cm、"Y"为-85cm、"Z"为 0cm，如图 5-22 所示。视图窗口中的效果如图 5-23 所示。

图 5-22

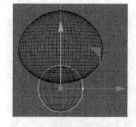

图 5-23

（3）单击"转为可编辑对象"按钮 ，将"球体"对象转为可编辑对象，如图 5-24 所示。在"坐标"窗口的"尺寸"选项组中设置"X"为 100cm、"Y"为 120cm、"Z"为 100cm，如图 5-25 所示。

图 5-24

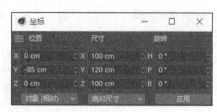

图 5-25

（4）将"球体"对象重命名为"身体"。选择"细分曲面"工具，在"对象"窗口中生成一个"细分曲面"对象，将其重命名为"身体细分"，如图 5-26 所示。

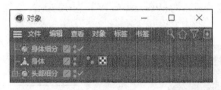

图 5-26

（5）将"身体"对象拖曳到"身体细分"对象的下方，如图 5-27 所示。折叠"身体细分"对象组。选择"胶囊"工具，在"对象"窗口中生成一个"胶囊"对象，如图 5-28 所示。

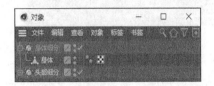

图 5-27

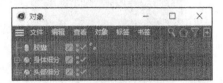

图 5-28

（6）在"属性"窗口的"对象"选项卡中设置"半径"为 10cm、"高度"为 60cm，如图 5-29 所示。在"坐标"窗口的"位置"选项组中设置"X"为-60cm、"Y"为-85cm、"Z"为 0cm，在"旋转"选项组中设置"B"为 40°，如图 5-30 所示。

图 5-29

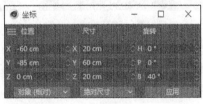

图 5-30

（7）将"胶囊"对象重命名为"手臂"。选择"对称"工具，在"对象"窗口中生成一个"对称"对象，并将其重命名为"手臂对称"，如图 5-31 所示。将"手臂"对象拖曳到"手臂对称"对象的下方，如图 5-32 所示。视图窗口中的效果如图 5-33 所示。折叠"手臂对称"对象组。

图 5-31

图 5-32

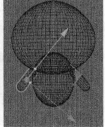

图 5-33

（8）选择"胶囊"工具■，在"对象"窗口中生成一个"胶囊"对象。在"属性"窗口的"对象"选项卡中设置"半径"为5cm、"高度"为20cm、"方向"为"+X"，如图5-34所示。在"坐标"窗口的"位置"选项组中设置"X"为-76cm、"Y"为-86cm、"Z"为0cm，如图5-35所示。

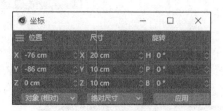

图5-34　　　　　　　　图5-35

（9）将"胶囊"对象重命名为"拇指"。选择"对称"工具■，在"对象"窗口中生成一个"对称"对象，并将其重命名为"拇指对称"，如图5-36所示。将"拇指"对象拖曳到"拇指对称"对象的下方，如图5-37所示。视图窗口中的效果如图5-38所示。折叠"拇指对称"对象组。

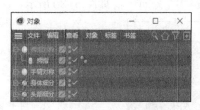
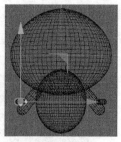

图5-36　　　　　　　　图5-37　　　　　　　　图5-38

（10）选择"胶囊"工具■，在"对象"窗口中生成一个"胶囊"对象。在"属性"窗口的"对象"选项卡中设置"半径"为20cm、"高度"为100cm，如图5-39所示。在"坐标"窗口的"位置"选项组中设置"X"为-35cm、"Y"为100cm、"Z"为0cm，如图5-40所示。

图5-39　　　　　　　　图5-40

（11）将"胶囊"对象重命名为"耳朵"。选择"锥化"工具■，在"对象"窗口中生成一个"锥化"对象，如图5-41所示。将"锥化"对象拖曳到"耳朵"对象的下方，如图5-42所示。

图 5-41

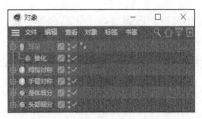

图 5-42

（12）在"属性"窗口的"对象"选项卡中单击"匹配到父级"按钮，设置"强度"为 50%，如图 5-43 所示。在"坐标"窗口的"旋转"选项组中设置"B"为 180°，如图 5-44 所示。

图 5-43

图 5-44

（13）选择"对称"工具 ，在"对象"窗口中生成一个"对称"对象，并将其重命名为"耳朵对称"，如图 5-45 所示。将"耳朵"对象组拖曳到"耳朵对称"对象的下方，如图 5-46 所示。折叠"耳朵对称"对象组。

图 5-45

图 5-46

（14）选择"胶囊"工具 ，在"对象"窗口中生成一个"胶囊"对象。在"属性"窗口的"对象"选项卡中设置"半径"为 20cm、"高度"为 100cm，如图 5-47 所示。在"坐标"窗口的"位置"选项组中设置"X"为 -26cm、"Y"为 -120cm、"Z"为 0cm，如图 5-48 所示。

图 5-47

图 5-48

（15）将"胶囊"对象重命名为"腿"。选择"对称"工具■，在"对象"窗口中生成一个"对称"对象，并将其重命名为"腿对称"，如图5-49所示。将"腿"对象拖曳到"腿对称"对象的下方，如图5-50所示。视图窗口中的效果如图5-51所示。折叠"腿对称"对象组。

图 5-49

图 5-50

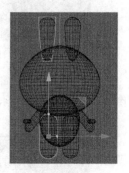
图 5-51

（16）选择"体积 > 体积生成"命令，在"对象"窗口中生成一个"体积生成"对象。框选需要的对象组，如图5-52所示。将选中的对象组拖曳到"体积生成"对象的下方，如图5-53所示。

图 5-52

图 5-53

（17）选中"体积生成"对象组，在"属性"窗口的"对象"选项卡中设置"体素尺寸"为1cm，单击"SDF 平滑"按钮，设置"强度"为50%，如图5-54所示。视图窗口中的效果如图5-55所示。

图 5-54

图 5-55

（18）选择"体积 > 体积网格"命令，在"对象"窗口中生成一个"体积网格"对象，并将其重命名为"兔身"。将"体积生成"对象组拖曳到"兔身"对象的下方，如图5-56所示。视图窗口中的效果如图5-57所示。折叠"兔身"对象组。

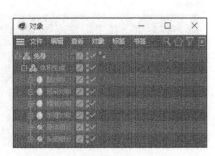

图 5-56

图 5-57

3. 制作眼镜和眼睛模型

（1）按 F1 键，切换至"透视视图"窗口。选择"圆环"工具 ，在"对象"窗口中生成一个"圆环"对象，在"属性"窗口的"对象"选项卡中设置"半径"为 40cm，如图 5-58 所示。在"坐标"窗口的"位置"选项组中设置"X"为-49cm、"Y"为 16cm、"Z"为-100cm，如图 5-59 所示。单击"转为可编辑对象"按钮 ，将"圆环"对象转为可编辑对象，如图 5-60 所示。

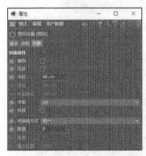

图 5-58

图 5-59

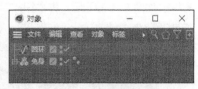

图 5-60

（2）单击"点"按钮 ，切换到"点"模式。选择"框选"工具 ，在视图窗口中框选需要的节点，如图 5-61 所示。按 Delete 键将选中的节点删除，效果如图 5-62 所示。在"属性"窗口的"对象"选项卡中设置"数量"为 12，如图 5-63 所示。

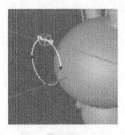

图 5-61

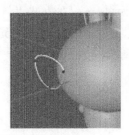

图 5-62

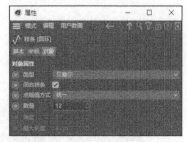

图 5-63

（3）选择"圆环"工具 ，在"对象"窗口中生成一个"圆环.1"对象，如图 5-64 所示。在"属性"窗口的"对象"选项卡中设置"半径"为 5cm，如图 5-65 所示。

（4）选择"扫描"工具 ，在"对象"窗口中生成一个"扫描"对象。将"圆环.1"对象和"圆环"对象拖曳到"扫描"对象的下方，如图 5-66 所示，视图窗口中的效果如图 5-67 所示。折叠"扫描"对象组。

图 5-64

图 5-65

图 5-66

图 5-67

（5）选择"对称"工具 ，在"对象"窗口中生成一个"对称"对象，并将其重命名为"眼镜对称"，如图 5-68 所示。将"扫描"对象组拖曳到"眼镜对称"对象的下方，如图 5-69 所示。折叠"眼镜对称"对象组。

图 5-68

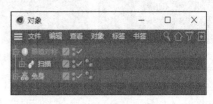

图 5-69

（6）选择"胶囊"工具，在"对象"窗口中生成一个"胶囊"对象。在"属性"窗口的"对象"选项卡中设置"半径"为 5cm、"高度"为 25cm、"方向"为"-X"，如图 5-70 所示。单击"模型"按钮，切换到"模型"模式。在"坐标"窗口的"位置"选项组中设置"X"为 0cm、"Y"为 14cm、"Z"为-100cm，如图 5-71 所示。

图 5-70

图 5-71

（7）选择"空白"工具，在"对象"窗口中生成一个"空白"对象，并将其命名为"眼镜"，如图 5-72 所示。将"胶囊"对象和"眼镜对称"对象组拖曳到"眼镜"对象的下方，如图 5-73 所示。折叠"眼镜"对象组。

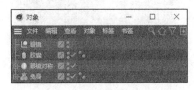

图 5-72

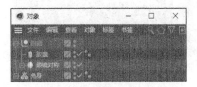

图 5-73

（8）选择"胶囊"工具，在"对象"窗口中生成一个"胶囊"对象。在"属性"窗口的"对象"选项卡中设置"半径"为 5cm、"高度"为 65cm、"高度分段"为 20、"方向"为"+X"，如图 5-74 所示。在"坐标"窗口的"位置"选项组中设置"X"为 51cm、"Y"为 18cm、"Z"为 −80cm，在"旋转"选项组中设置"H"为 30°、"P"为 0°、"B"为−35°，如图 5-75 所示。

图 5-74

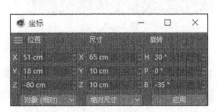

图 5-75

（9）选中"胶囊"对象，按住 Shift 键单击"弯曲"工具，为"胶囊"对象添加弯曲效果，如图 5-76 所示。在"属性"窗口的"对象"选项卡中设置"尺寸"为 50cm、52cm、10cm，设置"强度"为 68°，勾选"保持长度"复选框，如图 5-77 所示。

图 5-76

图 5-77

（10）在"坐标"窗口的"位置"选项组中设置"坐标"为"世界坐标"，设置"X"为 52cm、"Y"为 25cm、"Z"为−79cm；在"旋转"选项组中设置"H"为 30°、"P"为 0°、"B"为 55°，如图 5-78 所示。视图窗口中的效果如图 5-79 所示。

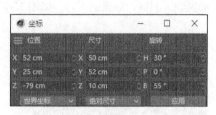

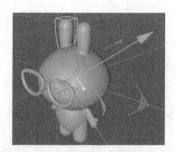

图 5-78   图 5-79

（11）选择"对称"工具█，在"对象"窗口中生成一个"对称"对象，并将其重命名为"眼睛"，如图 5-80 所示。将"胶囊"对象组拖曳到"眼睛"对象的下方，如图 5-81 所示。折叠"胶囊"对象组和"眼睛"对象组。

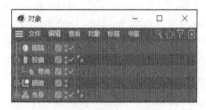

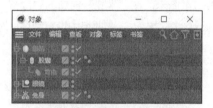

图 5-80   图 5-81

4. 制作其他部位的模型

（1）选择"球体"工具█，在"对象"窗口中生成一个"球体"对象。单击"转为可编辑对象"按钮█，将"球体"对象转为可编辑对象，如图 5-82 所示。在"坐标"窗口的"位置"选项组中设置"X"为 54cm、"Y"为-8cm、"Z"为-76cm，在"尺寸"选项组中设置"X"为 44cm、"Y"为 6cm、"Z"为 8cm，在"旋转"选项组中设置"H"为 33°、"P"为 0°、"B"为 0°，如图 5-83 所示。

图 5-82   图 5-83

（2）选择"对称"工具█，在"对象"窗口中生成一个"对称"对象，并将其重命名为"腮红"，如图 5-84 所示。将"球体"对象拖曳到"腮红"对象的下方，如图 5-85 所示。折叠"腮红"对象组。

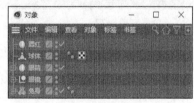

图 5-84   图 5-85

（3）选择"球体"工具 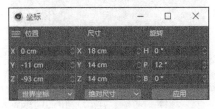，在"对象"窗口中生成一个"球体"对象。单击"转为可编辑对象"按钮 ，将"球体"对象转为可编辑对象。在"坐标"窗口的"位置"选项组中设置"X"为 0cm、"Y"为−11cm、"Z"为−93cm，在"尺寸"选项组中设置"X"为 18cm、"Y"为 14cm、"Z"为 14cm，在"旋转"选项组中设置"H"为 0°、"P"为 12°、"B"为 0°，如图 5-86 所示。将"球体"对象重命名为"鼻子"，如图 5-87 所示。

图 5-86

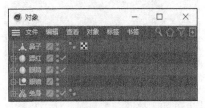

图 5-87

（4）选择"胶囊"工具 ，在"对象"窗口中生成一个"胶囊"对象。在"属性"窗口的"对象"选项卡中设置"半径"为 4cm、"高度"为 29cm、"高度分段"为 20、"方向"为"+Y"，如图 5-88 所示。在"坐标"窗口的"位置"选项组中设置"X"为 0cm、"Y"为−29cm、"Z"为−90cm，在"旋转"选项组中设置"H"为 10°、"P"为 10°、"B"为 0°，如图 5-89 所示。

图 5-88

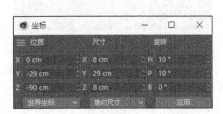

图 5-89

（5）选中"胶囊"对象，按住 Shift 键单击"弯曲"工具 ，为"胶囊"对象添加弯曲效果，在"属性"窗口的"对象"选项卡中设置"尺寸"为 8cm、17cm、8cm，设置"强度"为 158°，勾选"保持长度"复选框，如图 5-90 所示。

（6）在"坐标"窗口的"位置"选项组中设置"X"为 1cm、"Y"为−29cm、"Z"为−90cm，在"旋转"选项组中设置"H"为 10°、"P"为−170°、"B"为 0°，如图 5-91 所示。

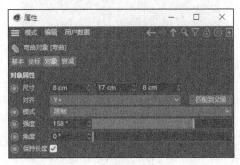

图 5-90

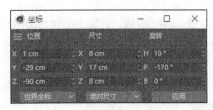

图 5-91

（7）选择"对称"工具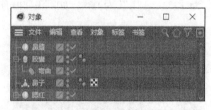，在"对象"窗口中生成一个"对称"对象，并将其重命名为"鼻缝"，如图 5-92 所示。将"胶囊"对象组拖曳到"鼻缝"对象的下方，如图 5-93 所示。折叠"胶囊"对象组和"鼻缝"对象组。

图 5-92

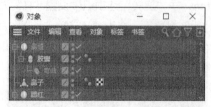

图 5-93

（8）选择"球体"工具，在"对象"窗口中生成一个"球体"对象。单击"转为可编辑对象"按钮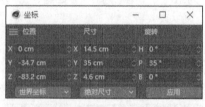，将"球体"对象转为可编辑对象。在"坐标"窗口的"位置"选项组中设置"X"为 0cm、"Y"为-34.7cm、"Z"为-83.2cm，在"尺寸"选项组中设置"X"为 14.5cm、"Y"为 35cm、"Z"为 4.6cm，在"旋转"选项组中设置"H"为 0°、"P"为 35°、"B"为 0°，如图 5-94 所示。将"球体"对象重命名为"嘴巴"，如图 5-95 所示。

图 5-94

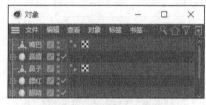

图 5-95

（9）选择"胶囊"工具，在"对象"窗口中生成一个"胶囊"对象。在"属性"窗口的"对象"选项卡中设置"半径"为 4cm、"高度"为 55cm、"高度分段"为 44、"方向"为"+Y"，如图 5-96 所示。在"坐标"窗口的"位置"选项组中设置"X"为-3.7cm、"Y"为-48cm、"Z"为-72cm，在"旋转"选项组中设置"H"为 0°、"P"为 33°、"B"为-10°，如图 5-97 所示。

图 5-96

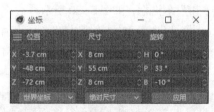

图 5-97

（10）选中"胶囊"对象，按住 Shift 键单击"弯曲"工具，为"胶囊"对象添加弯曲效果，在"属性"窗口的"对象"选项卡中设置"尺寸"为 8cm、10cm、8cm，设置"强度"为 158°，勾选"保持长度"复选框，如图 5-98 所示。

（11）在"坐标"窗口的"位置"选项组中设置"X"为-2.7cm、"Y"为-48cm、"Z"为-72cm，在"旋转"选项组中设置"H"为 0°、"P"为-147°、"B"为-10°，如图 5-99 所示。

图 5-98

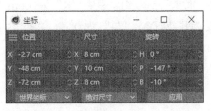

图 5-99

（12）将"胶囊"对象组重命名为"嘴边"，并折叠"嘴边"对象组。选择"球体"工具 🔵，在"对象"窗口中生成一个"球体"对象，并将其重命名为"尾巴"。在"属性"窗口的"对象"选项卡中设置"半径"为 15cm，如图 5-100 所示。在"坐标"窗口的"位置"选项组中设置"X"为 0cm、"Y"为-123cm、"Z"为 38cm，如图 5-101 所示。

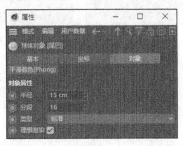

图 5-100

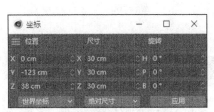

图 5-101

（13）选择"空白"工具 🔲，在"对象"窗口中生成一个"空白"对象，并将其命名为"卡通"，如图 5-102 所示。将所有对象及对象组拖曳到"卡通"对象的下方，如图 5-103 所示。折叠"卡通"对象组。

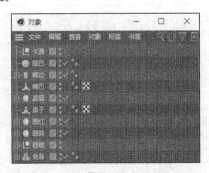

图 5-102

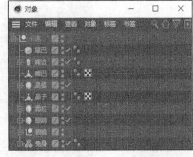

图 5-103

（14）选择"摄像机"工具 📷，在"对象"窗口中生成一个"摄像机"对象，如图 5-104 所示，单击"摄像机"对象右侧的 🔲 按钮，如图 5-105 所示，进入摄像机视图。

图 5-104

图 5-105

（15）在"属性"窗口的"对象"选项卡中设置"焦距"为80，如图5-106所示。在"坐标"窗口的"位置"选项组中设置"X"为0cm、"Y"为-7cm、"Z"为-673cm，在"旋转"选项组中设置"H"为0°、"P"为0°、"B"为0°，如图5-107所示，视图窗口中的效果如图5-108所示。卡通模型制作完成。

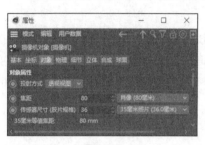

图 5-106

图 5-107

图 5-108

5.2　雕刻建模

Cinema 4D的雕刻系统提供了多种可用于调整参数化对象的工具，以便用户制作出形态多样的模型，该系统常用于制作液态类模型。

在菜单栏中单击"界面"选项右侧的下拉按钮，在弹出的下拉列表中选择"Sculpt"选项，如图5-109所示，工作界面将切换为雕刻界面，如图5-110所示。

图 5-109

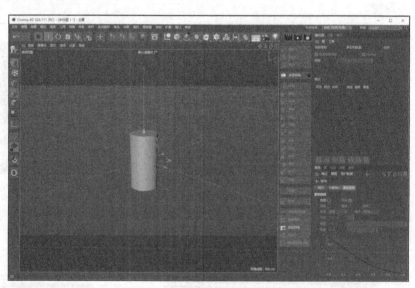

图 5-110

5.2.1　笔刷

使用 Cinema 4D 雕刻系统中预置的笔刷，可以对参数化对象进行多种操作，常用的笔刷如图 5-111 所示。

1．细分

该笔刷用于设置参数化对象的细分数量，数值越大，参数化对象中的网格越多，如图 5-112 所示。

2．减少

该笔刷用于减少参数化对象的网格数量，如图 5-113 所示。

3．增加

该笔刷用于增加参数化对象的网格数量，如图 5-114 所示。

4．抓取

该笔刷用于拖曳选中的参数化对象，如图 5-115 所示。

5．平滑

该笔刷用于使选中点之间的连线变平滑，如图 5-116 所示。

6．切刀

该笔刷用于使参数化对象表面产生细小的褶皱，如图 5-117 所示。

7．挤捏

该笔刷用于将参数化对象的顶点挤在一起，如图 5-118 所示。

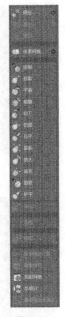

图 5-111

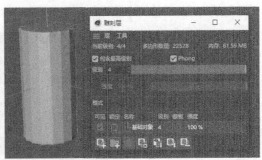

图 5-112

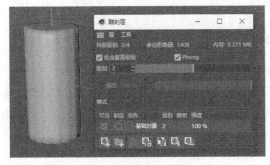

图 5-113

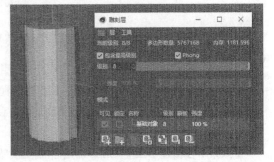

图 5-114

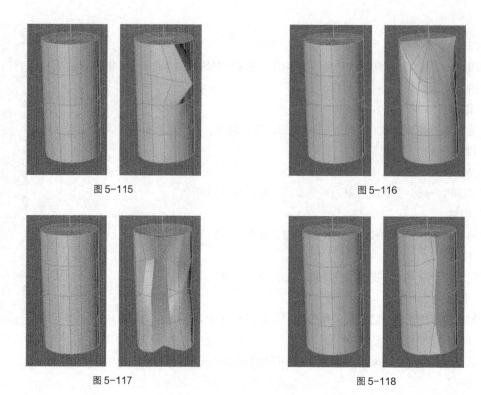

图 5-115 　　　　　　　　　　　　　　图 5-116

图 5-117 　　　　　　　　　　　　　　图 5-118

8. 膨胀

该笔刷用于沿着参数化对象的法线方向移动参数化对象上的点，如图 5-119 所示。

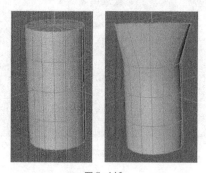

图 5-119

5.2.2　课堂案例——制作甜甜圈模型

【案例学习目标】能够使用笔刷工具制作甜甜圈模型。

【案例知识要点】使用"圆环面"工具、"循环选择"命令、"分裂"命令和"多边形画笔"命令制作甜甜圈主体，使用笔刷类工具制作奶油，使用"克隆"工具、"胶囊"工具和"随机"效果器制作碎屑。最终效果如图 5-120 所示。

【效果所在位置】云盘\Ch05\制作甜甜圈模型\工程文件.c4d。

图 5-120

（1）启动 Cinema 4D。单击"编辑渲染设置"按钮，弹出"渲染设置"窗口。在"输出"选项组中设置"宽度"为 750 像素、"高度"为 1624 像素，如图 5-121 所示，单击"关闭"按钮，关闭"渲染设置"窗口。

（2）选择"圆环面"工具，在"对象"窗口中生成一个"圆环面"对象，并将其重命名为"甜甜圈主体"，如图 5-122 所示。在"属性"窗口的"对象"选项卡中设置"圆环半径"为 766cm、"导管半径"为 290cm，如图 5-123 所示。

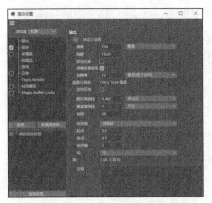

图 5-121

图 5-122

图 5-123

（3）在"对象"窗口中"甜甜圈主体"对象上单击鼠标右键，在弹出的快捷菜单中选择"转为可编辑对象"命令，将其转为可编辑对象，如图 5-124 所示。单击"多边形"按钮，切换到"多边形"模式。选择"选择 > 循环选择"命令，选中需要的面，如图 5-125 所示。

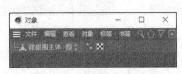

图 5-124

图 5-125

（4）在视图窗口中单击鼠标右键，在弹出的快捷菜单中选择"分裂"命令，分裂选中的面。在"对象"窗口中生成一个"甜甜圈主体.1"对象，并将其重命名为"碎屑分布面"。双击其右侧的■按钮，将其隐藏，如图5-126所示。

（5）在"对象"窗口中选中"碎屑分布面"对象，按住Ctrl键并向下拖曳鼠标，当鼠标指针变为箭头形状时松开鼠标，会自动生成一个"碎屑分布面.1"对象，将其重命名为"奶油"。双击其右侧的■按钮，将其显示出来，如图5-127所示。

图5-126

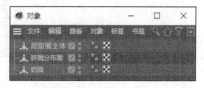

图5-127

（6）在视图窗口中单击鼠标右键，在弹出的快捷菜单中选择"挤压"命令。在"属性"窗口中设置"偏移"为60cm，勾选"创建封顶"复选框，如图5-128所示。在"对象"窗口中选中"碎屑分布面"对象，单击"模型"按钮■，切换到"模型"模式，在视图窗口中将其沿y轴拖曳到80cm的位置，效果如图5-129所示。

（7）单击"多边形"按钮■，切换到"多边形"模式。在"对象"窗口中选中"奶油"对象，选择"实时选择"工具■，在视图窗口中选中需要的面，如图5-130所示，按Delete键将其删除。

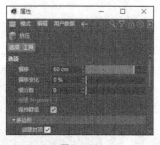

图5-128

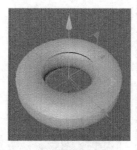

图5-129

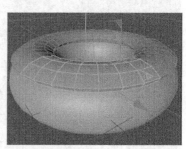

图5-130

（8）在视图窗口中单击鼠标右键，在弹出的快捷菜单中选择"多边形画笔"命令。在孔洞处拖曳，如图5-131所示，封闭孔洞，效果如图5-132所示。使用相同的方法封闭其他孔洞，效果如图5-133所示。

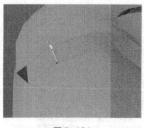

图5-131

图5-132

图5-133

（9）单击"模型"按钮■，切换到"模型"模式。单击"界面"选项右侧的下拉按钮■，在弹出的下拉列表中选择"Sculpt"选项，切换至雕刻界面。选择"移动"工具■，在视图窗口中选中需要的对象，如图 5-134 所示。单击 3 次"细分"工具![icon]，使"级别"为 2，如图 5-135 所示，细分对象，效果如图 5-136 所示。

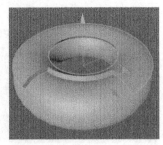
图 5-134

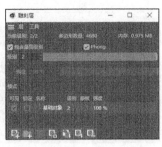
图 5-135

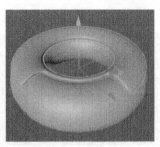
图 5-136

（10）选择"抓取"工具![icon]，在"属性"窗口中设置"尺寸"为 35，如图 5-137 所示。在视图窗口中拖曳出奶油向下滑落的效果，如图 5-138 所示。

图 5-137

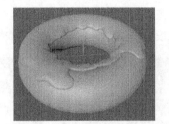
图 5-138

（11）选择"膨胀"工具![icon]，在"属性"窗口中设置"尺寸"为 40、"压力"为 20%，如图 5-139 所示。在视图窗口中拖曳出奶油凸起的效果，如图 5-140 所示。

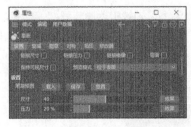
图 5-139

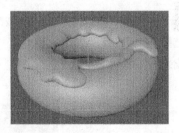
图 5-140

（12）选择"平滑"工具![icon]，在"属性"窗口中设置"尺寸"为 30、"压力"为 30%，如图 5-141 所示。在视图窗口中制作出奶油表面的平滑效果。使用相同的方法再次使用上述工具微调模型，效果如图 5-142 所示。

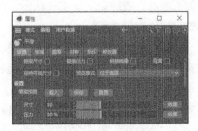
图 5-141

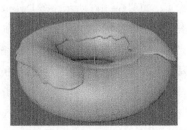
图 5-142

（13）选择"移动"工具➕，在视图窗口中选中需要的对象，如图 5-143 所示。单击两次"细分"工具🖐，使"级别"为 1，如图 5-144 所示，细分对象，效果如图 5-145 所示。

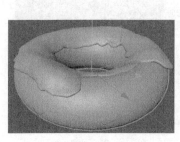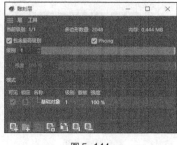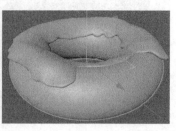

图 5-143　　　　　　　　　　图 5-144　　　　　　　　　　图 5-145

（14）选择"抓取"工具📷，在视图窗口中拖曳出甜甜圈主体凹陷的效果，如图 5-146 所示。单击"细分"工具🖐，使"级别"为 2，视图窗口中的效果如图 5-147 所示。分别选择"平滑"工具📷和"切刀"工具📷对模型凹陷处进行处理。使用相同的方法，分别选择"抓取"工具📷、"切刀"工具📷、"膨胀"工具📷和"平滑"工具📷对甜甜圈主体和奶油进行处理，效果如图 5-148 所示。

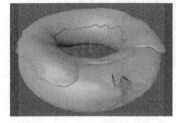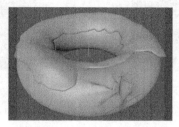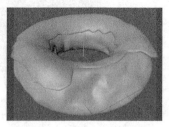

图 5-146　　　　　　　　　　图 5-147　　　　　　　　　　图 5-148

（15）单击"界面"选项右侧的下拉按钮🔽，在弹出的下拉列表中选择"启动"选项，切换至启动界面。选择"移动"工具➕，在"对象"窗口中选择"碎屑分布面"对象，双击其右侧的🔳按钮，将其显示出来，如图 5-149 所示。

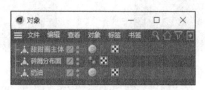

图 5-149

（16）单击"多边形"按钮📐，切换到"多边形"模式。选择"实时选择"工具📷，在视图窗口中选中需要的面，如图 5-150 所示。按 Delete 键将选中的面删除，效果如图 5-151 所示。在"对象"窗口中双击"碎屑分布面"对象右侧的📷按钮，将其隐藏，如图 5-152 所示。

（17）选择"克隆"工具📷，在"对象"窗口中生成一个"克隆"对象，并将其重命名为"碎屑"。选择"胶囊"工具📷，在"对象"面板中生成一个"胶囊"对象。在"对象"窗口中将"胶囊"对象拖曳到"碎屑"对象的下方，如图 5-153 所示。

（18）在"对象"窗口中选中"胶囊"对象，在"属性"窗口的"对象"选项卡中设置"半径"为 15cm、"高度"为 115cm，如图 5-154 所示。在"对象"窗口中选中"碎屑"对象，在"属性"

窗口的"对象"选项卡中设置"模式"为"对象"、"种子"为 1234579、"数量"为 24。选中"碎屑分布面"对象,将其拖曳到"碎屑"对象的"属性"窗口的"对象"文本框中,其他选项的设置如图 5-155 所示。

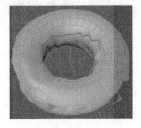

图 5-150

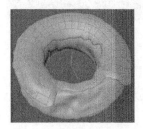

图 5-151

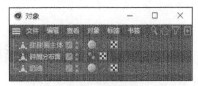

图 5-152

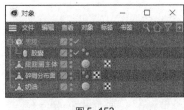

图 5-153

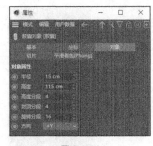

图 5-154

图 5-155

（19）在"对象"窗口中选中"碎屑"对象。选择"运动图形 > 效果器 > 随机"命令,在"对象"窗口中生成一个"随机"对象,如图 5-156 所示。在"属性"窗口的"参数"选项卡中取消勾选"位置"复选框,勾选"旋转"复选框,设置"R.B"为 100°,如图 5-157 所示。

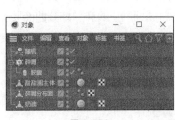

图 5-156

图 5-157

（20）在"对象"窗口中"碎屑"对象上单击鼠标右键,在弹出的快捷菜单中选择"当前状态转对象"命令,生成一个"碎屑"对象组,如图 5-158 所示。框选不需要的对象,按 Delete 键将它们删除,如图 5-159 所示。框选所有对象,按 Alt+G 组合键将它们编组,并将生成的对象组命名为"甜甜圈",如图 5-160 所示。甜甜圈模型制作完成。

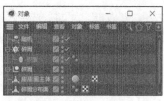

图 5-158　　　　　　　　图 5-159　　　　　　　　图 5-160

课堂练习——制作小熊模型

【练习知识要点】使用"圆柱体"工具、"封闭多边形孔洞"命令、"线性切割"命令和"沿法线缩放"命令制作小熊的胳膊和腿部，使用"细分曲面"工具对小熊的身体进行细分，使用"体积生成"工具和"体积网格"工具对小熊身体进行平滑处理。最终效果如图 5-161 所示。

【效果所在位置】云盘\Ch05\制作小熊模型\工程文件.c4d。

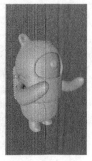

图 5-161

课后习题——制作面霜模型

【习题知识要点】使用"圆柱体"工具制作罐身部分，使用"平面"工具、"包裹"工具和"克隆"工具制作罐口部分，使用"多边形画笔"命令、"布料曲面"工具和"细分曲面"工具调整细节部分，使用"地形"工具、"扭曲"工具、"锥化"工具、"倒角"命令、"抓取"命令和"平滑"命令制作面霜部分。最终效果如图 5-162 所示。

【效果所在位置】云盘\Ch05\制作面霜模型\工程文件.c4d。

图 5-162

06

第6章
灯光技术

Cinema 4D 中的灯光用于为已经创建好的三维模型添加合适的照明效果。合适的灯光可以让模型产生合理的阴影、投影与光照效果等，使模型的显示效果更加真实、生动。本章将对 Cinema 4D 的灯光类型、灯光参数及灯光的使用方法等灯光技术进行系统讲解。通过对本章的学习，读者可以对 Cinema 4D 的灯光技术有一个全面的认识，并能快速掌握常用光影效果的制作技术与技巧。

知识目标

- ✔ 熟悉常用的灯光类型
- ✔ 掌握常用的灯光参数

能力目标

- ✔ 掌握三点布光的方法
- ✔ 掌握两点布光的方法

素质目标

- ✔ 培养使用 Cinema 4D 灯光技术的良好习惯
- ✔ 培养对 Cinema 4D 灯光技术锐意进取、精益求精的工匠精神
- ✔ 培养一定的对 Cinema 4D 灯光技术的创新能力和艺术审美能力

6.1 灯光类型

Cinema 4D 中预置了多种类型的灯光，可以在"属性"窗口中调整相关参数来改变灯光的属性。

长按工具栏中的"灯光"按钮，弹出灯光工具组，如图 6-1 所示。在灯光工具组中单击需要创建的灯光的图标，即可在视图窗口中创建对应的灯光对象。

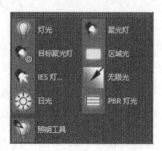

图 6-1

6.1.1 灯光

"灯光"是一个点光源，是常用的灯光类型之一。其光线可以从单一的点向多个方向发射，光照效果类似于日常生活中的灯泡，如图 6-2 所示。

6.1.2 聚光灯

"聚光灯"可以向一个方向发射出锥形的光线，照射区域外的对象不受灯光的影响，其光照效果类似于日常生活中的探照灯，如图 6-3 所示。

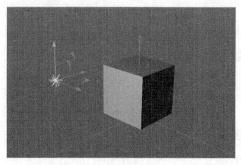

图 6-2

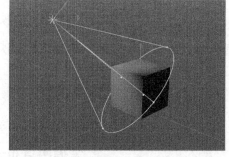

图 6-3

6.1.3 目标聚光灯

"目标聚光灯"同样可以向一个方向发射出锥形的光线，照射区域外的对象不受灯光的影响。目标聚光灯有一个目标点，可以调整光线的方向，十分方便、快捷，如图 6-4 所示。

6.1.4 区域光

"区域光"是一个面光源，其光线可以从一个区域向多个方向发射，从而形成一个有规则的照射平面。区域光的光线柔和，类似于日常生活中通过反光板反射出的光。在 Cinema 4D 中，默认创建的区域光如图 6-5 所示。

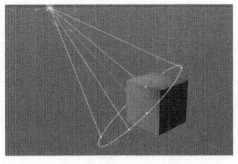
图 6-4

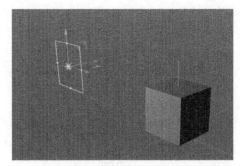
图 6-5

6.1.5 IES 灯光

在 Cinema 4D 中，用户可以使用预置的多种 IES 灯光文件来产生不同的光照效果。选择"窗口 > 资产浏览器"命令，在弹出的"资产浏览器"窗口中下载并选中需要的 IES 灯光文件，如图 6-6 所示。将 IES 灯光拖曳到视图窗口中，效果如图 6-7 所示。

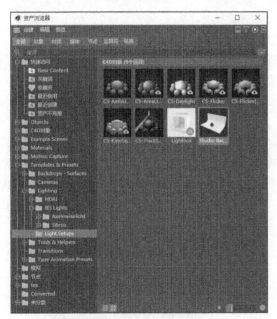
图 6-6

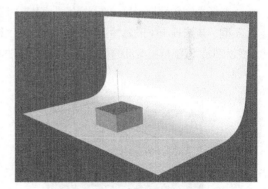
图 6-7

6.1.6 无限光

"无限光" 是一种具有方向性的灯光。其光线可以沿特定的方向平行传播，且没有距离的限制，其光照效果类似于太阳，如图 6-8 所示。

6.1.7 日光

"日光" 同样是一种具有方向性的灯光，常用于模拟太阳光，如图 6-9 所示。

图 6-8   图 6-9

6.2　灯光参数

在场景中创建灯光后，"属性"窗口中会显示该灯光对象的属性，其常用的属性位于"常规""细节""可见""投影""光度""焦散""噪波""镜头光晕""工程"9个选项卡内。

6.2.1　常规

在场景中创建灯光后，在"属性"窗口中选择"常规"选项卡，如图 6-10 所示。该选项卡主要用于设置灯光对象的基本属性，包括"颜色""类型""投影"等。

6.2.2　细节

在场景中创建灯光后，在"属性"窗口中选择"细节"选项卡，如图 6-11 所示。创建的灯光类型不同，该选项卡中的属性会发生变化。除区域光外，其他几类灯光的"细节"选项卡中包含的属性比较相似，但部分被激活的属性有些不同。该选项卡主要用于设置灯光对象的"对比"和"投影轮廓"等属性。

图 6-10   图 6-11

6.2.3　细节（区域光）

在场景中创建区域光后，在"属性"窗口中选择"细节"选项卡，如图 6-12 所示。该选项卡主要用于设置灯光对象的"形状"和"采样"等属性。

6.2.4　可见

在场景中创建灯光后,在"属性"窗口中选择"可见"选项卡,如图 6-13 所示。该选项卡主要用于设置灯光对象的"衰减"和"颜色"等属性。

图 6-12

图 6-13

6.2.5　投影

在场景中创建灯光后,在"属性"窗口中选择"投影"选项卡。每种灯光都有 4 种投影方式,分别为"无""阴影贴图(软阴影)""光线跟踪(强烈)""区域",如图 6-14 所示。该选项卡主要用于设置灯光对象的"投影"属性。

图 6-14

图 6-14（续）

6.2.6 光度

在场景中创建灯光后，在"属性"窗口中选择"光度"选项卡，如图 6-15 所示。该选项卡主要用于设置灯光对象的"光度强度"等属性。

6.2.7 焦散

在场景中创建灯光后，在"属性"窗口中选择"焦散"选项卡，如图 6-16 所示。该选项卡主要用于设置灯光对象的"表面焦散"及"体积焦散"等属性。

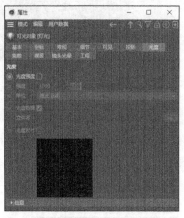

图 6-15

图 6-16

6.2.8 噪波

在场景中创建灯光后，在"属性"窗口中选择"噪波"选项卡，如图 6-17 所示。该选项卡主要用于设置灯光对象的"噪波"属性，从而生成特殊的光照效果。

6.2.9 镜头光晕

在场景中创建灯光后，在"属性"窗口中选择"镜头光晕"选项卡，如图 6-18 所示。该选项卡主要用于模拟日常生活中用摄像机进行拍摄时产生的光晕效果，可以增强画面的氛围感，适用于深色背景。

6.2.10　工程

在场景中创建灯光后，在"属性"窗口中选择"工程"选项卡，如图 6-19 所示。该选项卡主要用于设置灯光对象的"模式"和"对象"属性，可以使灯光单独照亮某个对象，也可以使灯光不照亮某个对象。

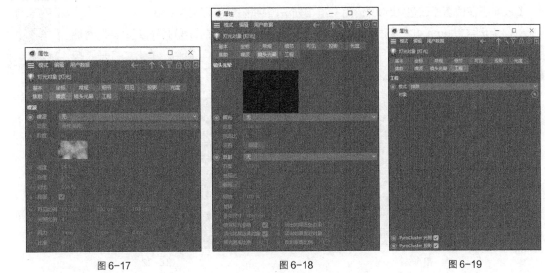

图 6-17　　　　　　　　　　图 6-18　　　　　　　　　　图 6-19

6.3　使用灯光

在生活中，我们看到的光基本为太阳光或各种照明设备产生的光。而在 Cinema 4D 中，灯光可以用来照亮场景，也可以用来烘托气氛。因此，灯光是展现场景效果的重要工具。在设计过程中，用户可以组合使用 Cinema 4D 中预置的灯光制作出丰富的光照效果。

6.3.1　三点布光法

三点布光法又被称为区域照明法。为模拟现实中真实的光照效果，需要用多个灯光来照亮立体物。三点布光通常是指在主体物一侧用主光源照亮场景，在主体物对侧用光线较弱的辅助光照亮其暗部，再用光线更弱的背景光照亮主体物的轮廓，如图 6-20 所示。这种布光方法适用于为范围较小的场景照明，如果场景很大，则需要将其拆分为多个较小的区域进行布光。

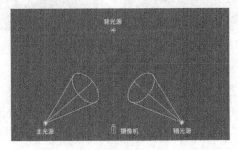

图 6-20

6.3.2 课堂案例——运用三点布光法照亮场景

【案例学习目标】能够使用灯光工具为场景添加照明效果。

【案例知识要点】使用"合并项目"命令导入素材文件，使用"区域光"工具和"属性"窗口添加灯光并设置灯光参数。最终效果如图 6-21 所示。

【效果所在位置】云盘\Ch06\运用三点布光法照亮场景\工程文件.c4d。

（1）启动 Cinema 4D。选择"文件 > 合并项目"命令，在弹出的"打开文件"对话框中选择云盘中的"Ch06\运用三点布光法照亮场景\素材\01"文件，单击"打开"按钮打开选择的文件，如图 6-22 所示。

图 6-21

图 6-22

（2）单击"编辑渲染设置"按钮，弹出"渲染设置"窗口，如图 6-23 所示。在"输出"选项组中设置"宽度"为 1024 像素。"高度"为 1369 像素，如图 6-24 所示，单击"关闭"按钮，关闭"渲染设置"窗口。

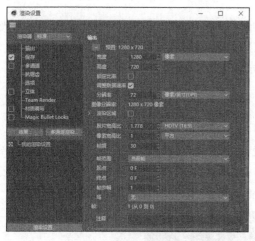

图 6-23

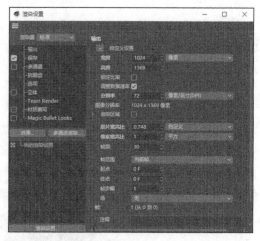

图 6-24

（3）选择"区域光"工具，在"对象"窗口中生成一个"灯光"对象，并将其重命名为"主光源"，如图 6-25 所示。在"属性"窗口的"常规"选项卡中设置"强度"为 120%、"投影"为"区域"，其他选项的设置如图 6-26 所示；在"细节"选项卡中设置"外部半径"为 285cm、"衰减"为"平方倒数（物理精度）"、"半径衰减"为 2620cm，其他选项的设置如图 6-27 所示。

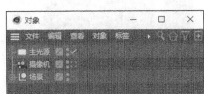

图6-25　　　　　　图6-26　　　　　　图6-27

（4）在"属性"窗口的"坐标"选项卡中设置"P.X"为3055cm、"P.Y"为3380cm、"P.Z"为-1700cm，"R.H"为-91°、"R.P"为-68°、"R.B"为0°，其他选项的设置如图6-28所示。视图窗口中的效果如图6-29所示。

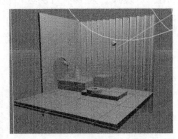

图6-28　　　　　　　　　　图6-29

（5）选择"区域光"工具，在"对象"窗口中生成一个"灯光"对象，并将其重命名为"辅光源"，如图6-30所示。在"属性"窗口的"常规"选项卡中设置"强度"为110%、"投影"为"区域"，其他选项的设置如图6-31所示；在"细节"选项卡中设置"外部半径"为285cm、"垂直尺寸"为743cm、"衰减"为"平方倒数（物理精度）"、"半径衰减"为2620cm，其他选项的设置如图6-32所示。

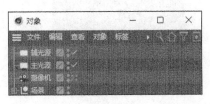
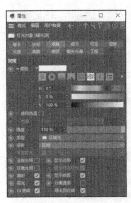

图6-30　　　　　　图6-31　　　　　　图6-32

（6）在"属性"窗口的"坐标"选项卡中设置"P.X"为4460cm、"P.Y"为2275cm、"P.Z"为-3650cm，"R.H"为55°、"R.P"为-34°、"R.B"为0°，其他选项的设置如图6-33所示。视图窗口中的效果如图6-34所示。

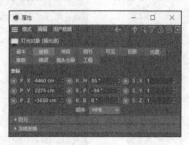

图 6-33

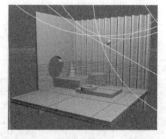

图 6-34

（7）选择"区域光"工具，在"对象"窗口中生成一个"灯光"对象，并将其重命名为"背光源"，如图6-35所示。在"属性"窗口的"常规"选项卡中设置"强度"为90%、"投影"为"区域"，其他选项的设置如图6-36所示；在"细节"选项卡中设置"外部半径"为285cm、"垂直尺寸"为743cm、"衰减"为"平方倒数（物理精度）"、"半径衰减"为2620cm，其他选项的设置如图6-37所示。

图 6-35

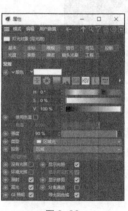

图 6-36

图 6-37

（8）在"属性"窗口的"坐标"选项卡中设置"P.X"为-180cm、"P.Y"为3020cm、"P.Z"为-7830cm，"R.H"为-17°、"R.P"为-25°、"R.B"为0°，其他选项的设置如图6-38所示。视图窗口中的效果如图6-39所示。

图 6-38

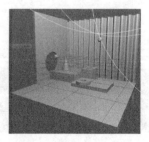

图 6-39

（9）在"对象"窗口中框选所有灯光对象，如图 6-40 所示。按 Alt+G 组合键将它们编组，并将生成的对象组命名为"灯光"，如图 6-41 所示。至此，已成功运用三点布光法照亮场景。

图 6-40

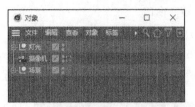
图 6-41

6.3.3 两点布光法

在 Cinema 4D 中，对场景进行布光的方法有很多，除三点布光法外，只用主光源和辅光源也可以进行布光，即两点布光法，如图 6-42 所示，这种布光方法可以使模型呈现出十分立体的效果。另外，在布光时需要遵循基本的布光原则，如灯光的类型、灯光的位置、照射的角度、灯光的强度和灯光的衰减等。

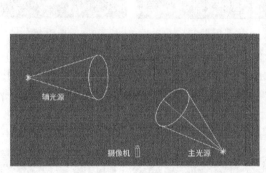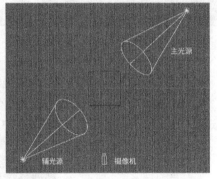

图 6-42

6.3.4 课堂案例——运用两点布光法照亮耳机

【案例学习目标】能够使用灯光工具照亮耳机。

【案例知识要点】使用"合并项目"命令导入素材文件，使用"聚光灯"工具和"区域光"工具添加灯光，使用"属性"窗口设置灯光参数。最终效果如图 6-43 所示。

【效果所在位置】云盘\Ch06\运用两点布光法照亮耳机\工程文件.c4d。

图 6-43

（1）启动 Cinema 4D。单击"编辑渲染设置"按钮■，弹出"渲染设置"窗口。在"输出"选项组中设置"宽度"为 1242 像素、"高度"为 2208 像素，如图 6-44 所示，单击"关闭"按钮，关闭"渲染设置"窗口。

（2）选择"文件 > 合并项目"命令，在弹出的"打开文件"对话框中选择云盘中的"Ch06\运用两点布光法照亮耳机\素材\01"文件，单击"打开"按钮打开选择的文件。在"对象"窗口中单击"摄像机"对象右侧的■按钮，如图 6-45 所示，进入摄像机视图。视图窗口中的效果如图 6-46 所示。

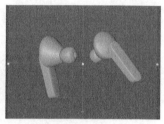

图 6-44	图 6-45	图 6-46

（3）选择"聚光灯"工具■，在"对象"窗口中生成一个"灯光"对象，并将其重命名为"主光源"，如图 6-47 所示。在"属性"窗口的"坐标"选项卡中设置"P.X"为-13cm、"P.Y"为 2150cm、"P.Z"为-1650cm，"R.H"为-2°、"R.P"为-53°、"R.B"为 0°，如图 6-48 所示；在"常规"选项卡中设置"强度"为 140%，如图 6-49 所示。

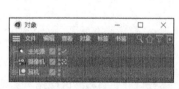

图 6-47	图 6-48	图 6-49

（4）在"属性"窗口的"细节"选项卡中设置"外部角度"为 60°，如图 6-50 所示；在"投影"选项卡中设置"投影"为"区域"，如图 6-51 所示。视图窗口中的效果如图 6-52 所示。

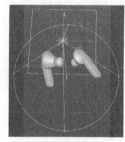

图 6-50	图 6-51	图 6-52

（5）选择"区域光"工具▣，在"对象"窗口中添加一个"灯光"对象，并将其重命名为"辅光源"，如图 6-53 所示。在"属性"窗口的"坐标"选项卡中设置"P.X"为 123cm、"P.Y"为 1474cm、"P.Z"为 –1317cm，"R.H"为 19°、"R.P"为 –40°、"R.B"为 12°，如图 6-54 所示；在"常规"选项卡中设置"强度"为 80%，如图 6-55 所示。

图 6-53

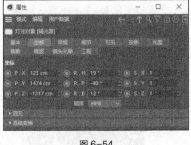

图 6-54

图 6-55

（6）在"属性"窗口的"细节"选项卡中设置"外部半径"为 193cm、"垂直尺寸"为 200cm，如图 6-56 所示；在"投影"选项卡中设置"投影"为"区域"，如图 6-57 所示。视图窗口中的效果如图 6-58 所示。

图 6-56

图 6-57

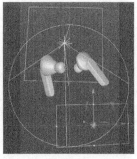

图 6-58

（7）选择"空白"工具▣，在"对象"窗口中生成一个"空白"对象，并将其重命名为"灯光"，如图 6-59 所示。按住 Shift 键选中需要的"主光源"和"辅光源"对象，将它们拖曳到"灯光"对象的下方，并折叠"灯光"对象组，如图 6-60 所示。至此，已成功运用两点布光法照亮耳机。

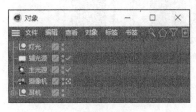

图 6-59

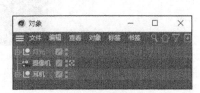

图 6-60

课堂练习——运用两点布光法照亮卡通模型

【练习知识要点】使用"合并项目"命令导入素材文件，使用"区域光"工具和"属性"窗口添加灯光并设置灯光参数。最终效果如图 6-61 所示。

【效果所在位置】云盘\Ch06\运用两点布光法照亮卡通模型\工程文件.c4d。

图 6-61

课后习题——运用三点布光法照亮标题模型

【习题知识要点】使用"合并项目"命令导入素材文件，使用"区域光"工具和"属性"窗口添加灯光并设置灯光参数。最终效果如图 6-62 所示。

【效果所在位置】云盘\Ch06\运用三点布光法照亮标题模型\工程文件.c4d。

图 6-62

第 7 章
材质技术

Cinema 4D 中的材质用于为已经创建好的三维模型添加合适的外观表现形式，如金属、塑料、玻璃及布料等。为模型赋予材质会对模型的外观产生重大影响，使渲染出的模型更具美感。本章将对 Cinema 4D 的"材质"窗口、材质编辑器、材质标签及常用的纹理贴图等材质技术进行系统讲解。通过对本章的学习，读者可以对 Cinema 4D 的材质技术有一个全面的认识，并能快速掌握常用材质的赋予技术与技巧。

知识目标

- 掌握材质编辑器中的常用属性
- 了解材质标签
- 了解常用的纹理贴图

能力目标

- 掌握材质的创建方法
- 掌握材质的赋予方法
- 掌握金属材质的制作方法
- 掌握大理石材质的制作方法
- 掌握玻璃材质的制作方法

素质目标

- 培养使用 Cinema 4D 材质技术的良好习惯
- 培养对 Cinema 4D 材质技术锐意进取、精益求精的工匠精神
- 培养一定的对 Cinema 4D 材质技术的创新能力和艺术审美能力

7.1 "材质"窗口

"材质"窗口位于 Cinema 4D 工作界面底部的左侧，可以通过"材质"窗口对材质进行创建、分类、重命名及预览等操作。

7.1.1 材质的创建

在"材质"窗口中双击或按 Ctrl+N 组合键可创建一个新材质，默认创建的材质是 Cinema 4D 中的常用材质，如图 7-1 所示。

图 7-1

7.1.2 材质的赋予

如果想要将创建好的材质赋予参数化对象，有以下 3 种常用的方法。

（1）将材质直接拖曳到视图窗口中的参数化对象上，即可为该对象赋予材质，如图 7-2 所示。

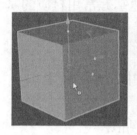 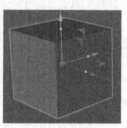

图 7-2

（2）拖曳材质到"对象"窗口中的对象上，即可为该对象赋予材质，如图 7-3 所示。

（3）在视图窗口中选中需要赋予材质的参数化对象，在"材质"窗口中的材质图标上单击鼠标右键，在弹出的快捷菜单中选择"应用"命令，即可为该对象赋予材质，如图 7-4 所示。

图 7-3

图 7-4

7.2 材质编辑器

在"材质"窗口中双击材质图标,将弹出"材质编辑器"窗口。该窗口左侧为材质预览区和材质通道,包括"颜色""漫射""发光""透明"等12 个通道,选择其中一个通道(通道名称显示为橘黄色)可以切换到相应的属性设置界面,勾选对应的复选框可以切换到相应的属性设置界面并使通道属性设置生效("颜色"复选框和"反射"复选框默认已勾选);右侧为通道属性区,用于根据选择的通道调整材质的属性,如图 7-5 所示。

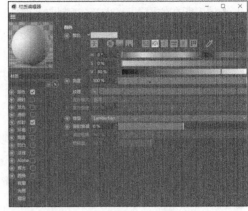

图 7-5

7.2.1 颜色

在场景中创建材质后,在"材质编辑器"窗口中选择"颜色"通道,如图 7-6 所示,在窗口右侧可以设置材质的固有色,还可以为材质添加纹理贴图。

7.2.2 反射

在场景中创建材质后,在"材质编辑器"窗口中选择"反射"通道,如图 7-7 所示,在窗口右侧可以设置材质的反射强度及反射效果。Cinema 4D S24 的"反射"通道中增加了很多新功能,提升了渲染速度,能够更好地表现反射细节。

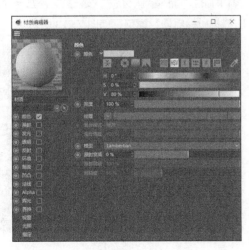

图 7-6

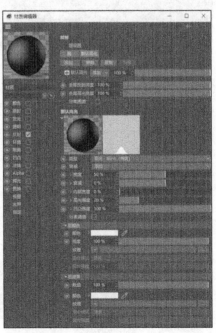

图 7-7

7.2.3 课堂案例——制作金属材质

【案例学习目标】能够使用"材质"窗口为对象添加材质。

【案例知识要点】使用"材质"窗口创建材质，使用"材质编辑器"窗口与"属性"窗口调整材质的属性等。最终效果如图 7-8 所示。

【效果所在位置】云盘\Ch07\制作金属材质\工程文件.c4d。

图 7-8

（1）启动 Cinema 4D。选择"文件 > 合并项目"命令，在弹出的"打开文件"对话框中选择云盘中的"Ch07\制作金属材质\素材\ 01"文件，单击"打开"按钮打开选择的文件，如图 7-9 所示。

（2）单击"编辑渲染设置"按钮，弹出"渲染设置"窗口，如图 7-10 所示。在"输出"选项组中设置"宽度"为 800 像素、"高度"为 800 像素，如图 7-11 所示，单击"关闭"按钮，关闭"渲染设置"窗口。

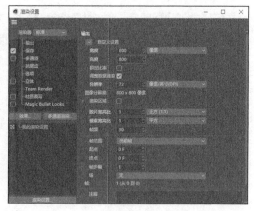

图 7-9

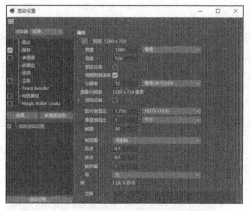

图 7-10

图 7-11

（3）在"材质"窗口中双击，或单击"材质"窗口中的"新的默认材质"按钮，添加一个材质球，如图 7-12 所示。在添加的材质球上双击，弹出"材质编辑器"窗口，如图 7-13 所示。

图 7-12

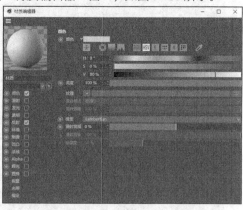

图 7-13

（4）在窗口左侧的"名称"文本框中输入"主体"，在左侧列表中选择"颜色"通道，切换到相应的属性设置界面，设置"H"为 47°、"V"为 98%、"漫射衰减"为 82%，其他选项的设置如图 7-14 所示；在左侧列表中选择"反射"通道，切换到相应的属性设置界面，在"类型"下拉列表中选择"GGX"选项，设置"全局高光亮度"为 0%、"反射强度"为 65%、"高光强度"为 0%，展开"层菲涅耳"选项组，设置"菲涅耳"为"导体"、"预置"为"银"，如图 7-15 所示，单击"关闭"按钮，关闭"材质编辑器"窗口。

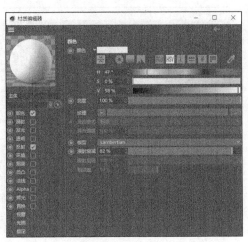
图 7-14

图 7-15

（5）在"对象"窗口中展开"U 盘"对象组，选中"U 盘主体"对象，将"材质"窗口中的"主体"材质拖曳到"对象"窗口中的"U 盘主体"对象上，如图 7-16 所示。"对象"窗口中的效果如图 7-17 所示。

图 7-16

图 7-17

（6）在"属性"窗口中设置"投射"为"UVW 贴图"，其他选项的设置如图 7-18 所示。视图窗口中的效果如图 7-19 所示。

图 7-18

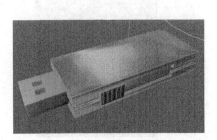
图 7-19

（7）在"材质"窗口中双击，添加一个材质球。在添加的材质球上双击，弹出"材质编辑器"窗口，在窗口左侧的"名称"文本框中输入"接口"，在左侧列表中选择"颜色"通道，切换到相应的属性设置界面，设置"S"为17%、"V"为98%，其他选项的设置如图 7-20 所示。

（8）在左侧列表中选择"反射"通道，切换到相应的属性设置界面，在"类型"下拉列表中选择"GGX"选项，设置"反射强度"为40%，展开"层菲涅耳"选项组，设置"菲涅耳"为"导体"、"预置"为"银"，如图 7-21 所示，单击"关闭"按钮，关闭"材质编辑器"窗口。

图 7-20

图 7-21

（9）将"材质"窗口中的"接口"材质拖曳到"对象"窗口中的"U 盘接口"对象上，如图 7-22 所示。"对象"窗口中的效果如图 7-23 所示。

图 7-22

图 7-23

（10）在"属性"窗口中设置"投射"为"UVW 贴图"，其他选项的设置如图 7-24 所示。视图窗口中的效果如图 7-25 所示。

图 7-24

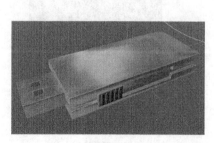
图 7-25

（11）在"材质"窗口中双击，添加一个材质球。在添加的材质球上双击，弹出"材质编辑器"窗口，在窗口左侧的"名称"文本框中输入"按钮"，在左侧列表中选择"颜色"通道，切换到相应的属性设置界面，设置"V"为 55%，其他选项的设置如图 7-26 所示。

（12）在左侧列表中选择"反射"通道，切换到相应的属性设置界面，在"类型"下拉列表中选择"GGX"选项，设置"全局反射亮度"为 80%，展开"层非涅耳"选项组，设置"非涅耳"为"绝缘体"、"预置"为"聚酯"，其他选项的设置如图 7-27 所示，单击"关闭"按钮，关闭"材质编辑器"窗口。

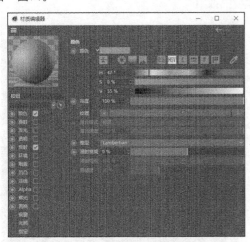
图 7-26

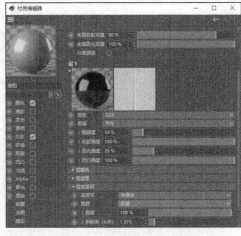
图 7-27

（13）将"材质"窗口中的"按钮"材质拖曳到"对象"窗口中的"按钮"对象上，如图 7-28 所示。"对象"窗口中的效果如图 7-29 所示。

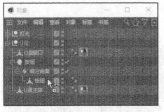
图 7-28

图 7-29

（14）在"属性"窗口中设置"投射"为"UVW 贴图"，其他选项的设置如图 7-30 所示。视图窗口中的效果如图 7-31 所示。金属材质制作完成。

图 7-30

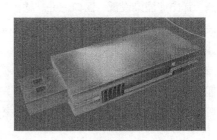
图 7-31

7.2.4 凹凸

在场景中创建材质后，在"材质编辑器"窗口中选择"凹凸"通道，如图 7-32 所示，在窗口右侧可以设置材质的凹凸纹理效果。

7.2.5 法线

在场景中创建材质后，在"材质编辑器"窗口中选择"法线"通道，如图 7-33 所示，在窗口右侧可以加载法线贴图，使低精度模型具有高精度模型的效果。

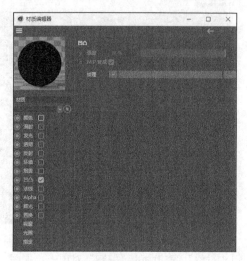
图 7-32

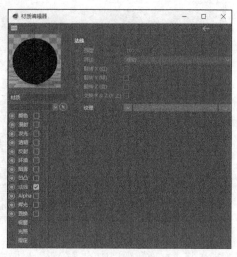
图 7-33

7.2.6 课堂案例——制作大理石材质

【案例学习目标】能够使用"材质"窗口为对象添加材质。

【案例知识要点】使用"材质"窗口创建材质，使用"材质编辑器"窗口与"属性"窗口调整材质的属性等。最终效果如图 7-34 所示。

【效果所在位置】云盘\Ch07\制作大理石材质\工程文件.c4d。

（1）启动 Cinema 4D。单击"编辑渲染设置"按钮 ，弹出"渲染设置"窗口。在"输出"选项

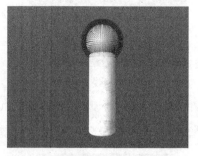

扫码观看
本案例视频

图 7-34

组中设置"宽度"为 1400 像素、"高度"1064 像素，如图 7-35 所示，单击"关闭"按钮，关闭"渲染设置"窗口。

（2）选择"文件 > 合并项目"命令，在弹出的"打开文件"对话框中选择云盘中的"Ch07\制作大理石材质\素材\01"文件，单击"打开"按钮打开选择的文件。在"对象"窗口中单击"摄像机"对象右侧的 按钮，如图 7-36 所示，进入摄像机视图。视图窗口中的效果如图 7-37 所示。

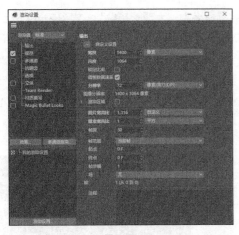

图 7-35　　　　　　　　　　图 7-36　　　　　　　　图 7-37

（3）在"材质"窗口中选中"毛发材质"材质球，如图 7-38 所示，按 Delete 键将其删除。在"对象"窗口中展开"绿植"对象组，选中"毛发"对象，如图 7-39 所示，按 Delete 键将其删除。选中"植物"对象，如图 7-40 所示。

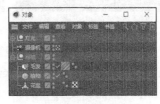

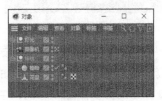

图 7-38　　　　　　　　图 7-39　　　　　　　　图 7-40

（4）选择"模拟 > 毛发对象 > 添加毛发"命令，在"对象"窗口中生成一个"毛发"对象，在"材质"窗口中生成一个"毛发材质"材质球。在"属性"窗口的"引导线"选项卡中设置"长度"为 5cm，如图 7-41 所示。

（5）在"材质"窗口中双击"毛发材质"材质球，弹出"材质编辑器"窗口，在左侧列表中勾选"粗细"复选框，切换到相应的属性设置界面，设置"发梢"为 0.3cm，如图 7-42 所示。单击"关闭"按钮，关闭"材质编辑器"窗口。在"对象"窗口中将"毛发"对象拖曳到"植物"对象的上方，如图 7-43 所示。

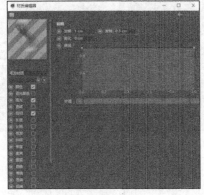

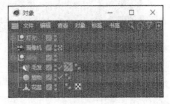

图 7-41　　　　　　　　图 7-42　　　　　　　　图 7-43

（6）在"材质"窗口中双击，添加一个材质球，并将其命名为"大理石花盆"，如图 7-44 所示。将"材质"窗口中的"大理石花盆"材质拖曳到"对象"窗口中的"花盆"对象上，如图 7-45 所示。

（7）在添加的"大理石花盆"材质球上双击，弹出"材质编辑器"窗口。在左侧列表中选择"颜色"通道，切换到相应的属性设置界面，单击"纹理"选项右侧的 ▇ 按钮，弹出"打开文件"对话框，选择"Ch07\制作大理石材质\tex\01"文件，单击"打开"按钮打开选择的文件，如图 7-46 所示。

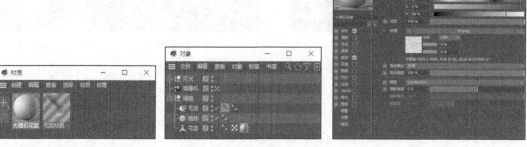

图 7-44   图 7-45   图 7-46

（8）在左侧列表中选择"反射"通道，切换到相应的属性设置界面，设置"宽度"为 66%、"衰减"为−18%、"内部宽度"为 5%、"高光强度"为 57%，其他选项的设置如图 7-47 所示。单击"层设置"下方的"添加"按钮，在弹出的下拉列表中选择"Beckmann"选项，添加一个层，设置"粗糙度"为 9%、"反射强度"为 100%、"高光强度"为 48%。展开"层颜色"选项，单击"纹理"选项右侧的 ▇ 按钮，弹出"打开文件"对话框，选择"Ch07\制作大理石材质\tex\02"文件，单击"打开"按钮打开选择的文件，如图 7-48 所示。

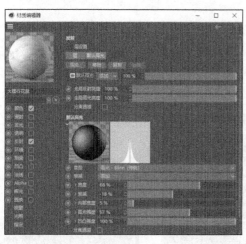 

图 7-47   图 7-48

（9）在左侧列表中勾选"凹凸"复选框，切换到相应的属性设置界面，单击"纹理"选项右侧的 ▇ 按钮，弹出"打开文件"对话框，选择"Ch07\制作大理石材质\tex\03"文件，单击"打开"按钮打开选择的文件，如图 7-49 所示。在左侧列表中勾选"法线"复选框，切换到相应的属性设置界面，单击"纹理"选项右侧的▇按钮，弹出"打开文件"对话框，选择"Ch07\制作大理石材质\tex\04"文件，单击"打开"按钮打开选择的文件，如图 7-50 所示。单击"关闭"按钮，关闭"材质编辑器"窗口。视图窗口中的效果如图 7-51 所示。

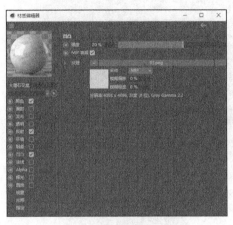
图 7-49

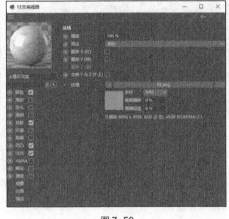
图 7-50

图 7-51

（10）在"对象"窗口中单击"大理石花盆"材质，如图 7-52 所示。在"属性"窗口中设置"投射"为"柱状"，如图 7-53 所示。在"对象"窗口中的"大理石花盆"材质上单击鼠标右键，在弹出的快捷菜单中选择"适合对象"命令，使材质适合对象。视图窗口中的效果如图 7-54 所示。大理石材质制作完成。

图 7-52

图 7-53

图 7-54

7.2.7　发光

在场景中创建材质后，在"材质编辑器"窗口中选择"发光"通道，如图 7-55 所示，在窗口右侧可以设置材质的自发光效果。

7.2.8　透明

在场景中创建材质后，在"材质编辑器"窗口中选择"透明"通道，如图 7-56 所示，在窗口右侧可以设置材质的透明效果。

图 7-55

图 7-56

7.2.9 课堂案例——制作饮料瓶玻璃材质

【案例学习目标】能够使用"材质"窗口为对象添加材质。

【案例知识要点】使用"材质"窗口创建材质，使用"材质编辑器"窗口调整材质的属性等。最终效果如图 7-57 所示。

【效果所在位置】云盘\Ch07\制作饮料瓶玻璃材质\工程文件.c4d。

（1）启动 Cinema 4D。单击"编辑渲染设置"按钮 ，弹出"渲染设置"窗口。在"输出"选项组中设置"宽度"为 750像素、"高度"1106 像素，如图 7-58 所示，单击"关闭"按钮，关闭"渲染设置"窗口。

（2）选择"文件 > 合并项目"命令，在弹出的"打开文件"对话框中选择云盘中的"Ch07\制作饮料瓶玻璃材质\素材\01"文件，单击"打开"按钮打开选择的文件。在"对象"窗口中单击"摄像机"对象右侧的 按钮，如图 7-59 所示，进入摄像机视图。视图窗口中的效果如图 7-60 所示。

图 7-57

图 7-58

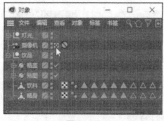
图 7-59

图 7-60

（3）在"材质"窗口中双击，添加一个材质球，并将其命名为"玻璃"，如图 7-61 所示。将"材质"窗口中的"玻璃"材质拖曳到"对象"窗口中的"瓶身"对象上,如图 7-62 所示。

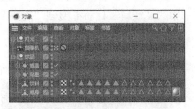

图 7-61 图 7-62

（4）在添加的"玻璃"材质球上双击,弹出"材质编辑器"窗口。在左侧列表中取消勾选"颜色"复选框,分别勾选"透明"复选框和"凹凸"复选框。选择"透明"通道,切换到相应的属性设置界面,设置"折射率"为 1.2,如图 7-63 所示。在左侧列表中选择"反射"通道,切换到相应的属性设置界面,设置"类型"为"Phong"、"粗糙度"为 100%、"反射强度"为 100%、"高光强度"为 0%、其他选项的设置如图 7-64 所示。

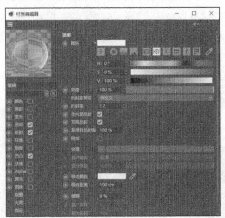

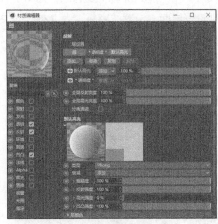

图 7-63 图 7-64

（5）在左侧列表中选择"凹凸"通道,切换到相应的属性设置界面,设置"强度"为 2%。单击"纹理"选项右侧的█按钮,在弹出的下拉列表中选择"噪波"选项。单击"纹理"选项下方的预览框,如图 7-65 所示,切换到相应的属性设置界面,设置"全局缩放"为 924%,其他选项的设置如图 7-66 所示,单击"关闭"按钮,关闭"材质编辑器"窗口。视图窗口中的效果如图 7-67 所示。

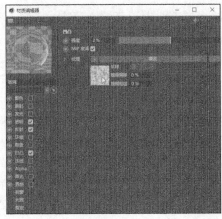

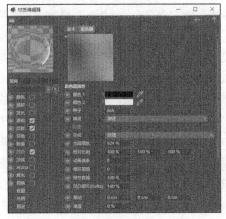

图 7-65 图 7-66 图 7-67

（6）在"材质"窗口中双击，添加一个材质球，并将其命名为"饮料"，如图 7-68 所示。将"材质"窗口中的"饮料"材质拖曳到"对象"窗口中的"饮料"对象上，如图 7-69 所示。

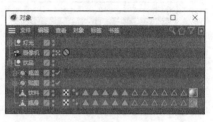

图 7-68　　　　　　　　　　　　　　　　　　图 7-69

（7）在添加的"饮料"材质球上双击，弹出"材质编辑器"窗口。在左侧列表中取消勾选"颜色"复选框，勾选"透明"复选框，切换到相应的属性设置界面，设置"折射率"为 1.5，取消勾选"全内部反射"和"双面反射"复选框，如图 7-70 所示。在左侧列表中选择"反射"通道，切换到相应的属性设置界面，设置"衰减"为 22%、"内部宽度"为 50%、"高光强度"为 49%，其他选项的设置如图 7-71 所示，单击"关闭"按钮，关闭"材质编辑器"窗口。视图窗口中的效果如图 7-72 所示。

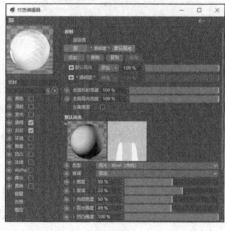

图 7-70　　　　　　　　　　　　　　图 7-71　　　　　　　　图 7-72

（8）在"材质"窗口中双击，添加一个材质球，并将其命名为"贴图"，如图 7-73 所示。将"材质"窗口中的"贴图"材质拖曳到"对象"窗口中的"贴图"对象上，如图 7-74 所示。

（9）在添加的"贴图"材质球上双击，弹出"材质编辑器"窗口。在左侧列表中选择"颜色"通道，切换到相应的属性设置界面，设置"H"为 333.7°、"S"为 23%、"V"为 88%，其他选项的设置如图 7-75 所示，单击"关闭"按钮，关闭"材质编辑器"窗口。

（10）在"材质"面板中双击，添加一个材质球，并将其命名为"瓶盖"，如图 7-76 所示。将"材质"窗口中的"瓶盖"材质拖曳到"对象"窗口中的"瓶盖"对象上，如图 7-77 所示。

（11）在添加的"贴图"材质球上双击，弹出"材质编辑器"窗口。在左侧列表中选择"颜色"通道，切换到相应的属性设置界面，设置"H"为 30°、"S"为 2.7%、"V"为 86.3%，其他选项的设置如图 7-78 所示。在左侧列表中选择"反射"通道，切换到相应的属性设置界面，设置"类型"为"Phong"、"衰减"为"平均"、"粗糙度"为 15%、"反射强度"为 100%、"高光强度"为

0%、"亮度"为40%,其他选项的设置如图7-79所示。单击"关闭"按钮,关闭"材质编辑器"窗口。视图窗口中的效果如图7-80所示。饮料瓶玻璃材质制作完成。

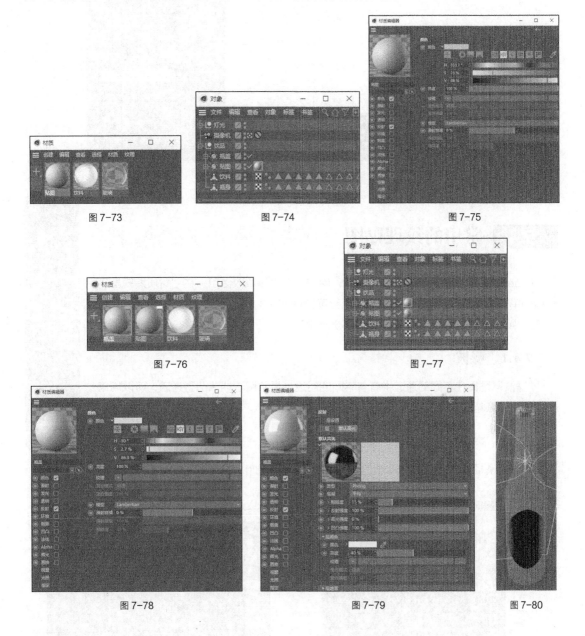

图 7-73	图 7-74	图 7-75
图 7-76		图 7-77
图 7-78	图 7-79	图 7-80

7.3 材质标签

场景中的对象被赋予材质后,"对象"窗口中将会出现相应的材质标签。如果一个对象被赋予了多个材质,"对象"窗口中将会出现多个材质标签,如图7-81所示。单击材质标签,可以打开该材质标签对应的"属性"窗口,如图7-82所示。

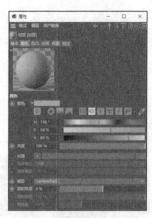

图 7-81

图 7-82

7.4 常用的纹理贴图

Cinema 4D 中预置了一些纹理贴图，用户可以直接调取使用。在"材质编辑器"窗口中单击"纹理"选项右侧的 按钮，会弹出图 7-83 所示的下拉列表，用户在该下拉列表中可以根据需要选择系统预置的纹理贴图。

7.4.1 噪波

"噪波"贴图在不同的通道中有着不同的用途，最常用于"凹凸"通道，可以用来模拟凹凸的颗粒、水波纹和杂色等效果，如图 7-84 所示。

7.4.2 渐变

"渐变"贴图常用于模拟物体颜色渐变的效果，例如树叶、彩虹等，如图 7-85 所示。

图 7-83

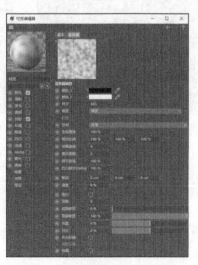

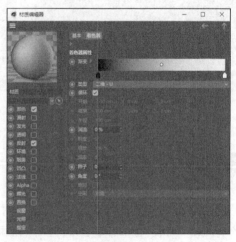

图 7-84

图 7-85

7.4.3 菲涅耳（Fresnel）

"菲涅耳（Fresnel）"是用于模拟菲涅耳反射效果的贴图，如图 7-86 所示。

7.4.4 过滤

"过滤"贴图用于调色，为对象添加"过滤"贴图后，可以在"着色器属性"下对贴图的色调、明度、饱和度及渐变曲线进行调整，如图 7-87 所示。

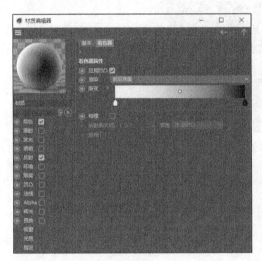

图 7-86

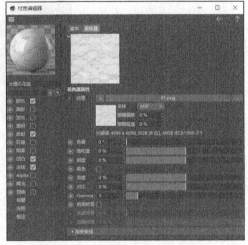

图 7-87

课堂练习——制作塑料材质

【练习知识要点】使用"材质"窗口创建材质，使用"材质编辑器"窗口与"属性"窗口调整材质的属性等。最终效果如图 7-88 所示。

【效果所在位置】云盘\Ch07\制作塑料材质\工程文件.c4d。

图 7-88

扫 码 观 看
本案例视频

课后习题——制作吹风机陶瓷材质

【习题知识要点】使用"材质"窗口创建材质，使用"材质编辑器"窗口与"属性"窗口调整材质的属性等。最终效果如图 7-89 所示。

【效果所在位置】云盘\Ch07\制作吹风机陶瓷材质\工程文件.c4d。

图 7-89

第 8 章
毛发技术

Cinema 4D 中的毛发用于为已经创建好的三维模型添加合适的毛发外观表现形式，如头发、刷子及草坪等。为带有毛发的模型赋予毛发会使其更加逼真。本章将对 Cinema 4D 的毛发对象、毛发模式、毛发编辑、毛发选择、毛发工具、毛发选项、毛发材质及毛发标签等毛发技术进行系统讲解。通过对本章的学习，读者可以对 Cinema 4D 的毛发技术有一个全面的认识，并能快速掌握常用毛发的赋予技术与技巧。

知识目标

- ✔ 了解"毛发模式"命令
- ✔ 熟悉"毛发编辑"命令
- ✔ 熟悉"毛发选择"命令
- ✔ 熟悉"毛发工具"命令
- ✔ 了解"毛发选项"命令
- ✔ 熟悉毛发材质
- ✔ 了解毛发标签

能力目标

- ✔ 掌握毛发对象的创建方法
- ✔ 掌握头发材质的制作方法

素质目标

- ✔ 培养使用 Cinema 4D 毛发技术的良好习惯
- ✔ 培养对 Cinema 4D 毛发技术锐意进取、精益求精的工匠精神
- ✔ 培养一定的对 Cinema 4D 毛发技术的创新能力和艺术审美能力

8.1　毛发对象

在菜单栏中单击"模拟"菜单，其中包含了与毛发相关的命令，如图 8-1 所示。选择这些命令不仅可以创建毛发，还可以通过修改相关参数形成不同的毛发效果。

图 8-1

8.1.1　添加毛发

在视图窗口中选中需要添加毛发的对象。选择"模拟 > 毛发对象 > 添加毛发"命令，如图 8-2 所示，为对象添加毛发，效果如图 8-3 所示。添加的毛发默认以引导线的形式呈现。

图 8-2

图 8-3

8.1.2　课堂案例——制作牙刷刷头

【案例学习目标】能够使用"添加毛发"命令为对象添加毛发。

【案例知识要点】使用"添加毛发"命令添加牙刷毛，使用"属性"窗口调整毛发属性，使用"材质"窗口设置毛发材质。最终效果如图 8-4 所示。

【效果所在位置】云盘\Ch08\制作牙刷刷头\工程文件.c4d。

（1）启动 Cinema 4D。单击"编辑渲染设置"按钮，弹出"渲染设置"窗口。在"输出"选项组中设置"宽度"为 790 像素、"高度"为 2000 像素，如图 8-5 所示，单击"关闭"按钮，关闭"渲染设置"窗口。

（2）选择"文件 > 合并项目"命令，在弹出的"打开文件"对话框中选择云盘中的"Ch08\制作牙刷刷头\素材\01"文件，单击"打开"按钮打开选择的文件，视图窗口中的效果如图 8-6 所示。

图 8-4

（3）在"对象"窗口中展开"牙刷 1 > 牙刷上部"对象组，选中"牙刷毛"对象，如图 8-7 所示。选择"模拟 > 毛发对象 > 添加毛发"命令，在"对象"窗口中生成一个"毛发"对象，如图 8-8 所示。

（4）在"属性"窗口的"引导线"选项卡中设置"长度"为 25cm，如图 8-9 所示；在"毛发"选项卡中设置"数量"为 1000，如图 8-10 所示。

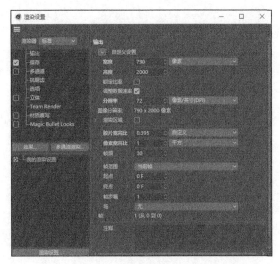

图 8-5

图 8-6

图 8-7

图 8-8

图 8-9

图 8-10

（5）在"材质"窗口中双击"毛发材质"材质球，弹出"材质编辑器"窗口，在左侧列表中勾选"粗细"复选框，切换到相应的属性设置界面，设置"发根"为 1.3cm、"发梢"为 1 cm，如图 8-11 所示。单击"关闭"按钮，关闭"材质编辑器"窗口。在"材质"窗口中将"毛发材质"材质球重命名为"牙刷毛"，如图 8-12 所示。

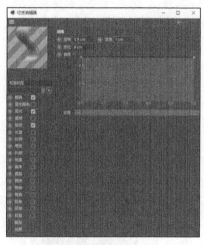
图 8-11

图 8-12

（6）在"对象"窗口中选中"毛发"对象，将其拖曳到"牙刷毛"对象的上方，如图 8-13 所示。折叠并选中"牙刷 1"对象组。按住 Ctrl 键并向上拖曳鼠标，复制选中的对象组，并将复制出的对象组重命名为"牙刷 2"，如图 8-14 所示。

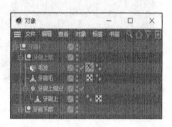
图 8-13

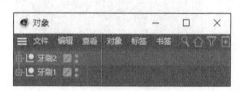
图 8-14

（7）选中"牙刷 2"对象组，在"属性"窗口的"坐标"选项卡中设置"P.X"为-254cm、"P.Y"为448cm、"P.Z"为279cm，设置"R.H"为60°、"R.P"为0°、"R.B"为0°，如图 8-15 所示。视图窗口中的效果如图 8-16 所示。在"对象"窗口中展开"牙刷 2"对象组，折叠并选中"牙刷上部"对象组，如图 8-17 所示。

图 8-15

图 8-16

图 8-17

（8）按住 Ctrl 键并向上拖曳鼠标，复制选中的对象组，如图 8-18 所示。在"属性"窗口的"坐标"选项卡中设置"P.X"为4cm、"P.Y"为-137cm、"P.Z"为-7cm，设置"R.H"为-40°、"R.P"为0°、"R.B"为0°，如图 8-19 所示。折叠"牙刷 2"对象组。

图 8-18

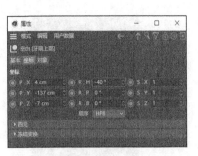
图 8-19

（9）在"对象"窗口中框选所有对象，按 Alt+G 组合键将它们编组，并将生成的对象组命名为"牙刷"，如图 8-20 所示。视图窗口中的效果如图 8-21 所示。牙刷刷头制作完成。

图 8-20

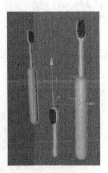
图 8-21

8.2 毛发模式

为对象添加毛发后，可以选择多种毛发模式。选择"模拟 > 毛发模式 > 点"命令，如图 8-22 所示，为对象添加"点"模式的毛发，效果如图 8-23 所示。

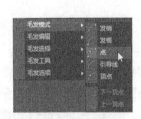
图 8-22

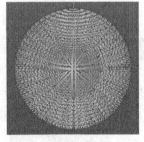
图 8-23

8.3 毛发编辑

为对象添加毛发后，可以对毛发进行转换、剪切和复制等操作。选择"模拟 > 毛发编辑 > 毛发转为引导线"命令，如图 8-24 所示，将对象上的毛发转换为引导线的形式，效果如图 8-25 所示。

图 8-24

图 8-25

8.4 毛发选择

为对象添加毛发后，可以对毛发进行选择与编辑，还可以设置选择的元素对应的选集。选择"模拟 > 毛发选择 > 实时选择"命令，如图 8-26 所示，在适当的位置拖曳，即可选择需要的毛发，效果如图 8-27 所示。

图 8-26

图 8-27

8.5 毛发工具

为对象添加毛发后，可以对毛发进行移动、梳理、修剪等操作。选择"模拟 > 毛发工具 > 毛刷"命令，如图 8-28 所示，在适当的位置拖曳，即可达到需要的毛发效果，如图 8-29 所示。

图 8-28

图 8-29

8.6 毛发选项

使用毛发工具对毛发进行编辑时，可以使用"对称"方式，即选择"模拟 > 毛发选项 > 对称"
命令，如图 8-30 所示。

图 8-30

8.7 毛发材质

为对象添加毛发后，"材质"窗口中自动生成对应的毛发材质。双击毛发材质即可打开"材质编
辑器"窗口，如图 8-31 所示。与普通材质的属性相比，毛发材质的属性更多。

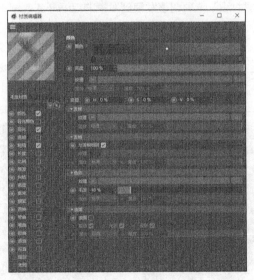

图 8-31

8.7.1 颜色

在"材质编辑器"窗口中选择"颜色"通道，如图 8-32 所示，在窗口右侧可以设置毛发的发根、
发梢、色彩和表面等属性，还可以添加纹理贴图或设置不同的混合方式。

8.7.2 高光

在"材质编辑器"窗口中选择"高光"通道，如图 8-33 所示，在窗口右侧可以设置高光的颜色、
强度或添加纹理贴图。

图 8-32

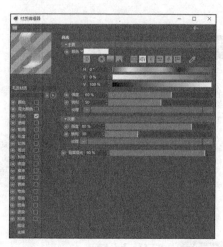

图 8-33

8.7.3　粗细

在"材质编辑器"窗口中选择"粗细"通道，如图 8-34 所示，在窗口右侧可以设置毛发发根和发梢的粗细，还可以通过"曲线"选项调整发根到发梢的粗细渐变效果。

8.7.4　长度

在"材质编辑器"窗口中选择"长度"通道，如图 8-35 所示，在窗口右侧可以设置毛发的长短及随机长短效果，还可以添加纹理贴图。

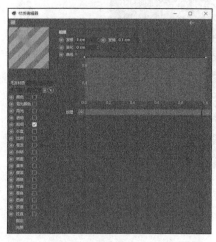

图 8-34

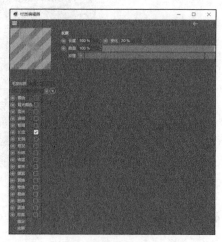

图 8-35

8.7.5　卷发

在"材质编辑器"窗口中选择"卷发"通道，如图 8-36 所示，在窗口右侧可以设置毛发的卷曲程度和形态。

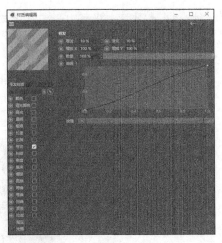

图 8-36

8.7.6 课堂案例——为牙刷添加材质

【案例学习目标】能够使用"材质"窗口为对象添加材质。

【案例知识要点】使用"材质"窗口创建材质，使用"材质编辑器"窗口与"属性"窗口调整材质的属性等。最终效果如图 8-37 所示。

【效果所在位置】云盘\Ch08\为牙刷添加材质\工程文件.c4d。

（1）启动 Cinema 4D。单击"编辑渲染设置"按钮 ，弹出"渲染设置"窗口。在"输出"选项组中设置"宽度"为 790 像素、"高度"为 2000 像素，如图 8-38 所示，单击"关闭"按钮，关闭"渲染设置"窗口。

（2）选择"文件 > 合并项目"命令，在弹出的"打开文件"对话框中选择云盘中的"Ch08\为牙刷添加材质\素材\01"文件，单击"打开"按钮打开选择的文件。在"对象"窗口中单击"摄像机"对象右侧的 按钮，如图 8-39 所示，进入摄像机视图。视图窗口中的效果如图 8-40 所示。

图 8-37

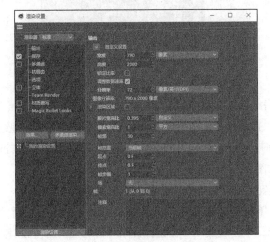

图 8-38

图 8-39

（3）在"材质"窗口中的"牙刷毛"材质球上双击，弹出"材质编辑器"窗口。在左侧列表中选择"颜色"通道，切换到相应的属性设置界面。双击"渐变"左侧的"色标.1"按钮，弹出"渐变色标设置"对话框，设置"H"为134°、"S"为0%、"V"为93%，如图8-41所示，单击"确定"按钮返回"材质编辑器"窗口，并删除右侧的"色标.2"按钮，如图8-42所示。单击"关闭"按钮，关闭"材质编辑器"窗口。

图 8-40

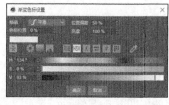
图 8-41

图 8-42

（4）在"材质"窗口中双击，添加一个材质球，并将其命名为"牙刷上部透明"，如图8-43所示。将其分别拖曳到"对象"窗口中的"牙刷 > 牙刷1 > 牙刷上部"对象组和"牙刷 > 牙刷2 > 牙刷上部"对象组中的"牙刷上"对象上，如图8-44所示。依次折叠"牙刷上部"对象组。

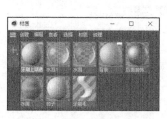
图 8-43

图 8-44

（5）在添加的"牙刷上部透明"材质球上双击，弹出"材质编辑器"窗口。在左侧列表中选择"颜色"通道，切换到相应的属性设置界面，设置"H"为0°、"S"为1%、"V"为96%，其他选项的设置如图8-45所示。在左侧列表中勾选"透明"复选框，切换到相应的属性设置界面，在"折射率预设"下拉列表中选择"有机玻璃"选项，如图8-46所示。

（6）在左侧列表中选择"反射"通道，切换到相应的属性设置界面，设置"宽度"为53%、"衰减"为-6%，其他选项的设置如图8-47所示。单击"层设置"下方的"*透明度*"按钮，设置"粗糙度"为24%，其他选项的设置如图8-48所示。单击"关闭"按钮，关闭"材质编辑器"窗口。

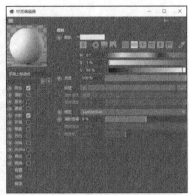

图 8-45

图 8-46

图 8-47

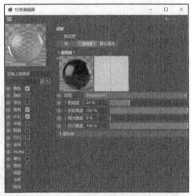

图 8-48

（7）在"材质"窗口中双击，添加一个材质球，并将其命名为"牙刷1上下"，如图 8-49 所示。将其分别拖曳到"对象"窗口中展开"牙刷 > 牙刷上部"对象组中的"牙刷上"对象和"牙刷1 > 牙刷下部>档"对象组中的"牙刷下"对象上，如图 8-50 所示。

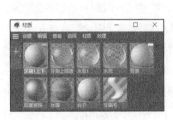

图 8-49

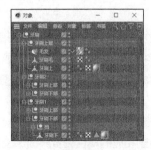

图 8-50

（8）在添加的"牙刷1上下"材质球上双击，弹出"材质编辑器"窗口。在左侧列表中选择"颜色"通道，切换到相应的属性设置界面，设置"H"为 0°、"S"为 1%、"V"为 96%，其他选项的设置如图 8-51 所示。选择"反射"通道，切换到相应的属性设置界面，设置"全局反射亮度"为 6%、"宽度"为 40%、"衰减"为-14%、"内部宽度"为 6%、"高光强度"为 53%，如图 8-52 所示。

图 8-51　　　　　　　　　　　　　　　图 8-52

（9）单击"层设置"下方的"添加"按钮，在弹出的下拉列表中选择"Beckmann"选项，如图 8-53 所示。添加了一个层，设置"反射强度"为 20%、"高光强度"为 3%，其他选项的设置如图 8-54 所示。单击"关闭"按钮，关闭"材质编辑器"窗口。

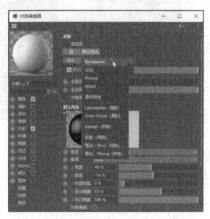

图 8-53　　　　　　　　　　　　　　　图 8-54

（10）在"材质"窗口中选中"牙刷 1 上下"材质球，按住 Ctrl 键并向左拖曳鼠标，当鼠标指针变为箭头形状时松开鼠标，会自动生成一个材质球，将其命名为"牙刷 2"，如图 8-55 所示。将其拖曳到"对象"窗口中的"牙刷 2 > 牙刷下部 > 档"对象组中的"牙刷下"对象上，如图 8-56 所示。

（11）在添加的"牙刷 2"材质球上双击，弹出"材质编辑器"窗口。在左侧列表中选择"颜色"通道，切换到相应的属性设置界面，设置"H"为 193°、"S"为 20%、"V"为 98%，其他选项的设置如图 8-57 所示。单击"关闭"按钮，关闭"材质编辑器"窗口。

（12）在"材质"窗口中双击，添加一个材质球，并将其命名为"牙刷金属"，如图 8-58 所示。将其拖曳到"对象"窗口中的"牙刷 1 > 牙刷下部 > 档"对象组中的"牙刷下"对象上，如图 8-59 所示。将"牙刷下"对象右侧的"多边形选集标签"拖曳至材质对象"属性"窗口的"标签"选项卡内的"选集"文本框中，如图 8-60 所示。

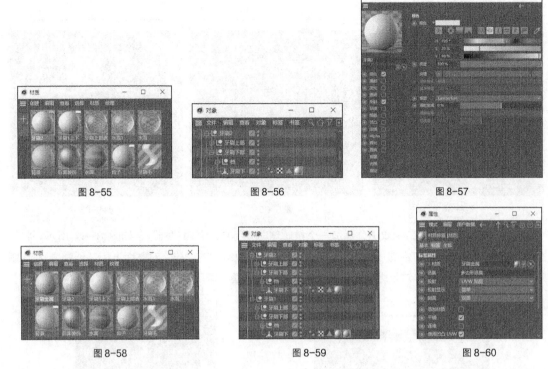

图 8-55　　　　　　　　　　图 8-56　　　　　　　　　　图 8-57

图 8-58　　　　　　　　　　图 8-59　　　　　　　　　　图 8-60

（13）使用上述方法为"牙刷 2 > 牙刷下部 > 档"对象组中的"牙刷下"对象添加"牙刷金属"材质，如图 8-61 所示。

（14）在添加的"牙刷金属"材质球上双击，弹出"材质编辑器"窗口。在左侧列表中选择"颜色"通道，切换到相应的属性设置界面，设置"H"为 0°、"S"为 0%、"V"为 87%，其他选项的设置如图 8-62 所示。选择"反射"通道，切换到相应的属性设置界面，设置"宽度"为 20%，如图 8-63 所示。

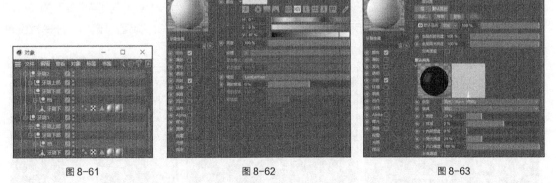

图 8-61　　　　　　　　　　图 8-62　　　　　　　　　　图 8-63

（15）单击"层设置"下方的"添加"按钮，在弹出的下拉列表中选择"Beckmann"选项，如图 8-64 所示。添加了一个层，设置"高光强度"为 0%，其他选项的设置如图 8-65 所示。展开"层颜色"选项组，单击"纹理"选项右侧的▆按钮，弹出"打开文件"对话框，选择"Ch08\制作家用电商详情页\tex\01"文件，单击"打开"按钮打开选择的文件，如图 8-66 所示。单击"关闭"按钮，关闭"材质编辑器"窗口。

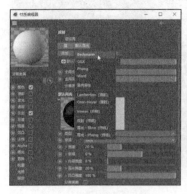
图 8-64

图 8-65

图 8-66

（16）在"材质"窗口中双击，添加一个材质球，并将其命名为"档"，如图 8-67 所示。将其分别拖曳到"对象"窗口中的"牙刷 1 > 牙刷下部"对象组中的"档"对象组上和"牙刷 2 > 牙刷下部"对象组中的"档"对象组上，如图 8-68 所示。折叠"家用电商详情页"对象组。

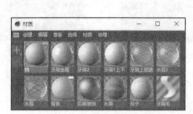
图 8-67

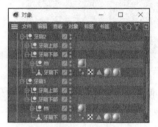
图 8-68

（17）在添加的"档"材质球上双击，弹出"材质编辑器"窗口。在左侧列表中选择"颜色"通道，切换到相应的属性设置界面，设置"H"为 0°、"S"为 95%、"V"为 97%，其他选项的设置如图 8-69 所示。在左侧列表中勾选"透明"复选框，切换到相应的属性设置界面，设置"H"为 0°、"S"为 6%、"V"为 96%，其他选项的设置如图 8-70 所示。在左侧列表中选择"反射"通道，切换到相应的属性设置界面，设置"宽度"为 54%、"衰减"为-21%、"内部宽度"为 6%、"高光强度"为 62%，如图 8-71 所示。单击"关闭"按钮，关闭"材质编辑器"窗口。牙刷材质制作完成。

图 8-69

图 8-70

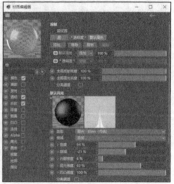
图 8-71

8.8　毛发标签

在"对象"窗口中创建的"毛发"对象上单击鼠标右键，在弹出的快捷菜单中选择"标签 > 毛发标签"命令，弹出图 8-72 所示的子菜单，可根据需要为选择的对象添加合适的毛发标签。

图 8-72

课堂练习——制作人物头发

【练习知识要点】使用"立方体"工具和"细分曲面"工具制作人物头顶，使用"添加毛发"命令制作人物头发，使用"球体"工具、"挤压"命令、"倒角"命令制作帽子，使用"循环/路径切割"命令和"分裂"命令制作装饰。最终效果如图 8-73 所示。

【效果所在位置】云盘\Ch08\制作人物头发\工程文件.c4d。

图 8-73

课后习题——制作绿植绒球

【习题知识要点】使用"圆柱体"工具、"挤压"命令和"内部挤压"命令制作花盆，使用"球体"制作绿植，使用"添加毛发"命令制作绒球效果，使用"属性"窗口和"材质"窗口调整相关材质的属性。最终效果如图 8-74 所示。

【效果所在位置】云盘\Ch08\制作绿植绒球\工程文件.c4d。

图 8-74

第 9 章
渲染技术

Cinema 4D 中的渲染是指为创建好的模型生成图像的过程，渲染是三维设计的最后一步，因此渲染时需要考虑渲染环境、渲染器及渲染设置等各种因素。本章将对 Cinema 4D 的环境、常用渲染器、渲染工具组及渲染设置等渲染技术进行系统讲解。通过对本章的学习，读者可以对 Cinema 4D 的渲染技术有一个全面的认识，并能快速掌握常用模型的渲染技术与技巧。

知识目标

- ✔ 熟悉常用的环境工具
- ✔ 了解常用的渲染器
- ✔ 熟悉渲染工具组中的工具
- ✔ 熟悉渲染设置

能力目标

- ✔ 掌握环境的制作方法
- ✔ 掌握渲染输出的方法

素质目标

- ✔ 培养使用 Cinema 4D 渲染技术的良好习惯
- ✔ 培养对 Cinema 4D 渲染技术锐意进取、精益求精的工匠精神
- ✔ 培养一定的对 Cinema 4D 渲染技术的创新能力和艺术审美能力

9.1　环境

在设计过程中，如果需要模拟真实的生活场景，除主体元素外，还需要添加地板、天空等自然场景元素。用户在 Cinema 4D 中可以直接创建预置的多种类型的自然场景，并通过"属性"窗口改变这些自然场景的属性。

长按工具栏中的"地板"按钮▦，弹出场景工具组，如图 9-1 所示。选择"创建 > 场景"命令和"创建 > 物理天空"命令，也可以弹出场景工具组，如图 9-2 和图 9-3 所示。在场景工具组中单击需要的场景的图标，即可创建对应的场景。

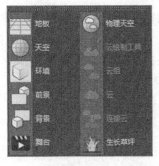
图 9-1

图 9-2

图 9-3

9.1.1　地板

"地板"工具▦▦通常用于在场景中创建一个没有边界的平面区域，如图 9-4 所示，根据需要调整其角度后，渲染后的效果如图 9-5 所示。

图 9-4

图 9-5

9.1.2　天空

"天空"工具●通常用于模拟日常生活中的天空。使用该工具可以创建一个无限大的球体场景，如图 9-6 所示，其渲染后的效果如图 9-7 所示。

图 9-6

图 9-7

9.1.3　物理天空

"物理天空"工具 的功能与"天空"工具 类似，它同样可以创建一个无限大的球体场景，如图 9-8 所示，添加区域光后，其渲染后的效果如图 9-9 所示。它们的区别在于由"物理天空"工具 创建的场景的"属性"窗口中增加了"时间与区域""天空""太阳""细节"选项卡，可以在其中设置不同的地理位置和时间，使天空场景具有不同的效果。

图 9-8

图 9-9

9.1.4　课堂案例——制作 U 盘环境

【案例学习目标】能够使用环境工具制作环境效果。

【案例知识要点】使用"天空"工具和"地板"工具制作环境效果，使用"材质"窗口和"材质编辑器"窗口创建材质并设置材质的属性。最终效果如图 9-10 所示。

【效果所在位置】云盘\Ch09\制作 U 盘环境\工程文件.c4d。

（1）启动 Cinema 4D。选择"文件 > 合并项目"命令，在弹出的"打开文件"对话框中选择云盘中的"Ch09 \ 制作 U 盘环境 \ 素材 \ 01"文件，单击"打开"按钮打开选择的文件。视图窗口中的效果如图 9-11 所示。

图 9-10

（2）单击"编辑渲染设置"按钮 ，弹出"渲染设置"窗口。在"输出"选项组中设置"宽度"为 800 像素、"高度"800 像素，如图 9-12 所示，单击"关闭"按钮，关闭"渲染设置"窗口。

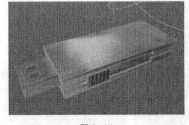

图 9-11

图 9-12

（3）选择"天空"工具 ，在"对象"窗口中生成一个"天空"对象，如图 9-13 所示。在"属性"窗口的"坐标"选项卡中设置"P.X"为 247cm、"P.Y"为 260cm、"P.Z"为 0cm，"R.H"为-93°、"R.P"为 225°、"R.B"为-315°，如图 9-14 所示。

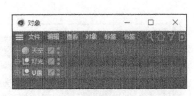

图 9-13

图 9-14

（4）选择"地板"工具 ，在"对象"窗口中生成一个"地板"对象，如图 9-15 所示。在"属性"窗口的"坐标"选项卡中设置"P.X"为 0cm、"P.Y"为-13cm、"P.Z"为 0cm，如图 9-16 所示。

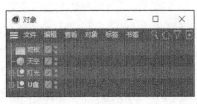

图 9-15

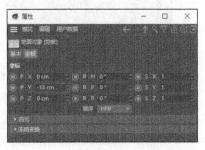

图 9-16

（5）在"材质"窗口中双击，添加一个材质球，如图 9-17 所示。在添加的材质球上双击，弹出"材质编辑器"窗口。在"名称"文本框中输入"地板"，在左侧列表中选择"颜色"通道，切换到相应的属性设置界面，设置"H"为 0°、"S"为 0%、"V"为 80%，其他选项的设置如图 9-18 所示。单击"关闭"按钮，关闭"材质编辑器"窗口。

（6）将"材质"窗口中的"地板"材质拖曳到"对象"窗口中的"地板"对象上，视图窗口中的效果如图 9-19 所示。

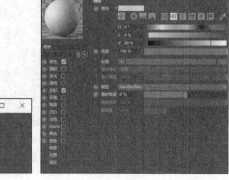

图 9-17   图 9-18   图 9-19

（7）在"材质"窗口中双击，添加一个材质球，如图 9-20 所示。在添加的材质球上双击，弹出"材质编辑器"窗口。在"名称"文本框中输入"天空"，取消勾选"反射"复选框，并勾选"发光"复选框。在左侧列表中选择"颜色"通道，切换到相应的属性设置界面，设置"H"为 0°、"S"为 0%、"V"为 80%，其他选项的设置如图 9-21 所示。

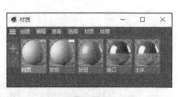

图 9-20   图 9-21

（8）在左侧列表中选择"发光"通道，切换到相应的属性设置界面，单击"纹理"选项右侧的 按钮，弹出"打开文件"对话框，选择"Ch09 \ 制作 U 盘环境 \ tex \ 01"文件，单击"打开"按钮打开选择的文件，如图 9-22 所示。单击"关闭"按钮，关闭"材质编辑器"窗口。

（9）将"材质"窗口中的"天空"材质拖曳到"对象"窗口中的"天空"对象上，如图 9-23 所示，视图窗口中的效果如图 9-24 所示。

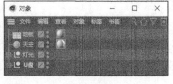

| 图 9-22 | 图 9-23 | 图 9-24 |

（10）在"对象"窗口中选中"天空"材质球，在"属性"窗口的"标签"选项卡中设置"偏移U"为-32%，如图 9-25 所示，视图窗口中的效果如图 9-26 所示。U 盘环境制作完成。

| 图 9-25 | 图 9-26 |

9.2　常用渲染器

渲染是三维设计中的重要环节，直接影响了最终的效果，因此选择合适的渲染器非常重要。Cinema 4D 中的常用渲染器包括"标准"渲染器与"物理"渲染器、ProRender 渲染器、Octane Render 渲染器、Arnold 渲染器、RedShift 渲染器。下面分别对这些常用渲染器进行讲解。

9.2.1　"标准"渲染器与"物理"渲染器

在"渲染设置"窗口中单击"渲染器"右侧的下拉按钮，在弹出的下拉列表中可以选择 Cinema 4D 中预置的渲染器，如图 9-27 所示，其中"标准"渲染器和"物理"渲染器较为常用。

"标准"渲染器是 Cinema 4D 默认的渲染器，但它不能渲染景深和模糊效果。

"物理"渲染器基于一种物理渲染方式进行渲染，能够模拟真实的物理环境，但它的渲染速度较慢。

图 9-27

9.2.2　ProRender 渲染器

ProRender 渲染器是一款图形处理单元（Graphics Processing Unit，GPU）渲染器，依靠显卡进行渲染。该渲染器与 Cinema 4D 预置的渲染器相比，渲染速度更快，但它对计算机显卡的性能要求较高。

9.2.3　Octane Render 渲染器

Octane Render 渲染器同样是一款 GPU 渲染器，也是 Cinema 4D 中常用的一款插件类渲染器。该渲染器在自发光和次表面散射（Sub-Surface Scattering，SSS）材质的表现上有着非常显著的优势，它具有渲染速度快、光线效果柔和、渲染效果真实、自然的特点。

9.2.4　Arnold 渲染器

Arnold 渲染器是一款基于物理算法的光线追踪类渲染器。该渲染器的渲染效果具有稳定和真实的特点，但它对 CPU 的配置要求较高。如果 CPU 配置不足，那么它在渲染玻璃等透明材质时速度较慢。

9.2.5　RedShift 渲染器

RedShift 渲染器也是一款 GPU 渲染器。该渲染器拥有强大的节点系统，渲染速度较快，适用于进行艺术创作和动画的制作。

9.3　渲染工具组

Cinema 4D 提供了两种渲染工具，分别为"渲染活动视图"工具▦和"渲染到图像查看器"工具▶，下面分别对它们进行讲解。

9.3.1　渲染活动视图

单击工具栏中的"渲染活动视图"按钮▦，可以在视图窗口中直接预览渲染效果，但不能导出渲染图像，如图 9-28 所示。在视图窗口中的任意位置单击，将退出渲染状态，切换至普通场景，如图 9-29 所示。

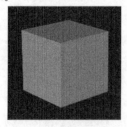
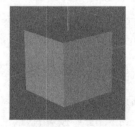

图 9-28　　　　　　　　　　　　　　　　图 9-29

9.3.2　渲染到图像查看器

单击工具栏中的"渲染到图像查看器"按钮▶，弹出"图像查看器"窗口，如图 9-30 所示，在其中不仅能够预览渲染效果还能导出渲染图像。

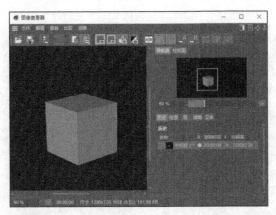

图 9-30

9.4 渲染设置

当场景中的模型制作完成后，需要先设置渲染器的各项属性，再进行渲染输出。单击工具栏中的"渲染设置"按钮 ⚙，弹出"渲染设置"窗口，如图 9-31 所示，在其中进行相关设置即可。

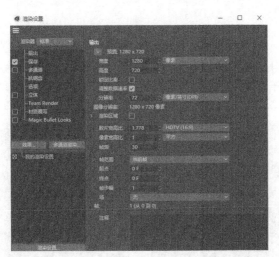

图 9-31

9.4.1 输出

在"渲染设置"窗口左侧的列表中选择"输出"选项，如图 9-32 所示，在右侧可以设置渲染图像的尺寸、分辨率、宽高比及帧范围等。

9.4.2 保存

在"渲染设置"窗口左侧的列表中选择"保存"选项，如图 9-33 所示，在右侧可以设置渲染图像的保存路径和保存格式等。

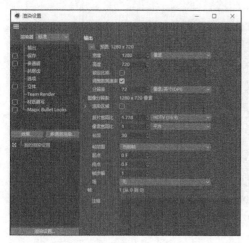
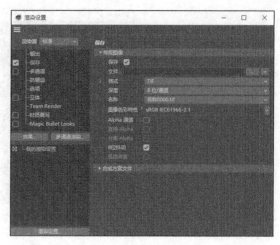

图 9-32   图 9-33

9.4.3 多通道

在"渲染设置"窗口左侧的列表中选择"多通道"选项，如图 9-34 所示，在右侧可以通过"分离灯光"选项和"模式"选项将场景中的通道单独渲染出来，以便在后期软件中进行调整，这就是通常所说的"分层渲染"。

9.4.4 抗锯齿

在"渲染设置"窗口左侧的列表中选择"抗锯齿"选项，如图 9-35 所示。该选项只能在"标准"渲染器中使用，主要用于消除渲染图像边缘的锯齿，使图像边缘更加平滑。

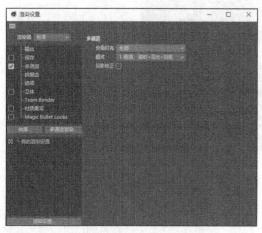

图 9-34   图 9-35

9.4.5 选项

在"渲染设置"窗口左侧的列表中选择"选项"选项，如图 9-36 所示，在右侧可以设置渲染图像的整体效果，通常保持默认设置。

9.4.6　物理

在"渲染器"类型为"物理"的情况下，"渲染设置"窗口左侧列表中会自动添加"物理"选项，如图 9-37 所示，在右侧可以设置景深或运动模糊的效果，还可以设置抗锯齿的类型和等级。

图 9-36　　　　　　　　　　　　　　　　　　图 9-37

9.4.7　全局光照

"全局光照"选项是常用的渲染设置之一，可以计算出场景的全局光照效果，能使渲染图像中的光影关系更加真实。

在"渲染设置"窗口左侧单击"效果"按钮，在弹出的下拉列表中选择"全局光照"选项，如图 9-38 所示，即可在"渲染设置"窗口中打开"全局光照"选项对应的设置界面，如图 9-39 所示。

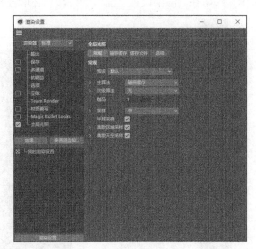

图 9-38　　　　　　　　　　　　　　　　　　图 9-39

9.4.8　对象辉光

只有添加了"对象辉光"选项，才能渲染出场景中的辉光效果。"对象辉光"选项对应的设置界面中没有参数，其具体的参数需要在"材质编辑器"窗口中进行设置。

在"渲染设置"窗口左侧单击"效果"按钮，在弹出的下拉列表中选择"对象辉光"选项，如图 9-40 所示，即可在"渲染设置"窗口中打开"对象辉光"选项对应的设置界面，如图 9-41 所示。

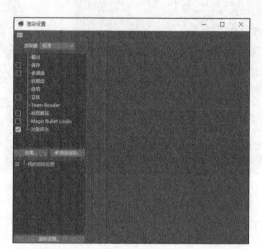

图 9-40　　　　　　　　　　　　　　　　　　　图 9-41

9.4.9　环境吸收

"环境吸收"选项同样是常用的渲染设置之一，具有增强模型整体的阴影效果，使模型更加立体的作用。"环境吸收"选项中的设置通常保持默认即可。

在"渲染设置"窗口左侧单击"效果"按钮，在弹出的下拉列表中选择"环境吸收"选项，如图 9-42 所示，即可在"渲染设置"窗口中打开"环境吸收"选项对应的设置界面，如图 9-43 所示。

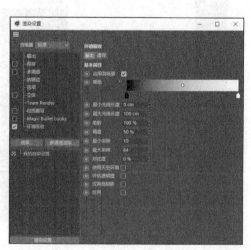

图 9-42　　　　　　　　　　　　　　　　　　　图 9-43

9.4.10　课堂案例——进行 U 盘渲染

【案例学习目标】能够使用"渲染设置"窗口渲染场景。

【案例知识要点】使用"渲染设置"窗口设置图像的保存格式与渲染效果。最终效果如图 9-44 所示。

图 9-44

【效果所在位置】云盘\Ch09\进行 U 盘渲染\工程文件.c4d。

（1）启动 Cinema 4D。单击"编辑渲染设置"按钮，弹出"渲染设置"窗口。在"输出"选项组中设置"宽度"为 800 像素、"高度"为 800 像素，如图 9-45 所示，单击"关闭"按钮，关闭"渲染设置"窗口。

（2）选择"文件 > 合并项目"命令，在弹出的"打开文件"对话框中选择云盘中的"Ch09 ＼ 进行 U 盘渲染 ＼ 素材 ＼ 01"文件，单击"打开"按钮打开选择的文件。视图窗口中的效果如图 9-46 所示。

图 9-45

图 9-46

（3）单击"编辑渲染设置"按钮，弹出"渲染设置"窗口，单击左侧的"效果"按钮，在弹出的下拉列表中分别选择"环境吸收"和"全局光照"选项，以添加"环境吸收"和"全局光照"效果，如图 9-47 所示。在左侧列表中选择"保存"选项，切换到相应的属性设置界面，设置"格式"为"PNG"，如图 9-48 所示。

图 9-47

图 9-48

（4）在左侧列表中选择"抗锯齿"选项，切换到相应的属性设置界面，设置"抗锯齿"为"最佳"，如图9-49所示。在左侧列表中选择"全局光照"选项，切换到相应的属性设置界面，在"常规"选项卡中设置"次级算法"为"辐照缓存"、"漫射深度"为4、"伽马"为1、"采样"为"自定义采样数"、"采样数量"为128，如图9-50所示。

图 9-49

图 9-50

（5）在"辐照缓存"选项卡中设置"记录密度"为"低"、"平滑"为100%，如图9-51所示。单击"关闭"按钮，关闭"渲染设置"窗口。单击"渲染到图像查看器"按钮，弹出"图像查看器"窗口，如图9-52所示。渲染完成后，单击窗口中的"将图像另存为"按钮，弹出"保存"对话框，如图9-53所示，单击"确定"按钮。U盘已渲染完成。

图 9-51

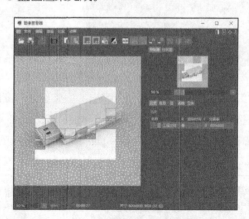
图 9-52

图 9-53

课堂练习——进行卡通模型渲染

【练习知识要点】使用"平面"工具和"倒角"工具制作背景；使用"材质"窗口创建材质，使用"渲染设置"窗口设置图像的保存格式与渲染效果。最终效果如图9-54所示。

【效果所在位置】云盘\Ch09\进行卡通模型渲染\工程文件.c4d。

图 9-54

课后习题——进行吹风机渲染

【习题知识要点】使用"物理天空"工具制作环境,使用"渲染设置"窗口设置渲染效果。最终效果如图 9-55 所示。

【效果所在位置】云盘\Ch09\进行吹风机渲染\工程文件.c4d。

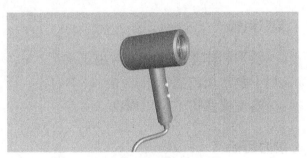

图 9-55

第 10 章
动画技术

Cinema 4D 中的动画制作即根据项目需求为已经创建好的三维模型添加动态效果。Cinema 4D 拥有一套强大的动画系统，它渲染出的模型动画逼真、生动。本章将对 Cinema 4D 的基础动画的制作及摄像机的使用等动画技术进行系统讲解。通过对本章的学习，读者可以对 Cinema 4D 的动画技术有一个全面的认识，并能快速掌握常用动画的制作技术与技巧。

知识目标

- ✔ 熟悉制作基础动画的常用工具
- ✔ 了解常用的摄像机类型
- ✔ 熟悉摄像机的常用属性

能力目标

- ✔ 掌握关键帧动画的制作方法
- ✔ 掌握点级别动画的制作方法
- ✔ 掌握使用摄像机制作动画的方法

素质目标

- ✔ 培养使用 Cinema 4D 动画技术的良好习惯
- ✔ 培养对 Cinema 4D 动画技术锐意进取、精益求精的工匠精神
- ✔ 培养一定的对 Cinema 4D 动画技术的创新能力和艺术审美能力

10.1 基础动画

在 Cinema 4D 中，可以通过时间线面板中的工具和时间线窗口制作出基础的动画效果。

10.1.1 时间线面板中的工具

时间线面板中包含多个用于播放和编辑动画的工具，如图 10-1 所示。

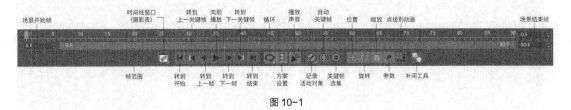

图 10-1

该面板中的主要工具的介绍如下。

转到开始：将时间滑块移动到动画起点。

转到上一关键帧：将时间滑块移动到上一关键帧。

转到上一帧：将时间滑块移动到上一帧。

向前播放：用于向前播放动画。

转到下一帧：将时间滑块移动到下一帧。

转到下一关键帧：将时间滑块移动到下一关键帧。

转到结束：将时间滑块移动到动画终点。

循环：用于循环播放动画。

方案设置：用于设置动画的播放速率。

播放声音：用于设置动画的播放声音。

记录活动对象：用于记录对象的位置、缩放、旋转动画及活动对象的点级别动画。

自动关键帧：用于自动记录关键帧。

关键帧选集：用于设置关键帧选集对象。

位置：用于记录对象位置动画的工具。

旋转：用于记录对象旋转动画的工具。

缩放：用于记录对象缩放动画的的工具。

参数：用于记录参数级别动画的工具。

点级别动画：用于记录点级别动画的工具。

10.1.2 时间线窗口

用 Cinema 4D 制作动画时，通常使用时间线窗口对动画进行编辑。单击时间线面板中的"时间线窗口（摄影表）"按钮，在弹出的工具组中选择需要的工具，如图 10-2 所示，即可打开对应的窗口，如图 10-3 所示。

图 10-2

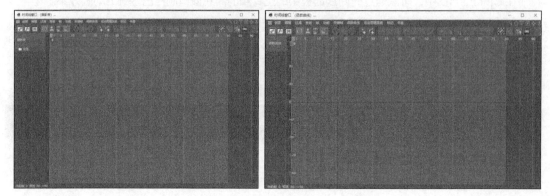

图 10-3

10.1.3 关键帧动画

关键帧是指角色或对象的运动或变化过程中关键动作所在的那一帧，由于关键帧可以控制动画的效果，因此在动画制作中应用得十分广泛。

在"时间线窗口（摄影表）"窗口中记录需要的关键帧，有关键帧的位置会显示一个方块标记，起始位置有一个指针标记，如图 10-4 所示。单击时间线面板中的"向前播放"按钮▶，即可在场景中看到关键帧动画的效果。

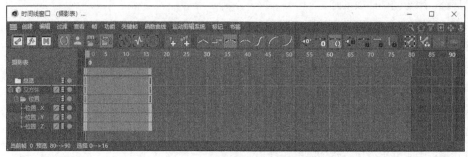

图 10-4

10.1.4 课堂案例——制作云彩飘移动画

【案例学习目标】能够使用时间线面板中的工具制作云彩飘移动画。

【案例知识要点】使用时间线面板设置动画时长，使用"记录活动对象"按钮记录关键帧，使用"坐标"窗口调整云彩的位置，使用"时间线窗口（函数曲线）"窗口和"时间线窗口（摄影表）"窗口制作动画效果，使用"渲染设置"窗口和"渲染到图像查看器"按钮渲染动画。最终效果如图 10-5 所示。

【效果所在位置】云盘\Ch10\制作云彩飘移动画\工程文件.c4d。

（1）启动 Cinema 4D。单击"编辑渲染设置"按钮，弹出"渲染设置"窗口。在"输出"选项组中设置"宽度"为750 像素、"高度"为1106 像素、"帧频"为25，如图 10-6 所示，单击"关闭"按钮，关闭"渲染设置"窗口。在"属性"窗口的"工程设置"选项卡中设置"帧率"为25，如图 10-7 所示。

（2）选择"文件 > 合并项目"命令，在弹出的"打开文件"对话框中选择云盘中的"Ch10 \ 制作云彩飘移动画 \ 素材 \ 01"文件，单击"打开"按钮打开选择的文件。在"对象"窗口中单击"摄像机"对象右侧的 按钮，如图 10-8 所示，进入摄像机视图。

图 10-5

图 10-6

图 10-7

图 10-8

（3）在时间线面板中将"场景结束帧"设置为 140F，按 Enter 键确定操作，如图 10-9 所示。

图 10-9

（4）在"对象"窗口中选中"云彩"对象组，如图 10-10 所示。在"坐标"窗口的"位置"选项组中设置"X"为 312cm、"Y"为 431cm、"Z"为-236cm，如图 10-11 所示，单击"应用"按钮。在时间线面板中单击"记录活动对象"按钮，在 0F 的位置记录关键帧。

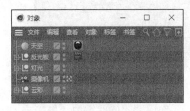
图 10-10

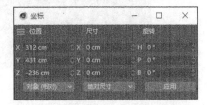
图 10-11

（5）将时间滑块放置在 20F 的位置。在"坐标"窗口的"位置"选项组中设置"X"为 312cm、"Y"为 406.7cm、"Z"为-236cm，如图 10-12 所示，单击"应用"按钮。在时间线面板中单击"记录活动对象"按钮，在 20F 的位置记录关键帧。

（6）将时间滑块放置在50F的位置。在"坐标"窗口的"位置"选项组中设置"X"为312cm、"Y"为285cm、"Z"为-236cm，如图10-13所示，单击"应用"按钮。在时间线面板中单击"记录活动对象"按钮，在50F的位置记录关键帧。

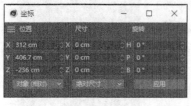

图 10-12

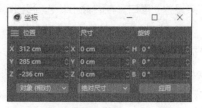

图 10-13

（7）将时间滑块放置在70F的位置。在"坐标"窗口的"位置"选项组中设置"X"为312cm、"Y"为386cm、"Z"为-236cm，如图10-14所示，单击"应用"按钮。在时间线面板中单击"记录活动对象"按钮，在70F的位置记录关键帧。

（8）选择"窗口 > 时间线窗口（函数曲线）"命令，弹出"时间线窗口（函数曲线）"窗口，按Ctrl+A组合键全选控制点，如图10-15所示。

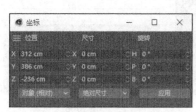

图 10-14

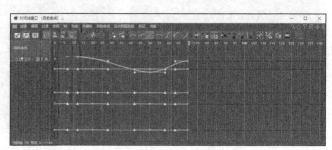

图 10-15

（9）单击"零长度（相切）"按钮，效果如图10-16所示。单击"关闭"按钮，关闭"时间线窗口（函数曲线）"窗口。

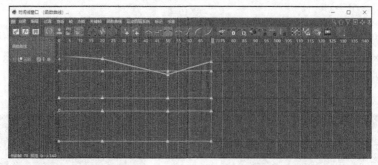

图 10-16

（10）选择"窗口 > 时间线窗口（摄影表）"命令，弹出"时间线窗口（摄影表）"窗口，按Ctrl+A组合键全选控制点，如图10-17所示。选择"关键帧 > 循环选取"命令，弹出"循环"对话框，设置"副本"为10，如图10-18所示。单击"确定"按钮，返回"时间线窗口（摄影表）"窗口，单击"关闭"按钮，关闭窗口。

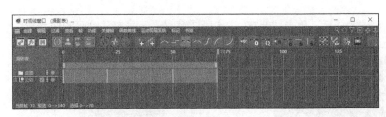

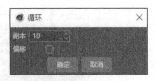

图 10-17

图 10-18

（11）单击"编辑渲染设置"按钮，弹出"渲染设置"窗口，设置"渲染器"为"物理"、"帧频"为 25、"帧范围"为"全部帧"，如图 10-19 所示。在左侧列表中选择"保存"选项，在右侧设置"格式"为"MP4"，如图 10-20 所示。

图 10-19

图 10-20

（12）在窗口左侧单击"效果"按钮，在弹出的下拉列表中选择"环境吸收"选项，以添加"环境吸收"效果，如图 10-21 所示。单击"效果"按钮，在弹出的下拉列表中选择"全局光照"选项，以添加"全局光照"效果，设置"预设"为"内部-高（小光源）"，如图 10-22 所示。单击"关闭"按钮，关闭"渲染设置"窗口。

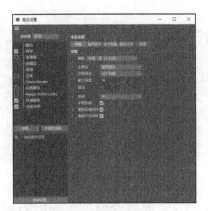

图 10-21

图 10-22

（13）单击"渲染到图像查看器"按钮，弹出"图像查看器"窗口，如图 10-23 所示。渲染完成后，单击"图像查看器"窗口中的"将图像另存为"按钮，弹出"保存"对话框，如图 10-24 所示。单击"确定"按钮，弹出"保存对话"对话框，在该对话框中设置文件的保存位置，并在"文件名"文本框中输入文件名称，设置完成后，单击"保存"按钮保存图像。云彩飘移动画制作完成。

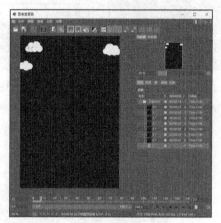

图 10-23　　　　　　　　　　　　　　　　图 10-24

10.1.5　点级别动画

"点级别动画"按钮■通常用于制作对象的变形效果。在场景中创建对象后，单击"点级别动画"按钮■，可以在该对象的"点""边""多边形"模式下制作关键帧动画。

在"时间线"面板中适当的位置根据需要添加多个关键帧，并分别在"坐标"窗口和"属性"窗口中设置每个关键帧中对象的位置、大小及旋转角度，即可完成点级别动画的制作。

长按"渲染到图像查看器"按钮■，在弹出的工具组中选择"创建动画预览"工具，如图 10-25 所示。在弹出的"创建动画预览"对话框中进行设置，如图 10-26 所示，单击"确定"按钮。弹出"图像查看器"窗口，单击"向前播放"按钮▶即可预览动画效果，如图 10-27 所示。

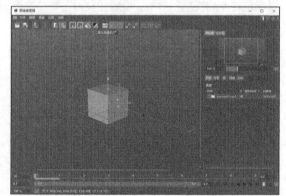

图 10-25　　　　　　　　图 10-26　　　　　　　　　　　　　図 10-27

10.1.6　课堂案例——制作泡泡变形动画

【案例学习目标】能够使用时间线面板中的工具制作泡泡变形动画。

【案例知识要点】使用时间线面板设置动画时长，使用"自动关键帧"按钮、"点级别动画"按钮和"记录活动对象"按钮记录关键帧并制作动画效果，使用"坐标"窗口调整泡泡的大小，使用"属性"窗口调整泡泡的旋转角度，使用"渲染设置"窗口和"渲染到图像查看器"按钮渲染动画。最终效果如图 10-28 所示。

【效果所在位置】云盘\Ch10\制作泡泡变形动画\工程文件.c4d。

（1）启动 Cinema 4D。单击"编辑渲染设置"按钮，弹出"渲染设置"窗口。在"输出"选项组中设置"宽度"为 790 像素、"高度"为 2000 像素、"帧频"为 25，如图 10-29 所示，单击"关闭"按钮，关闭"渲染设置"窗口。在"属性"窗口的"工程设置"选项卡中设置"帧率"为 25，如图 10-30 所示。

（2）选择"文件 > 合并项目"命令，在弹出的"打开文件"对话框中选择云盘中的"Ch10 \ 制作泡泡变形动画 \ 素材 \ 01"文件，单击"打开"按钮打开选择的文件。视图窗口中的效果如图 10-31 所示。在"对象"窗口中单击"摄像机"对象右侧的按钮，如图 10-32 所示，进入摄像机视图。

图 10-28

图 10-29

图 10-30

图 10-31

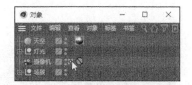
图 10-32

（3）在时间线面板中将"场景结束帧"设置为 50F，按 Enter 键确定操作。单击"自动关键帧"按钮和"点级别动画"按钮，使这两个按钮处于选中状态，以便记录动画，如图 10-33 所示。

图 10-33

（4）在"对象"窗口中展开 "场景 > 水泡"对象组，选中"水泡1"对象，如图10-34所示。单击"点"按钮■，切换到"点"模式。在视图窗口中的"水泡1"对象上单击，如图10-35所示。按Ctrl+A组合键全选对象，如图10-36所示。在时间线面板中单击"记录活动对象"按钮◎，在0F的位置记录关键帧。

图 10-34

图 10-35

图 10-36

（5）将时间滑块放置在10F的位置。在"坐标"窗口的"尺寸"选项组中设置"X"为85cm、"Y"为85cm、"Z"为85cm，如图10-37所示。在"属性"窗口的"坐标"选项卡中设置"R.H"为0°、"R.P"为0°、"R.B"为-20°，如图10-38所示。视图窗口中的效果如图10-39所示。

图 10-37

图 10-38

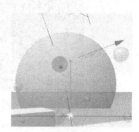

图 10-39

（6）将时间滑块放置在17F的位置。在"坐标"窗口的"尺寸"选项组中设置"X"为80cm、"Y"为80cm、"Z"为80cm，如图10-40所示。在"属性"窗口的"坐标"选项卡中设置"R.H"为10°、"R.P"为0°、"R.B"为0°，如图10-41所示。

图 10-40

图 10-41

（7）将时间滑块放置在22F的位置。在"坐标"窗口的"尺寸"选项组中设置"X"为83cm、"Y"为83cm、"Z"为83cm，如图10-42所示。在"属性"窗口的"坐标"选项卡中设置"R.H"为0°、"R.P"为0°、"R.B"为-15°，如图10-43所示。

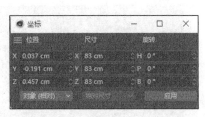

图 10-42

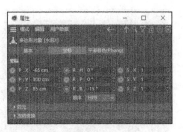

图 10-43

（8）将时间滑块放置在 29F 的位置。在"属性"窗口的"坐标"选项卡中设置"R.H"为-10°、"R.P"为 15°、"R.B"为 0°，如图 10-44 所示。将时间滑块放置在 33F 的位置。在"坐标"窗口的"尺寸"选项组中设置"X"为 80cm、"Y"为 80cm、"Z"为 80cm，如图 10-45 所示。在"属性"窗口的"坐标"选项卡中设置"R.H"为 0°、"R.P"为 0°、"R.B"为 10°，如图 10-46 所示。

图 10-44   图 10-45   图 10-46

（9）将时间滑块放置在 40F 的位置。在"属性"窗口的"坐标"选项卡中设置"R.H"为-5°、"R.P"为 5°、"R.B"为-10°，如图 10-47 所示。将时间滑块放置在 44F 的位置。在"坐标"窗口的"尺寸"选项组中设置"X"为 78cm、"Y"为 78cm、"Z"为 78cm，如图 10-48 所示。将时间滑块放置在 48F 的位置。在"属性"窗口的"坐标"选项卡中设置"R.H"为 0°、"R.P"为 0°、"R.B"为 0°，如图 10-49 所示。

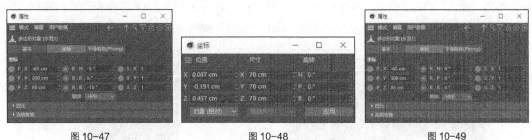

图 10-47   图 10-48   图 10-49

（10）使用上述方法分别为"水泡 2"～"水泡 12"对象制作点级别动画。

（11）单击"编辑渲染设置"按钮，弹出"渲染设置"窗口，设置"渲染器"为"物理"、"帧范围"为"全部帧"，如图 10-50 所示；在左侧列表中选择"保存"选项，在右侧设置"格式"为"MP4"，如图 10-51 所示。

（12）在窗口左侧单击"效果"按钮，在弹出的下拉列表中选择"全局光照"选项，以添加"全局光照"效果，设置"预设"为"内部-高（小光源）"，如图 10-52 所示。单击"效果"按钮，在弹出的下拉列表中选择"环境吸收"选项，以添加"环境吸收"效果，如图 10-53 所示。单击"关闭"按钮，关闭"渲染设置"窗口。

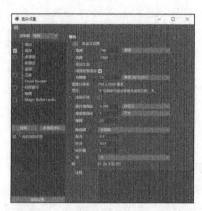

图 10-50

图 10-51

图 10-52

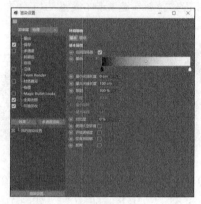

图 10-53

（13）单击"渲染到图像查看器"按钮 ，弹出"图像查看器"窗口，如图 10-54 所示。渲染完成后，单击"图像查看器"窗口中的"将图像另存为"按钮 ，弹出"保存"对话框，如图 10-55 所示。单击"确定"按钮，弹出"保存对话"对话框，在该对话框中设置文件的保存位置，并在"文件名"文本框中输入文件的名称，设置完成后，单击"保存"按钮保存图像。泡泡变形动画制作完成。

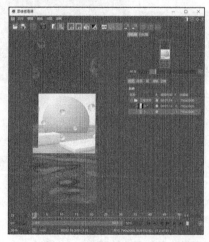

图 10-54

图 10-55

10.2　摄像机

摄像机是 Cinema 4D 中的基本工具之一，它用来定义二维场景在三维空间里的显示方式。

10.2.1　摄像机类型

Cinema 4D 中预置了 6 种类型的摄像机，分别是摄像机、目标摄像机、立体摄像机、运动摄像机、摄像机变换及摇臂摄像机。"摄像机变换"并非常用工具，且在后续案例中未涉及该工具的使用，此处不做介绍。

长按工具栏中的"摄像机"按钮，弹出摄像机工具组，如图 10-56 所示。在摄像机工具组中单击需要创建的摄像机的图标，即可在视图窗口中创建对应的摄像机。在"对象"窗口中单击█按钮，即可进入摄像机视图，如图 10-57 所示。

图 10-56

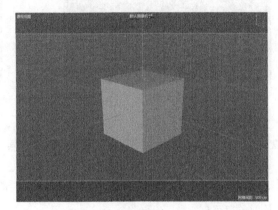

图 10-57

1. 摄像机

"摄像机"工具是常用的摄像机工具之一。在 Cinema 4D 中，只需要将场景调整到合适的视角，单击工具栏中的"摄像机"按钮，即可完成摄像机的创建。在场景中创建摄像机后，"属性"窗口中会显示该摄像机对象的属性，如图 10-58 所示。

图 10-58

2. 目标摄像机

"目标摄像机"工具 同样是常用的摄像机工具之一，它与摄像机的创建方法相同。与"摄像机"工具相比，"目标摄像机"工具 的"属性"窗口中增加了"目标"选项卡，如图 10-59 所示。其主要功能为与目标对象连接，即移动目标对象，该摄像机也会随之移动。

在 Cinema 4D 中，选中目标对象，在"属性"窗口中选择"对象"选项卡，勾选"使用目标对象"复选框，即可将目标对象与目标摄像机连接，如图 10-60 所示。

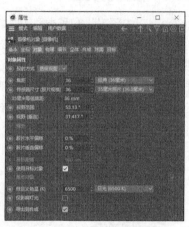

图 10-59　　　　　　　　　　　图 10-60

3. 立体摄像机

"立体摄像机"工具 通常用来制作立体效果，其"属性"窗口如图 10-61 所示。

4. 运动摄像机

"运动摄像机"工具 通常用来模拟手持摄像机，能够表现出镜头晃动的效果，其"属性"窗口如图 10-62 所示。

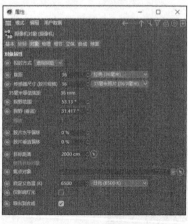

图 10-61　　　　　　　　　　　图 10-62

5. 摇臂摄像机

"摇臂摄像机"工具 通常用来模拟现实生活中摇臂式摄像机的平移运动，可以在场景的上方进行垂直和水平拍摄，其"属性"窗口如图 10-63 所示。

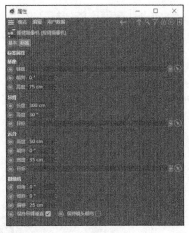

图 10-63

10.2.2　课堂案例——制作蚂蚁搬运动画

【案例学习目标】能够使用"目标摄像机"工具制作蚂蚁搬运动画。

【案例知识要点】使用"目标摄像机"工具调整动画效果，使用"渲染到图像查看器"按钮渲染动画。最终效果如图 10-64 所示。

【效果所在位置】云盘\Ch010\制作蚂蚁搬运动画\工程文件.c4d。

（1）启动 Cinema 4D。单击"编辑渲染设置"按钮，弹出"渲染设置"窗口。在"输出"选项组中设置"宽度"为 750 像素、"高度"为 1624 像素、"帧频"为 25，如图 10-65 所示，单击"关闭"按钮，关闭"渲染设置"窗口。在"属性"窗口的"工程设置"选项卡中设置"帧率"为 25，如图 10-66 所示。

（2）在时间线面板中将"场景结束帧"设置为 160F，按 Enter 键确定操作，如图 10-67 所示。

扫 码 观 看
本案例视频

图 10-64

图 10-65

图 10-66

图 10-67

（3）选择"文件 > 合并项目"命令，在弹出的"打开文件"对话框中选择云盘中的"Ch10 \ 制作蚂蚁搬运动画 \ 素材 \ 01"文件，单击"打开"按钮打开选择的文件，视图窗口中的效果如图 10-68 所示。

（4）选择"目标摄像机"工具，在"对象"窗口中生成一个"摄像机"对象，单击"摄像机"对象右侧的按钮，进入摄像机视图，如图 10-69 所示。在"属性"窗口的"对象"选项卡中设置"焦距"为 135，如图 10-70 所示。

图 10-68

图 10-69

图 10-70

（5）在"坐标"选项卡中设置"P.X"为 9079cm、"P.Y"为 8590cm、"P.Z"为-4543cm，如图 10-71 所示。在"对象"窗口中选中摄像机的"目标"标签，展开"蚂蚁搬运动画"对象组。将"蚂蚁"对象组拖曳到摄像机"属性"窗口的"标签"选项卡内的"目标对象"文本框中，如图 10-72 所示。

图 10-71

图 10-72

（6）单击"编辑渲染设置"按钮，弹出"渲染设置"窗口，设置"渲染器"为"物理"、"帧范围"为"全部帧"，如图 10-73 所示。在左侧列表中选择"保存"选项，在右侧设置"格式"为"MP4"，如图 10-74 所示。

（7）在窗口左侧单击"效果"按钮，在弹出的下拉列表中选择"全局光照"选项，以添加"全局光照"效果，设置"预设"为"内部-高（小光源）"，如图 10-75 所示。单击"效果"按钮，在弹出的下拉列表中选择"环境吸收"选项，以添加"环境吸收"效果，如图 10-76 所示。单击"关闭"按钮，关闭"渲染设置"窗口。

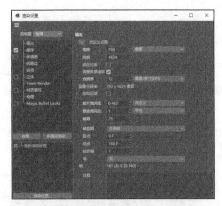

图 10-73

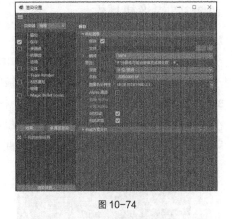

图 10-74

图 10-75

图 10-76

（8）单击"渲染到图像查看器"按钮 ，弹出"图像查看器"窗口，如图 10-77 所示。渲染完成后，单击"图像查看器"窗口中的"将图像另存为"按钮，弹出"保存"对话框，如图 10-78 所示。单击"确定"按钮，弹出"保存对话"对话框，在该对话框中设置文件的保存位置，并在"文件名"文本框中输入文件的名称，设置完成后，单击"保存"按钮保存图像。蚂蚁搬运动画制作完成。

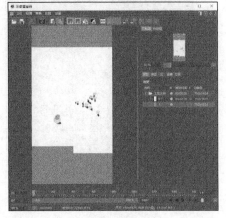

图 10-77

图 10-78

10.2.3 摄像机属性

1. 基本

在场景中创建摄像机后，在"属性"窗口中选择"基本"选项卡，如图 10-79 所示。该选项卡主要用于更改摄像机的名称、设置摄像机在编辑器和渲染器中是否可见、修改摄像机的显示颜色等。

2. 坐标

在场景中创建摄像机后，在"属性"窗口中选择"坐标"选项卡，如图 10-80 所示。该选项卡主要用于设置 P、S 和 R 在 x 轴、y 轴和 z 轴上的值。

图 10-79

图 10-80

3. 对象

在场景中创建摄像机后，在"属性"窗口中选择"对象"选项卡，如图 10-81 所示。该选项卡主要用于设置摄像机的投射方式、焦距、传感器尺寸（胶片规格）及视野范围等。

4. 物理

在场景中创建摄像机后，在"属性"窗口中选择"物理"选项卡，如图 10-82 所示。该选项卡主要用于设置摄像机的光圈、曝光效果、快门速度（秒）及快门效率等。

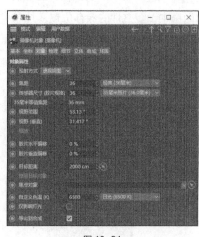

图 10-81

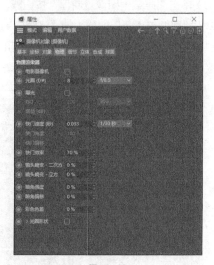

图 10-82

5. 细节

在场景中创建摄像机后，在"属性"窗口中选择"细节"选项卡，如图 10-83 所示。该选项卡主要用于设置摄像机的近端剪辑距离、是否显示视锥及景深映射范围等。

图 10-83

10.2.4　课堂案例——制作饮料瓶运动模糊动画

【案例学习目标】能够使用时间线面板中的工具制作饮料瓶运动模糊动画。

【案例知识要点】使用时间线面板设置动画时长，使用"摄像机"工具控制视图中的显示效果，使用"记录活动对象"按钮记录关键帧，使用"坐标"窗口调整饮料瓶的位置，使用"时间线窗口（函数曲线）"窗口和"时间线窗口（摄影表）"窗口制作动画效果，使用"渲染设置"窗口制作运动模糊效果，使用"渲染到图像查看器"按钮渲染动画。最终效果如图 10-84 所示。

图 10-84

【效果所在位置】云盘\Ch10\制作饮料瓶的运动模糊动画\工程文件.c4d。

（1）启动 Cinema 4D。单击"编辑渲染设置"按钮 ，弹出"渲染设置"窗口。在"输出"选项组中设置"宽度"为 750 像素、"高度"为 1106像素、"帧频"为 25，如图 10-85 所示，单击"关闭"按钮，关闭"渲染设置"窗口。在"属性"窗口的"工程设置"选项卡中设置"帧率"为 25，如图 10-86 所示。

扫码观看
本案例视频

（2）选择"文件 > 合并项目"命令，在弹出的"打开文件"对话框中选择云盘中的"Ch10\制作饮料瓶的运动模糊动画 \ 素材 \ 01"文件，单击"打开"按钮打开选择的文件，如图 10-87 所示。

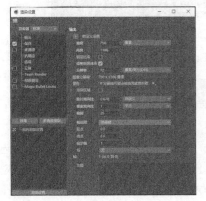

图 10-85

图 10-86

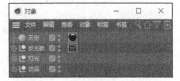

图 10-87

（3）选择"摄像机"工具，在"对象"窗口中生成一个"摄像机"对象，如图 10-88 所示。单击"摄像机"对象右侧的 按钮，如图 10-89 所示，进入摄像机视图。

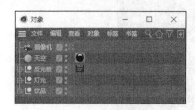
图 10-88

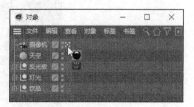
图 10-89

（4）在"属性"窗口的"对象"选项卡中设置"焦距"为 135，如图 10-90 所示。在"坐标"窗口的"位置"选项组中设置"X"为 14cm、"Y"为 89cm、"Z"为 2778cm，在"旋转"选项组中设置"H"为-180.3°、"P"为-2.2°、"B"为 0°，如图 10-91 所示。

图 10-90

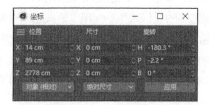
图 10-91

（5）在"对象"窗口中将"摄像机"对象拖曳到"灯光"对象的下方，如图 10-92 所示。在"摄像机"对象上单击鼠标右键，在弹出的快捷菜单中选择"装配标签 > 保护"命令，效果如图 10-93 所示。

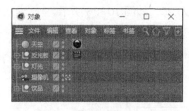
图 10-92

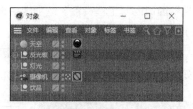
图 10-93

（6）在时间线面板中将"场景结束帧"设置为 140F，按 Enter 键确定操作，如图 10-94 所示。

图 10-94

（7）在"对象"窗口中选中"饮品"对象组，如图 10-95 所示。在"坐标"窗口的"位置"选项组中设置"X"为-206.3cm、"Y"为-27.7cm、"Z"为 111.7cm，如图 10-96 所示，单击"应用"按钮。在时间线面板中单击"记录活动对象"按钮，在 0F 的位置记录关键帧。

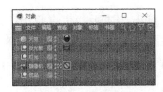

图 10-95

图 10-96

（8）将时间滑块放置在 25F 的位置。在"坐标"窗口的"位置"选项组中设置"X"为-206.3cm、
"Y"为-67.7cm、"Z"为 111.7cm，如图 10-97 所示，单击"应用"按钮。在时间线面板中单击"记
录活动对象"按钮 ，在 25F 的位置记录关键帧。

（9）将时间滑块放置在 30F 的位置。在"坐标"窗口的"位置"选项组中设置"X"为-206.3cm、
"Y"为-72.7cm、"Z"为 111.7cm，如图 10-98 所示，单击"应用"按钮。在时间线面板中单击"记
录活动对象"按钮 ，在 30F 的位置记录关键帧。

图 10-97

图 10-98

（10）将时间滑块放置在 60F 的位置。在"坐标"窗口的"位置"选项组中设置"X"为-206.3cm、
"Y"为-12.7cm、"Z"为 111.7cm，如图 10-99 所示，单击"应用"按钮。在时间线面板中单击"记
录活动对象"按钮 ，在 60F 的位置记录关键帧。

（11）选择"窗口 > 时间线窗口（函数曲线）"命令，弹出"时间线窗口（函数曲线）"窗口，
按 Ctrl+A 组合键全选控制点，如图 10-100 所示。

图 10-99

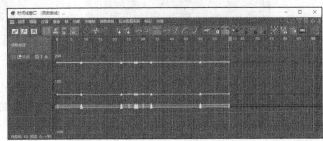

图 10-100

（12）单击"零长度（相切）"按钮 ，效果如图 10-101 所示，单击"关闭"按钮，关闭"时间线
窗口（函数曲线）"窗口。

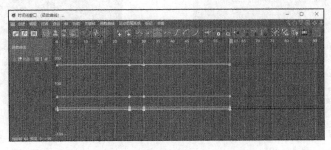

图 10-101

（13）选择"窗口 > 时间线窗口（摄影表）"命令，弹出"时间线窗口（摄影表）"窗口，按Ctrl+A 组合键全选控制点，如图 10-102 所示。选择"关键帧 > 循环选取"命令，弹出"循环"对话框，设置"副本"为 10，如图 10-103 所示。单击"确定"按钮，返回"时间线窗口（摄影表）"窗口，单击"关闭"按钮，关闭窗口。

图 10-102　　　　　　　　　　　　　　　　　　　　图 10-103

（14）单击"编辑渲染设置"按钮 █，弹出"渲染设置"窗口，设置"渲染器"为"物理"、"帧频"为 25、"帧范围"为"全部帧"，如图 10-104 所示。在左侧列表中选择"物理"选项，在右侧勾选"运动模糊"复选框，如图 10-105 所示。

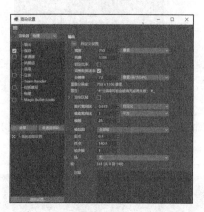

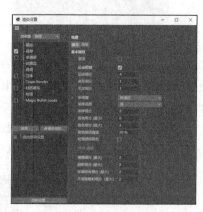

图 10-104　　　　　　　　　　　　　　　　　图 10-105

（15）在左侧列表中选择"保存"选项，在右侧设置"格式"为"MP4"，如图 10-106 所示。在窗口左侧单击"效果"按钮，在弹出的下拉列表中选择"环境吸收"选项，以添加"环境吸收"效果，如图 10-107 所示。

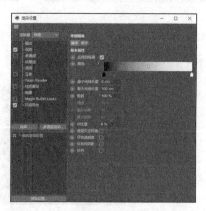

图 10-106　　　　　　　　　　　　　　　　　图 10-107

（16）单击"效果"按钮，在弹出的下拉列表中选择"全局光照"选项，以添加"全局光照"效果，设置"预设"为"内部-高（小光源）"，如图 10-108 所示。单击"关闭"按钮，关闭"渲染设置"窗口。

（17）单击"渲染到图像查看器"按钮，弹出"图像查看器"窗口，如图 10-109 所示。渲染完成后，单击"图像查看器"窗口中的"将图像另存为"按钮，弹出"保存"对话框，如图 10-110 所示。单击"确定"按钮，弹出"保存对话"对话框，在该对话框中设置文件的保存位置，并在"文件名"文本框中输入文件的名称，设置完成后，单击"保存"按钮保存图像。饮料瓶的运动模糊动画制作完成。

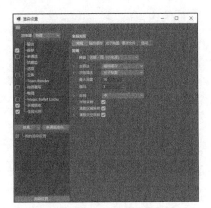

图 10-108

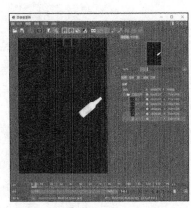

图 10-109

图 10-110

课堂练习——制作卡通模型的闭眼动画

【练习知识要点】使用时间线面板设置动画时长，使用"样条画笔"工具、"柔性差值"命令、"样条布尔"命令和"挤压"命令制作闭眼动画，使用"坐标"窗口调整模型的位置，使用"记录活动对象"按钮记录关键帧，使用"时间线窗口（函数曲线）"窗口和"时间线窗口（摄影表）"窗口制作动画效果，使用"渲染设置"窗口和"渲染到图像查看器"按钮渲染动画。最终效果如图 10-111 所示。

【效果所在位置】云盘\Ch10\制作卡通模型的闭眼动画\工程文件.c4d。

图 10-111

课后习题——制作人物环绕动画

【习题知识要点】使用"圆环"工具记录动画运动轨迹，使用"摄像机"工具、"对齐曲线"标签和"目标"标签命令制作动画效果，使用"位置"选项记录关键帧，使用"时间线窗口（函数曲线）"窗口调整动画效果，使用"渲染设置"窗口和"渲染到图像查看器"按钮渲染动画。最终效果如图 10-112所示。

【效果所在位置】云盘\Ch10\制作人物环绕动画\工程文件.c4d。

图 10-112

下篇

案例实训篇

第 11 章
海报设计

海报设计是视觉传达中的重要表现形式之一，运用 Cinema 4D 进行海报设计可以方便地将文字、色彩、图形等元素进行结合，以强大的三维形式实现具有创意的艺术化视觉效果。本章将对海报设计的特点、应用及类型进行系统讲解，通过案例分析、案例设计和案例制作进一步讲解 Cinema 4D 的强大功能和操作技巧。通过对本章的学习，读者可以快速掌握商业案例的设计理念和 Cinema 4D 的操作要点，从而制作出具有专业水准的海报。

知识目标

- ✔ 了解海报设计的特点
- ✔ 熟悉海报设计的应用
- ✔ 熟悉海报设计的类型

能力目标

- ✔ 掌握中秋家居宣传海报的分析方法
- ✔ 掌握中秋家居宣传海报的设计思路
- ✔ 掌握中秋家居宣传海报的制作方法

素质目标

- ✔ 培养针对 Cinema 4D 的自我学习与技术更新能力
- ✔ 培养用 Cinema 4D 进行海报设计时的工作协调能力和组织管理能力
- ✔ 培养对海报设计工作的高度责任心和良好的团队合作精神

11.1　海报设计概述

　　海报被广泛张贴于街道、影剧院、展览会、商业街区、车站、码头、公园等公共场所，起到一定的宣传作用。文化类的海报更加接近于纯粹的艺术表现，是最能张扬个性的艺术设计形式之一。设计师的精神、企业的精神，甚至是一个民族、一个国家的精神都可以被注入其中。商业类的海报具有一定的商业意义，其艺术性服务于商业目的。运用 Cinema 4D 制作的海报、通常具有创意突出的艺术化视觉效果，如图 11-1 所示。

图 11-1

11.1.1　海报设计的特点

　　海报设计具有主题鲜明、冲击力强、宣传性广和艺术性高等特点。

　　（1）主题鲜明：任何一张海报都需要具有明确的主题，明确的主题可以迅速达到理想的宣传效果。

　　（2）冲击力强：海报中对比强烈的文字、色彩、图形及图像等元素能够瞬间吸引人们的注意力。

　　（3）宣传性广：海报是广告的一种，无论是张贴于公共场所的传统海报还是通过网络传播的新媒体海报，都可以达到广泛的宣传效果。

　　（4）艺术性高：无论是商业海报还是非商业海报，都需要呈现出丰富的艺术化视觉效果，从而令观者产生深刻的印象。

11.1.2　海报设计的应用

　　海报设计的应用广泛，主要用于广告宣传、文化宣传、影视宣传及公益宣传这 4 个方面，如图 11-2 所示。其中广告宣传类海报主要用于提高企业或品牌的知名度；文化宣传类海报主要用于宣传当下的主流文化；影视宣传类海报则用于吸引观众注意，引导观众观看影视剧；公益宣传类海报对公众具有一定的教育意义，其不仅要体现社会的核心问题，还要传递积极、健康的价值观。

| （a）广告宣传 | （b）文化宣传 | （c）影视宣传 | （d）公益宣传 |

图 11-2

11.1.3　海报设计的类型

根据海报设计的应用类型，可以将海报分为商业海报、文化海报、电影海报及公益海报，如图 11-3 所示。商业海报是用于宣传商品或商业服务的广告性海报，设计时，其风格应和商品风格统一。文化海报是用于宣传各类展览或各种社会文娱活动的宣传性海报，设计时应根据展览或活动的不同特点，准确地表现出其独特的风格。电影海报是用于宣传各类影视作品的海报，设计时需要体现出影视作品的个性和创新性。公益海报包括各种社会公益、道德建设及爱国精神等主题的海报，设计时需要注意设计语言应简练、合理。

| （a）商业海报 | （b）文化海报 | （c）电影海报 | （d）公益海报 |

图 11-3

11.2　制作中秋家居宣传海报

11.2.1　案例分析

本例将为 Easy Life 家居有限公司制作中秋家居宣传海报，要求海报符合公司形象，并能够体现出节日的欢快氛围，达到宣传效果。

在设计思路上，暖色调的室内场景能够起到衬托前方卡通形象的作用，并能营造出真实、自然的氛围。简单明了的宣传文字能够直接地表达主题，让人一目了然。卡通形象位于画面中心，醒目而突出，增强了画面的活泼感。

本例使用多种参数化对象、生成器及多边形建模工具建立模型，使用"摄像机"工具控制视图中的显示效果，使用"区域光"工具制作灯光效果，使用"材质"窗口创建材质并设置材质的属性，使用"天空"工具制作环境效果，使用"渲染设置"窗口和"渲染到图像查看器"按钮渲染图像。

11.2.2 案例设计

设计作品参考效果所在位置：云盘中的"Ch11\制作中秋家居宣传海报\工程文件.c4d"。本案例的设计流程如图 11-4 所示。

（a）建立模型

（b）设置摄像机

（c）设置灯光

（d）赋予材质

（e）渲染输出

（f）最终效果

图 11-4

11.2.3 案例制作

1. 场景建模

（1）启动 Cinema 4D。单击"编辑渲染设置"按钮，弹出"渲染设置"窗口，在

"输出"选项组中设置"宽度"为1242像素、"高度"为2208像素，单击"关闭"按钮，关闭"渲染设置"窗口。

（2）选择"平面"工具 ，在"对象"窗口中生成一个"平面"对象，并将其重命名为"房屋"，如图11-5所示。在"属性"窗口的"对象"选项卡中设置"宽度"为7390cm、"高度"为4300cm、"宽度分段"为1、"高度分段"为1，在"坐标"选项卡中设置"P.X"为0cm、"P.Y"为-291cm、"P.Z"为-328cm。在"对象"窗口中的"房屋"对象上单击鼠标右键，在弹出的快捷菜单中选择"转为可编辑对象"命令，将其转为可编辑对象，如图11-6所示。

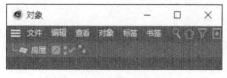
图11-5

图11-6

（3）单击"边"按钮 ，切换到"边"模式。在视图窗口中选中需要的边，按住Ctrl键并将其沿 y 轴拖曳到适当的位置，效果如图11-7所示。在"坐标"窗口的"位置"选项组中设置"X"为0cm、"Y"为2210cm、"Z"为2150cm，在"尺寸"选项组中设置"X"为7390cm、"Y"为0cm、"Z"为0cm。视图窗口中的效果如图11-8所示。在视图窗口中单击鼠标右键，在弹出的快捷菜单中选择"循环/路径切割"命令，在视图窗口中选中要切割的边，在"属性"窗口中设置"偏移"为60%，效果如图11-9所示。

图11-7

图11-8

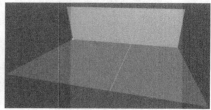
图11-9

（4）选择"移动"工具 ，在要切割的边上双击，将其选中，在视图窗口中单击鼠标右键，在弹出的快捷菜单中选择"倒角"命令，在"属性"窗口中设置"偏移"为60cm，效果如图11-10所示。

（5）在视图窗口中单击鼠标右键，在弹出的快捷菜单中选择"循环/路径切割"命令，在视图窗口中选择要切割的边，如图11-11所示。在"属性"窗口中设置"偏移"为60%，效果如图11-12所示。

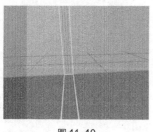
图11-10

图11-11

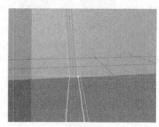
图11-12

（6）单击"多边形"按钮 ，切换到"多边形"模式。在视图窗口中选中步骤（3）~（5）中切割完成后的所有面，如图 11-13 所示。在视图窗口中单击鼠标右键，在弹出的快捷菜单中选择"挤压"命令，在"属性"窗口中设置"偏移"为 20cm，效果如图 11-14 所示。在视图窗口中选中需要的面，如图 11-15 所示。

图 11-13　　　　　　　　　　　图 11-14　　　　　　　　　　　图 11-15

（7）在视图窗口中单击鼠标右键，在弹出的快捷菜单中选择"挤压"命令，在"属性"窗口中设置"偏移"为 20cm，效果如图 11-16 所示。单击"边"按钮▨，切换到"边"模式。在视图窗口中选中需要的边，如图 11-17 所示。在视图窗口中单击鼠标右键，在弹出的快捷菜单中选择"倒角"命令，在"属性"窗口中设置"偏移"为 2cm，效果如图 11-18 所示。

图 11-16　　　　　　　　　　　图 11-17　　　　　　　　　　　图 11-18

（8）选择"立方体"工具▨，在"对象"窗口中生成一个"立方体"对象，并将其重命名为"桌子"。在"对象"窗口中的"桌子"对象上单击鼠标右键，在弹出的快捷菜单中选择"转为可编辑对象"命令，将其转为可编辑对象，如图 11-19 所示。单击"模型"按钮▨，切换到"模型"模式。在"坐标"面板的"位置"选项组中设置"X"为 1272cm、"Y"为 21cm、"Z"为 1425cm，在"尺寸"选项组中设置"X"为 560cm、"Y"为 553cm、"Z"为 575cm。

（9）单击"多边形"按钮▨，切换到"多边形"模式。在视图窗口中单击鼠标右键，在弹出的快捷菜单中选择"循环/路径切割"命令，在"属性"窗口中勾选"镜像切割"复选框。在视图窗口中选中需要切割的面，在"属性"窗口中设置"偏移"为 90%，效果如图 11-20 所示。在视图窗口中选中需要切割的面，在"属性"窗口中设置"偏移"为 10%，视图窗口中的效果如图 11-21 所示。

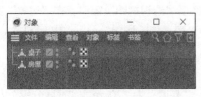

图 11-19　　　　　　　　　　　图 11-20　　　　　　　　　　　图 11-21

（10）在视图窗口中选中需要的面，单击鼠标右键，在弹出的快捷菜单中选择"挤压"命令，在"属性"窗口中设置"偏移"为50cm，效果如图11-22所示。选择"选择 > 环形选择"命令，在视图窗口中选中需要的面，单击鼠标右键，在弹出的快捷菜单中选择"挤压"命令，在"属性"窗口中设置"偏移"为100cm，效果如图11-23所示。

（11）选择"移动"工具 ，按住Shift键在视图窗口中选中需要的面，如图11-24所示。在视图窗口中单击鼠标右键，在弹出的快捷菜单中选择"挤压"命令，在"属性"窗口中设置"偏移"为35cm，效果如图11-25所示。

图11-22   图11-23   图11-24   图11-25

（12）单击"边"按钮 ，切换到"边"模式。选择"选择 > 选择平滑着色断开"命令，在"属性"窗口中单击"全选"按钮，将"桌子"对象的所有边选中。在视图窗口中单击鼠标右键，在弹出的快捷菜单中选择"倒角"命令，在"属性"窗口中设置"斜角"为"均匀"、"偏移"为5cm，效果如图11-26所示。

（13）选择"球体"工具 ，在"对象"面板中生成一个"球体"对象，并将其重命名为"灯帽"。在"属性"窗口的"对象"选项卡中设置"半径"为235cm、"分段"为64，在"坐标"选项卡中设置"P.X"为215cm、"P.Y"为852cm、"P.Z"为1570cm，视图窗口中的效果如图11-27所示。

（14）在"对象"窗口中的"灯帽"对象上单击鼠标右键，在弹出的快捷菜单中选择"转为可编辑对象"命令，将其转为可编辑对象。单击"多边形"按钮 ，切换到"多边形"模式。切换至"正视图"窗口。选择"框选"工具 ，在视图窗口中框选需要的面，如图11-28所示。按Delete键将选中的面删除，效果如图11-29所示。

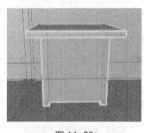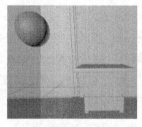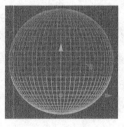

图11-26   图11-27   图11-28   图11-29

（15）单击"模型"按钮 ，切换到"模型"模式。切换至"透视视图"窗口。在"对象"窗口中选中"灯帽"对象。在"坐标"窗口的"位置"选项组中设置"X"为145cm、"Y"为593cm、"Z"为1447cm，视图窗口中的效果如图11-30所示。

（16）选择"平面"工具 ，在"对象"窗口中生成一个"平面"对象，并将其重命名为"灯绳"。在"属性"窗口的"对象"选项卡中设置"宽度"为32cm、"高度"为270cm、"宽度分段"为2、

"高度分段"为 2；在"坐标"选项卡中设置"P.X"为 143cm、"P.Y"为 475cm、"P.Z"为 1446cm，"R.P"为 90°。

（17）在"对象"窗口中的"灯绳"对象上单击鼠标右键，在弹出的快捷菜单中选择"转为可编辑对象"命令，将其转为可编辑对象。单击"点"按钮，切换到"点"模式。在视图窗口中框选需要的点，如图 11-31 所示。在"坐标"窗口的"旋转"选项组中设置"B"为 30°，视图窗口中的效果如图 11-32 所示。

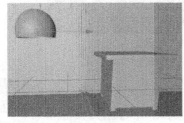

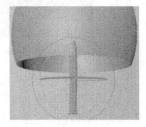

图 11-30　　　　　图 11-31　　　　　图 11-32

（18）在视图窗口中框选需要的点，如图 11-33 所示。在"坐标"窗口的"旋转"选项组中设置"B"为 90°，视图窗口中的效果如图 11-34 所示。

（19）选择"文件 > 合并项目"命令，在弹出的"打开文件"对话框中选择云盘中的"Ch11\ 制作中秋家居装修海报 \ 素材 \ 01.c4d"文件，单击"打开"按钮将选择的文件导入，"对象"窗口中的效果如图 11-35 所示。

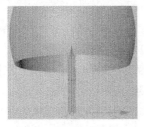
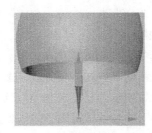
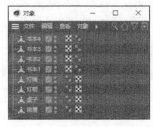

图 11-33　　　　　图 11-34　　　　　图 11-35

（20）在"对象"窗口中选中"书本 1"对象，在"属性"窗口的"坐标"选项卡中设置"P.X"为 688cm、"P.Y"为-259cm、"P.Z"为 1002cm。单击"模型"按钮，切换到"模型"模式。在"坐标"窗口的"尺寸"选项组中设置"X"为 230cm、"Y"为 249cm、"Z"为 40cm。选中"书本 2"对象，在"坐标"窗口的"位置"选项组中设置"X"为 51cm、"Y"为-288cm、"Z"为 1218cm，在"尺寸"选项组中设置"X"为 230cm、"Y"为 249cm、"Z"为 40cm。

（21）选中"书本 3"对象，在"坐标"窗口的"位置"选项组中设置"X"为-223cm、"Y"为-288cm、"Z"为-217cm，在"尺寸"选项组中设置"X"为 230cm、"Y"为 249cm、"Z"为 40cm。选中"书本 4"对象，在"坐标"窗口的"位置"选项组中设置"X"为 1155cm、"Y"为 421cm、"Z"为 1704cm，在"尺寸"选项组中设置"X"为 125cm、"Y"为 171.5cm、"Z"为 327cm。

（22）在"对象"窗口中框选所有书本对象。按 Alt+G 组合键将选中的对象编组，并将生成的对象组命名为"书本"。

（23）在"对象"窗口中框选所有对象，如图 11-36 所示。按 Alt+G 组合键将选中的对象编组，并将生成的对象组命名为"场景"，如图 11-37 所示。场景建模完成，将其保存。

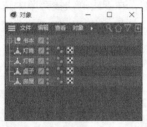

图 11-36

图 11-37

2. 小熊建模——衣服

扫码观看本案例视频2小熊建模——衣服

（1）新建项目文件。单击"编辑渲染设置"按钮，弹出"渲染设置"窗口，在"输出"选项组中设置"宽度"为 1242 像素、"高度"为 2208 像素，单击"关闭"按钮，关闭"渲染设置"窗口。

（2）选择"球体"工具，在"对象"窗口中生成一个"球体"对象。在"属性"窗口的"对象"选项卡中设置"半径"为 155cm、"分段"为 16，在"坐标"选项卡中设置"P.X"为 0cm、"P.Y"为 146cm、"P.Z"为 0cm。

（3）选择"油桶"工具，在"对象"窗口中生成一个"油桶"对象。在"属性"窗口的"对象"选项卡中设置"半径"为 143cm、"高度"为 342cm、"高度分段"为 2、"封顶分段"为 1，在"坐标"选项卡中设置"P.X"为 0cm、"P.Y"为 -60cm、"P.Z"为 0cm。

（4）框选"对象"窗口中的"油桶"对象和"球体"对象，单击鼠标右键，在弹出的快捷菜单中选择"转为可编辑对象"命令，将选中的对象转为可编辑对象，如图 11-38 所示。

（5）单击"多边形"按钮，切换到"多边形"模式。选择"选择 > 循环选择"命令，在视图窗口中选中对象的外边面，如图 11-39 所示。选择"选择 > 反选"命令，反选选中的面，如图 11-40 所示。按 Delete 键将选中的面删除。单击"点"按钮，切换到"点"模式。在视图窗口中选中需要的点，如图 11-41 所示。

图 11-38

图 11-39

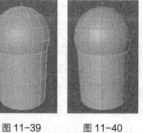

图 11-40

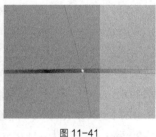

图 11-41

（6）在视图窗口中单击鼠标右键，在弹出的快捷菜单中选择"焊接"命令，将选中的点焊接在一起，效果如图 11-42 所示。用相同的方法焊接其他点，效果如图 11-43 所示。选择"连接"工具，在"对象"窗口中生成一个"连接"对象。将"油桶"对象和"球体"对象拖曳到"连接"对象的下方。

（7）将"对象"窗口中的对象全部选中。在"对象"窗口中的"连接"对象上单击鼠标右键，在弹出的快捷菜单中选择"连接对象+删除"命令，将选中的对象连接，并将其命名为"身体"。选择

"细分曲面"工具█，在"对象"窗口中生成一个"细分曲面"对象。将"身体"对象拖曳到"细分曲面"对象的下方，并将"细分曲面"对象重命名为"身体细分"，如图 11-44 所示。

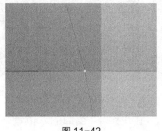

图 11-42

图 11-43

图 11-44

（8）单击"多边形"按钮█，切换到"多边形"模式。选中"身体"对象，选择"选择 > 循环选择"命令，在视图窗口中选中需要的面，如图 11-45 所示。在视图窗口中单击鼠标右键，在弹出的快捷菜单中选择"分裂"命令，将选中的面分裂，如图 11-46 所示。"对象"窗口中会自动生成一个"身体.1"对象。

（9）将"身体.1"对象重命名为"衣服"。在视图窗口中单击鼠标右键，在弹出的快捷菜单中选择"循环/路径切割"命令，在视图窗口中选中需要切割的面，如图 11-47 所示。单击视图窗口中的█按钮，平分要切割的对象。选择"移动"工具█，按住 Shift 键在视图窗口中选中需要的面，如图 11-48、图 11-49 和图 11-50 所示。按 Delete 键将选中的面删除。

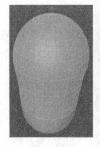

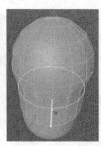

图 11-45   图 11-46   图 11-47   图 11-48   图 11-49   图 11-50

（10）按 Ctrl+A 组合键将所有面选中。在视图窗口中单击鼠标右键，在弹出的快捷菜单中选择"挤压"命令，在"属性"窗口中设置"挤压"为 22cm，勾选"创建封顶"复选框，视图窗口中的效果如图 11-51 所示。单击"点"按钮█，切换到"点"模式。选择"框选"工具█，在视图窗口中框选需要的点，如图 11-52 所示。切换至"顶视图"窗口，按住 Ctrl 键框选不需要的点，取消这些点的选中状态，如图 11-53 所示。在"对象"窗口中将"衣服"对象拖曳出"身体细分"对象组。

（11）返回"透视视图"窗口。在"坐标"窗口的"位置"选项组中设置"X"为 0cm、"Y"为 184.5cm、"Z"为-152cm，在"尺寸"选项组中设置"X"为 0cm、"Y"为 12cm、"Z"为 18.5cm，视图窗口中的效果如图 11-54 所示。

（12）使用相同的方法分别调整每个节点的位置。切换至"正视图"窗口，在视图窗口中框选需要的点，如图 11-55 所示。按 Delete 键将选中的点删除，效果如图 11-56 所示。选择"对称"工具█，在"对象"窗口中生成一个"对称"对象。将"衣服"对象拖曳到"对称"对象的下方，效果如图 11-57 所示。

 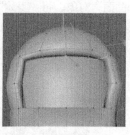  

图 11-51　　　　　图 11-52　　　　　图 11-53　　　　　图 11-54

（13）切换至"透视视图"窗口，在视图窗口中框选需要的点。在"坐标"窗口的"位置"选项组中设置"X"为-153cm、"Y"为53.5 cm、"Z"为0cm，视图窗口中的效果如图11-58所示。

图 11-55　　　　　图 11-56　　　　　图 11-57　　　　　图 11-58

（14）在视图窗口中框选需要的点，在"坐标"窗口的"位置"选项组中设置"X"为-154cm、"Y"为-39 cm、"Z"为0cm，视图窗口中的效果如图11-59所示。选择"细分曲面"工具 ，在"对象"窗口中生成一个"细分曲面"对象。将"对称"对象组拖曳到"细分曲面"对象的下方，并将"细分曲面"对象重命名为"衣服"。

（15）用鼠标右键单击"对称"对象组，在弹出的快捷菜单中选择"连接对象+删除"命令，将选中的对象连接。在视图窗口中单击鼠标右键，在弹出的快捷菜单中选择"循环/路径切割"命令，在视图窗口中选中要切割的边，如图 11-60 所示。在"属性"窗口中设置"偏移"为97%，效果如图 11-61 所示。

 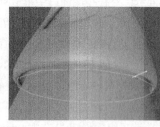 

图 11-59　　　　　　　　图 11-60　　　　　　　　图 11-61

（16）单击"边"按钮 ，切换到"边"模式。选中"对象"窗口中的"衣服"对象。选择"移动"工具 ，在视图窗口中选中要切割的边，如图 11-62 所示。选择"缩放"工具 ，按住 Shift 键并拖曳鼠标，放大对象至110%，效果如图 11-63 所示。

图 11-62   图 11-63

3. 小熊建模——五官

（1）选择"球体"工具 ⬤ ，在"对象"窗口中生成一个"球体"对象，并将其重命名为"大鼻子"。在"属性"窗口的"对象"选项卡中设置"半径"为 100cm、"分段"为 64。在"对象"窗口中的"大鼻子"对象上单击鼠标右键，在弹出的快捷菜单中选择"转为可编辑对象"命令，将其转为可编辑对象。

（2）单击"模型"按钮 ⬛ ，切换到"模型"模式。在"坐标"窗口的"位置"选项组中，设置"X"为 0.5cm、"Y"为 158cm、"Z"为-141cm，在"尺寸"选项组中设置"X"为 60cm、"Y"为 60cm、"Z"为 36cm，视图窗口中的效果如图 11-64 所示。

（3）选择"立方体"工具 ⬛ ，在"对象"窗口中生成一个"立方体"对象，并将其重命名为"小鼻子"。将"小鼻子"对象转为可编辑对象。

（4）单击"边"按钮 ⬛ ，切换到"边"模式。选择"移动"工具 ✥ ，按住 Shfit 键在视图窗口中选中需要的边，如图 11-65 所示。在"坐标"窗口的"位置"选项组中设置"X"为 0cm、"Y"为 5cm、"Z"为 0cm，在"尺寸"选项组中设置"X"为 70cm、"Y"为 0cm、"Z"为 200cm，视图窗口中的效果如图 11-66 所示。

（5）单击"模型"按钮 ⬛ ，切换到"模型"模式。在"坐标"窗口的"位置"选项组中设置"X"为 0cm、"Y"为 157.5cm、"Z"为-154.5cm，在"尺寸"选项组中设置"X"为 44.5cm、"Y"为 21cm、"Z"为 15.5cm，视图窗口中的效果如图 11-67 所示。选择"细分曲面"工具 ⬛ ，在"对象"窗口中生成一个"细分曲面"对象，将"小鼻子"对象拖曳到"细分曲面"对象的下方。

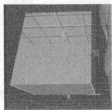

图 11-64   图 11-65   图 11-66   图 11-67

（6）选中"细分曲面"对象组，在"属性"窗口的"对象"选项卡中设置"渲染器细分"为 3。将"细分曲面"对象组重命名为"小鼻子"。

（7）选择"胶囊"工具 ⬛ ，在"对象"窗口中生成一个"胶囊"对象，并将其重命名为"鼻梁"。在"属性"窗口的"对象"选项卡中设置"半径"为 3cm、"高度"为 20cm，在"坐标"选项卡中设置"P.X"为 0cm、"P.Y"为 158cm、"Z"为-157.5cm。

（8）选择"胶囊"工具 ⬛ ，在"对象"窗口中生成一个"胶囊"对象，并将其重命名为"嘴巴"。

在"属性"窗口的"对象"选项卡中设置"半径"为2cm、"高度"为29cm，在"坐标"选项卡中设置"P.X"为0cm、"P.Y"为146cm、"P.Z"为-157.5cm。将"嘴巴"对象转为可编辑对象。

（9）单击"点"按钮■，切换到"点"模式。选择"框选"工具■，在视图窗口中框选需要的点，如图11-68所示。在"坐标"窗口的"位置"选项组中设置"X"为-5cm，效果如图11-69所示。按住Shift键在视图窗口中框选需要的点，如图11-70所示。在"坐标"窗口的"位置"选项组中设置"X"为1.519cm，效果如图11-71所示。

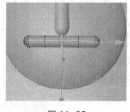 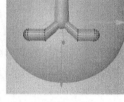 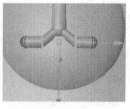 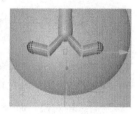

图11-68　　　　　　　　图11-69　　　　　　　　图11-70　　　　　　　　图11-71

（10）按住Shift键在视图窗口中框选需要的点，如图11-72所示。在"坐标"窗口的"位置"选项组中设置"X"为-5cm、"Z"为1.483cm，效果如图11-73所示。选择"细分曲面"工具■，在"对象"窗口中生成一个"细分曲面"对象，将"嘴巴"对象拖曳到"细分曲面"对象的下方，并将其重命名为"嘴巴"。

（11）选择"球体"工具■，在"对象"窗口中生成一个"球体"对象，并将其重命名为"小眼睛"。在"属性"窗口的"对象"选项卡中设置"半径"为5cm，在"坐标"选项卡中设置"P.X"为-58cm、"P.Y"为176cm、"P.Z"为-130cm。选择"对称"工具■，在"对象"窗口中生成一个"对称"对象。将"小眼睛"对象拖曳到"对称"对象的下方，并将"对称"对象组重命名为"小眼睛"，视图窗口中的效果如图11-74所示。

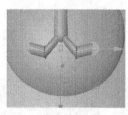 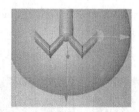 

图11-72　　　　　　　　　图11-73　　　　　　　　　图11-74

（12）单击"多边形"按钮■，切换到"多边形"模式。选中"衣服"对象，在视图窗口中选中需要的面，如图11-75所示。在视图窗口中单击鼠标右键，在弹出的快捷菜单中选择"挤压"命令，在"属性"窗口中取消勾选"创建封顶"复选框，设置"偏移"为60cm，效果如图11-76所示。

（13）在视图窗口中单击鼠标右键，在弹出的快捷菜单中选择"循环/路径切割"命令，在视图窗口中选中要切割的面。单击视图窗口中的■按钮，平分要切割的对象，效果如图11-77所示。在视图窗口中单击鼠标右键，在弹出的快捷菜单中选择"沿法线缩放"命令，在"属性"窗口中设置"缩放"为67%，效果如图11-78所示。

（14）在视图窗口中单击鼠标右键，在弹出的快捷菜单中选择"线性切割"命令，在视图窗口中进行切割，如图11-79所示。单击"边"按钮■，切换到"边"模式。选择"移动"工具■，选中切割出来的边，在"属性"窗口的"轴向"选项卡中设置"方向"为"法线"，在视图窗口中将其沿 y

轴向上拖曳 5cm，效果如图 11-80 所示。

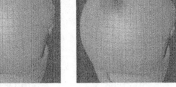

| 图 11-75 | 图 11-76 | 图 11-77 | 图 11-78 |

（15）在视图窗口中双击需要的边将其选中，如图 11-81 所示。选择"缩放"工具 ，按住 Shift 键并拖曳鼠标，放大对象至 120%，效果如图 11-82 所示。

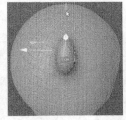

| 图 11-79 | 图 11-80 | 图 11-81 | 图 11-82 |

（16）单击"多边形"按钮 ，切换到"多边形"模式。选择"移动"工具 ，按住 Shift 键选中需要的面，如图 11-83 所示。在视图窗口中单击鼠标右键，在弹出的快捷菜单中选择"内部挤压"命令，在"属性"窗口中设置"偏移"为 20cm，效果如图 11-84 所示。

（17）在视图窗口中单击鼠标右键，在弹出的快捷菜单中选择"挤压"命令，在"属性"窗口中设置"偏移"为-12cm，效果如图 11-85 所示。

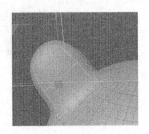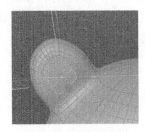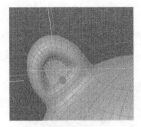

| 图 11-83 | 图 11-84 | 图 11-85 |

（18）在视图窗口中单击鼠标右键，在弹出的快捷菜单中选择"沿法线缩放"命令，在"属性"窗口中设置"缩放"为 50%，效果如图 11-86 所示。单击"点"按钮 ，切换到"点"模式。按 Ctrl+A 组合键将点全部选中，在视图窗口中单击鼠标右键，在弹出的快捷菜单中选择"笔刷"命令，在"属性"窗口中设置"模式"为"平滑"，对耳朵部位进行平滑处理，效果如图 11-87 所示。

（19）切换至"正视图"窗口。选择"框选"工具 ，在视图窗口框选需要的点，如图 11-88 所示。按 Delete 键将选中的点删除，效果如图 11-89 所示。

  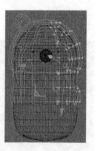 

图 11-86　　　　　图 11-87　　　　　图 11-88　　　　　图 11-89

（20）按住 Alt 键选择"对称"工具，在"对象"窗口中生成一个"对称"对象，如图 11-90 所示。视图窗口中的效果如图 11-91 所示。小熊肢体部分的创建在第 5 章的"课堂练习——制作小熊模型"案例中已经讲解过，这里不再赘述，最终效果如图 11-92 所示。小熊建模完成，将其保存。

扫码观看本案例视频4 小熊建模——肢体

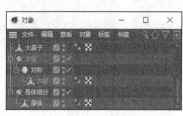 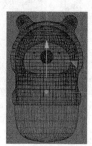 

图 11-90　　　　　图 11-91　　　　　图 11-92

4. 合并模型并设置书本材质

扫码观看本案例视频5 合并模型并设置书本材质

（1）选择"文件 > 打开项目"命令，在弹出的"打开文件"对话框中分别选择保存的场景模型文件和小熊模型文件，单击"打开"按钮打开选择的文件，如图 11-93 所示。

（2）在"对象"面板中框选所有对象组，按 Alt+G 组合键将选中的对象组编组，并将生成的对象组命名为"家居装修海报"，如图 11-94 所示。选择"摄像机"工具，在"对象"窗口中生成一个"摄像机"对象，如图 11-95 所示。

图 11-93　　　　　图 11-94　　　　　图 11-95

（3）在"属性"窗口的"对象"选项卡中设置"焦距"为135，在"坐标"选项卡中设置 "P.X"为−466.2cm、"P.Y"为241.5cm、"P.Z"为−1730.5cm、"R.H"为−17.128°、"R.P"为−6.343°、"R.B"为0°。单击"摄像机"对象右侧的按钮，进入摄像机视图。

（4）视图窗口中的效果如图 11-96 所示。展开"家居装修海报"对象组，选中 "小熊"对象组。

在"属性"窗口的"坐标"选项卡中设置"P.X"为 132.5cm、"P.Y"为 18.9cm、"P.Z"为 193.8cm、"R.H"为 25.6°、"R.P"为 0°、"R.B"为 0°。在"小熊"对象组上单击鼠标中键，在"坐标"窗口的"位置"选项组中设置"X"为 180.6cm、"Y"为 51.5cm、"Z"为 187.5cm。

（5）选择"缩放"工具，在视图窗口中拖曳鼠标，缩小对象至 93.5%，如图 11-97 所示。单击"摄像机"对象右侧的▇按钮，退出摄像机视图。展开"对象"窗口中的"家居装修海报 > 场景 > 书本"对象组。选中"书本 4"对象，单击"多边形"按钮▇，切换到"多边形"模式。

（6）在"材质"窗口中双击，添加一个材质球。在视图窗口中选中需要的面，如图 11-98 所示。将"材质"窗口中的"材质"材质拖曳到视图窗口中选中的面上。用相同的方法分别选中"书本 4"对象的每个面，并为它们应用"材质"材质，效果如图 11-99 所示。单击"摄像机"对象右侧的▇按钮，进入摄像机视图。

图 11-96　　　　　图 11-97　　　　　图 11-98　　　　　图 11-99

（7）单击"对象"窗口中的"筛选"按钮▇，进入筛选模式。在"筛选"区域中展开"标签"选项组，在"材质"选项上单击鼠标右键，在弹出的快捷菜单中选择"选择全部'材质'"命令，如图 11-100 所示。

（8）将"书本 4"对象右侧的材质标签全部选中，如图 11-101 所示。按住 Ctrl 键单击"书本 4"对象右侧的第 1 个"材质标'材质'"标签▇，取消其选中状态。按 Delete 键将选中的材质标签删除，如图 11-102 所示。

（9）单击"书本 4"对象右侧的第 1 个"材质标'材质'"标签▇，将其选中，按 Delete 键将选中的材质标签删除，如图 11-103 所示。单击"对象"窗口中的"筛选"按钮▇，退出筛选模式。将"材质"窗口中的"材质"材质删除。折叠"书本"对象组、"场景"对象组和"家居装修海报"对象组。

  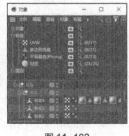 

图 11-100　　　　　图 11-101　　　　　图 11-102　　　　　图 11-103

5. 创建灯光

（1）选择"区域光"工具▇，在"对象"窗口中生成一个"灯光"对象，将"灯光"对象重命名为"主光源"。在"属性"窗口的"常规"选项卡中设置"强度"为140%、"投影"为"区域"，在"细节"选项卡中设置"衰减"为"平方倒数（物理精度）"、"半径衰减"为1600cm，在"投影"选项卡中设置"密度"为0%，在"坐标"选项卡中设置"P.X"为-2476cm、"P.Y"为900cm、"P.Z"为-2045cm。

（2）选择"区域光"工具，在"对象"窗口中生成一个"灯光"对象，将"灯光"对象重命名为"辅光源"。在"属性"窗口的"常规"选项卡中设置"强度"为120%、"投影"为"区域"，在"细节"选项卡中设置"衰减"为"平方倒数（物理精度）"、"半径衰减"为1600cm，在"投影"选项卡中设置"密度"为100%，在"坐标"选项卡中设置"P.X"为260.5cm、"P.Y"为1180cm、"P.Z"为-1456cm。

（3）选择"区域光"工具，在"对象"窗口中生成一个"灯光"对象，将"灯光"对象重命名为"背光源"。在"属性"窗口的"常规"选项卡中设置"强度"为90%、"投影"为"区域"，在"细节"选项卡中设置"衰减"为"平方倒数（物理精度）"、"半径衰减"为1600cm，在"投影"选项卡中设置"密度"为50%，在"坐标"选项卡中设置"P.X"为547.5cm、"P.Y"为900cm、"P.Z"为2356cm。

（4）选择"空白"工具，在"对象"窗口中生成一个"空白"对象，并将其重命名为"灯光"。框选需要的对象，如图11-104所示。将选中的对象拖曳到"灯光"对象的下方，如图11-105所示。折叠"灯光"对象组。

图 11-104

图 11-105

6. 创建材质

（1）在"材质"窗口中双击，添加一个材质球，并将其命名为"书包装饰"。展开"对象"窗口中的"家居装修海报 > 小熊 > 书包"对象组。将"材质"窗口中的"书包装饰"材质拖曳到"对象"窗口中的"书包装饰"对象组上，如图11-106所示。

（2）双击"材质"窗口中的"书包装饰"材质，弹出"材质编辑器"窗口。在左侧列表中选择"颜色"通道，在右侧设置"H"为36°、"S"为95%、"V"为68%，单击"关闭"按钮，关闭"材质编辑器"窗口。

（3）在"材质"窗口中双击，添加一个材质球，并将其命名为"书包"，如图11-107所示。将"材质"窗口中的"书包"材质拖曳到"对象"窗口中的"书包"对象组上。双击"材质"窗口中的"书包"材质，弹出"材质编辑器"窗口。在左侧列表中选择"颜色"通道，在右侧设置"H"为22°、"S"为100%、"V"为89%，单击"关闭"按钮，关闭"材质编辑器"窗口。

（4）在"材质"窗口中双击，添加一个材质球，并将其命名为"小眼睛"，如图11-108所示。将"材质"窗口中的"小眼睛"材质拖曳到"对象"窗口中的"小眼睛"对象上。双击"材质"窗口中的"小眼睛"材质，弹出"材质编辑器"窗口。在左侧列表中选择"颜色"通道，在右侧设置"H"

为 17°、"S"为 27%、"V"为 52%，单击"关闭"按钮，关闭"材质编辑器"窗口。

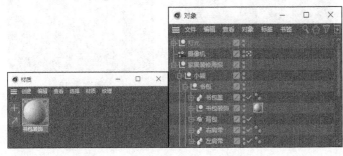

图 11-106　　　　　　　　　　　　　图 11-107

（5）在"材质"窗口中双击，添加一个材质球，并将其命名为"大鼻子"，如图 11-109 所示。将"材质"窗口中的"大鼻子"材质拖曳到"对象"窗口中的"大鼻子"对象上。双击"材质"窗口中的"大鼻子"材质，弹出"材质编辑器"窗口。在左侧列表中选择"颜色"通道，在右侧设置"H"为 28°、"S"为 7%、"V"为 100%，单击"关闭"按钮，关闭"材质编辑器"窗口。

（6）在"材质"窗口中双击，添加一个材质球，并将其命名为"小鼻子"，如图 11-110 所示。将"材质"窗口中的"小鼻子"材质拖曳到"对象"窗口中的"小鼻子""鼻梁""嘴巴"对象上。双击"材质"窗口中的"小鼻子"材质，弹出"材质编辑器"窗口。在左侧列表中选择"颜色"通道，在右侧设置"H"为 17°、"S"为 28%、"V"为 27%，单击"关闭"按钮，关闭"材质编辑器"窗口。

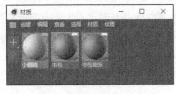
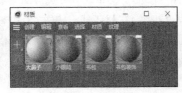
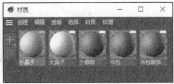

图 11-108　　　　　　图 11-109　　　　　　图 11-110

（7）在"材质"窗口中双击，添加一个材质球，并将其命名为"衣服"，如图 11-111 所示。将"材质"窗口中的"衣服"材质拖曳到"对象"窗口中的"衣服"对象上。双击"材质"窗口中的"衣服"材质，弹出"材质编辑器"窗口。在左侧列表中选择"颜色"通道，在右侧设置"H"为 48°、"S"为 72%、"V"为 99%，单击"关闭"按钮，关闭"材质编辑器"窗口。

（8）在"材质"窗口中双击，添加一个材质球，并将其命名为"身体"，如图 11-112 所示。将"材质"窗口中的"身体"材质拖曳到"对象"窗口中的"小熊身体"对象组上。双击"材质"窗口中的"身体"材质，弹出"材质编辑器"窗口。在左侧列表中选择"颜色"通道，在右侧设置"H"为 28°、"S"为 64%、"V"为 100%，单击"关闭"按钮，关闭"材质编辑器"窗口。

（9）在"材质"窗口中双击，添加一个材质球，并将其命名为"书本 1"，如图 11-113 所示。双击"书本 1"材质，弹出"材质编辑器"窗口。在左侧列表中选择"颜色"通道，在右侧设置"H"为 0°、"S"为 3%、"V"为 90%，单击"关闭"按钮，关闭"材质编辑器"窗口。展开"对象"窗口中的"场景 > 书本"对象组。将"材质"窗口中的"书本 1"材质拖曳到"对象"窗口中的"书本 1"对象上。

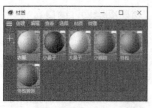

图 11-111

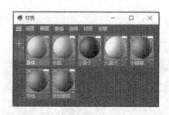

图 11-112

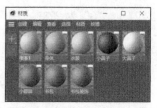

图 11-113

（10）在"对象"窗口中双击"书本 4"对象右侧的"多边形选集标签[C1]"按钮▲，如图 11-114 所示。将"材质"窗口中的"书本 1"材质拖曳到视图窗口中选中的对象上，视图窗口中的效果如图 11-115 所示。

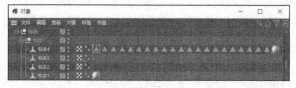

图 11-114

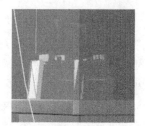

图 11-115

（11）使用相同的方法分别为"书本 4"对象右侧的"多边形选集标签[C3]""多边形选集标签[C4]""多边形选集标签[C8]""多边形选集标签[C9]""多边形选集标签[C10]""多边形选集标签[C16]""多边形选集标签[C19]"添加"书本 1"材质，视图窗口中的效果如图 11-116 所示。

（12）在"材质"窗口中选中"书本 1"材质球，按住 Ctrl 键并向左拖曳鼠标，当鼠标指针变为箭头形状时松开鼠标，会自动生成一个材质球，将其命名为"书本 2"，如图 11-117 所示。将"材质"窗口中的"书本 2"材质拖曳到"对象"窗口中的"书本 2"对象上。双击"材质"窗口中的"书本 2"材质，弹出"材质编辑器"窗口。在左侧列表中选择"颜色"通道，在右侧设置"H"为 79°、"S"为 23%、"V"为 84%，单击"关闭"按钮，关闭"材质编辑器"窗口。使用相同的方法分别给其他书本对象添加材质，视图窗口中的效果如图 11-118 所示。

图 11-116

图 11-117

图 11-118

（13）在"材质"窗口中双击，添加一个材质球，并将其命名为"灯帽"。将"材质"窗口中的"灯帽"材质拖曳到"对象"窗口中的"灯帽"对象上。双击"材质"窗口中的"灯帽"材质，弹出"材质编辑器"窗口。在左侧列表中选择"颜色"通道，在右侧设置"H"为 37°、"S"为 29%、"V"为 91%。在左侧列表中选择"反射"通道，在右侧单击"添加"按钮，在弹出的下拉列表中选择"GGX"选项，添加一个层，并设置"全局反射亮度"为 10%、"全局高光强度"为 30%、"反射强度"为 0%，单击"关闭"按钮，关闭"材质编辑器"窗口。

（14）在"材质"窗口中双击，添加一个材质球，并将其命名为"灯绳"。将"材质"窗口中的"灯绳"材质拖曳到"对象"窗口中的"灯绳"对象上。双击"材质"窗口中的"灯绳"材质，弹出"材质编辑器"窗口。在左侧列表中选择"颜色"通道，在右侧设置"H"为 9°、"S"为 67%、"V"为 71%，单击"关闭"按钮，关闭"材质编辑器"窗口。如图 11-19 所示。

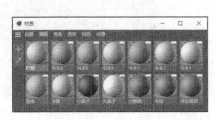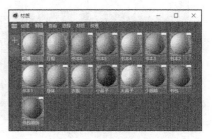

图 11-119

（15）在"材质"窗口中双击，添加一个材质球，并将其命名为"桌子"，如图 11-120 所示。将"材质"窗口中的"桌子"材质拖曳到"对象"窗口中的"桌子"对象上。双击"材质"窗口中的"桌子"材质，弹出"材质编辑器"窗口。在左侧列表中选择"颜色"通道，在右侧设置"H"为 31.5°、"S"为 85%、"V"为 62%。单击"纹理"选项右侧的按钮█，弹出"打开文件"对话框，选择"Ch11\制作家居装修海报\tex\02"文件，单击"打开"按钮打开选择的文件。设置"混合强度"为 40%。在左侧列表中选择"反射"通道，在右侧单击"添加"按钮，在弹出的下拉列表中选择"GGX"选项，添加一个层，并设置"全局反射亮度"为 10%、"全局高光强度"为 30%、"反射强度"为 0%，单击"关闭"按钮，关闭"材质编辑器"窗口。

（16）在"材质"窗口中双击，添加一个材质球，并将其命名为"地面"，如图 11-121 所示。在"对象"窗口中选中"房屋"对象。按住 Shift 键在视图窗口中选中地面区域，如图 11-122 所示。

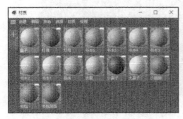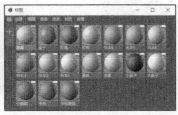

图 11-120 　　　　　　　图 11-121 　　　　　　　图 11-122

（17）将"材质"窗口中的"地面"材质拖曳到视图窗口中选中的地面区域上。双击"材质"窗口中的"地面"材质，弹出"材质编辑器"窗口。在左侧列表中选择"颜色"通道，在右侧单击"纹理"选项右侧的按钮█，弹出"打开文件"对话框，选择"Ch11\制作家居装修海报\tex\01"文件，单击"打开"按钮打开选择的文件。在左侧列表中选择"反射"通道，在右侧单击"添加"按钮，在弹出的下拉列表中选择"GGX"选项，添加一个层，并设置"全局反射亮度"为 10%、"全局高光强度"为 30%、"反射强度"为 0%、"高光强度"为 1%，单击"关闭"按钮，关闭"材质编辑器"窗口。

（18）在"材质"窗口中双击，添加一个材质球，并将其命名为"门槛"，如图 11-123 所示。

在"对象"窗口中单击"摄像机"对象右侧的█按钮，退出摄像机视图。在视图窗口中多次调整视角，按住 Shift 键选中门槛区域。在"对象"窗口中单击"摄像机"对象右侧的█按钮，进入摄像机视图。视图窗口中的效果如图 11-124 所示。

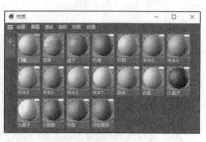

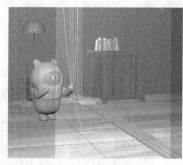

图 11-123　　　　　　　　　　图 11-124

（19）将"材质"窗口中的"门槛"材质拖曳到视图窗口中选中的门槛区域上。双击"材质"窗口中的"门槛"材质，弹出"材质编辑器"窗口。在左侧列表中选择"颜色"通道，在右侧设置"H"为 31.5°、"S"为 72%、"V"为 81%。单击"关闭"按钮，关闭"材质编辑器"窗口。

（20）在"材质"窗口中双击，添加一个材质球，并将其命名为"墙壁"，如图 11-125 所示。按住 Shift 键在视图窗口中选中墙壁区域，如图 11-126 所示。将"材质"窗口中的"墙壁"材质拖曳到视图窗口中选中的墙壁区域上。双击"材质"窗口中的"墙壁"材质，弹出"材质编辑器"窗口。在左侧列表中选择"颜色"通道，在右侧设置"H"为 38°、"S"为 47%、"V"为 91%。

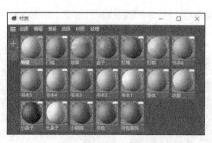

图 11-125　　　　　　　　　　图 11-126

（21）在左侧列表中选择"反射"通道，在右侧单击"添加"按钮，在弹出的下拉列表中选择"GGX"选项，添加一个层，并设置"全局反射亮度"为 10%、"全局高光强度"为 30%、"反射强度"为 0%、"高光强度"为 1%，单击"关闭"按钮，关闭"材质编辑器"对话框。

7. 渲染

（1）在"材质"窗口中双击，添加一个材质球，并将其命名为"天空"，如图 11-127 所示。选择"天空"工具█，在"对象"窗口中生成一个"天空"对象，如图 11-128 所示。将"材质"窗口中的"天空"材质拖曳到"对象"窗口中的"天空"对象上，如图 11-129 所示。

扫 码 观 看
本案例视频8
渲染

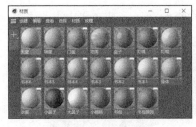
图 11-127

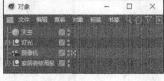
图 11-128

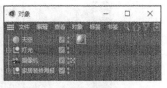
图 11-129

（2）在"天空"材质球上双击，弹出"材质编辑器"窗口。在左侧列表中取消勾选"颜色"和"反射"复选框，如图 11-130 所示。勾选"发光"复选框，在右侧单击"纹理"选项右侧的▨▨按钮，弹出"打开文件"对话框，选择云盘中的"Ch11 \ 制作家居装修海报 \ tex \ 03"文件，单击"打开"按钮打开选择的文件，设置"亮度"为 18%、"混合强度"为 80%，其他选项的设置如图 11-131 所示。单击"关闭"按钮，关闭"材质编辑器"窗口。

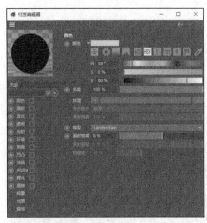
图 11-130

图 11-131

（3）单击"编辑渲染设置"按钮▨，弹出"渲染设置"窗口，在左侧列表中选择"保存"选项，在右侧设置"格式"为"PNG"。在左侧列表中选择"抗锯齿"选项，在右侧设置"抗锯齿"为"最佳"。

（4）在窗口左侧单击"效果"按钮，在弹出的下拉列表中选择"全局光照"选项，以添加"全局光照"效果。在"常规"选项卡中设置"次级算法"为"辐照缓存"、"漫射深度"为 4、"采样"为"自定义采样数"。单击"采样"选项左侧的三角形按钮，展开该选项，设置"采样数量"为 128。在"辐照缓存"选项卡中设置"记录密度"为"低"、"平滑"为 100%。单击"效果"按钮，在弹出的下拉列表中选择"环境吸收"选项，以添加"环境吸收"效果。单击"关闭"按钮，关闭"渲染设置"窗口。

（5）单击"渲染到图像查看器"按钮▨，弹出"图像查看器"窗口，如图 11-132 所示。渲染完成后，单击窗口中的"将图像另存为"按钮▨，弹出"保存"对话框，如图 11-133 所示。

（6）单击"保存"对话框中的"确定"按钮，弹出"保存对话"对话框，在该对话框中设置文件的保存位置，并在"文件名"文本框中输入文件的名称，设置完成后，单击"保存"按钮保存图像。

（7）在 Photoshop 中，根据需要添加文字与图标相结合的宣传信息，丰富整体画面，提升海报的商业价值，效果如图 11-134 所示。中秋家居宣传海报制作完成。

图 11-132　　　　　　　图 11-133　　　　　　　图 11-134

课堂练习——制作艺术交流海报

　　【练习知识要点】使用多种参数化对象、生成器及多边形建模工具建立模型，使用"摄像机"工具控制视图中的显示效果；使用"区域光"工具制作灯光效果，使用"材质"窗口创建材质并设置材质的属性，使用"物理天空"工具制作环境效果，使用"渲染设置"窗口和"渲染到图像查看器"按钮渲染图像。最终效果如图 11-135 所示。

　　【效果所在位置】云盘\Ch11\制作艺术交流海报\工程文件.c4d。

图 11-135

课后习题——制作耳机海报

　　【习题知识要点】使用多种参数化对象、生成器及多边形建模工具建立模型、使用"摄像机"工具控制视图中的显示效果，使用"区域光"工具和"聚光灯"工具制作灯光效果，使用"材质"窗口创建材质并设置材质的属性，使用"天空"工具制作环境效果，使用"渲染设置"窗口和"渲染到图像查看器"按钮渲染图像。最终效果如图 11-136 所示。

【效果所在位置】云盘\Ch11\制作耳机海报\工程文件.c4d。

图 11-136

第12章
电商设计

电商设计即针对电子商务网站进行相关的美化设计。运用 Cinema 4D 进行电商设计可以方便地进行页面优化，以促进客户转化。本章将对电商设计的特点、应用及类型进行系统讲解，通过案例分析、案例设计和案例制作进一步讲解 Cinema 4D 的强大功能和操作技巧。通过对本章的学习，读者可以快速掌握商业案例的设计理念和 Cinema 4D 的操作要点，从而制作出具有专业水准的 Cinema 4D 电商设计作品。

知识目标

- ✔ 了解电商设计的特点
- ✔ 熟悉电商设计的应用
- ✔ 熟悉电商设计的类型

能力目标

- ✔ 掌握美妆主图的分析方法
- ✔ 掌握美妆主图的设计思路
- ✔ 掌握美妆主图的制作方法

素质目标

- ✔ 培养针对 Cinema 4D 的自我学习与技术更新能力
- ✔ 培养用 Cinema 4D 进行电商设计时的工作协调能力和组织管理能力
- ✔ 培养对电商设计工作的高度责任心和良好的团队合作精神

12.1 电商设计概述

电商是电子商务的简称。电商设计是在网页设计和平面设计结合的基础上，加入用户体验和人机交互，通过互联网传播来销售商品的一种设计形式。电商设计经过多年的发展，无论从视觉效果还是购买流程都发生了翻天覆地的变化。如今运用 Cinema 4D 设计电商的节日活动页面、产品外观、卡通形象已经成为了行业趋势，如图 12-1 所示。

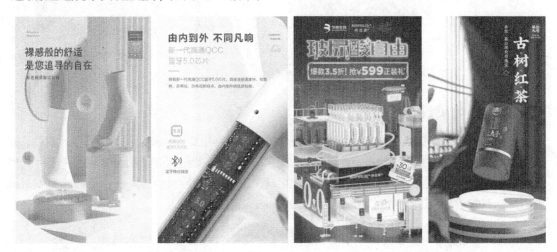

（a）商品详情页　　　　　　　　　　　　　　（b）活动页

图 12-1

12.1.1 电商设计的特点

电商设计具有主体突出、搭配合理、拍摄精致和气氛合适等特点。

（1）主体突出：突出的主体让消费者一眼就可以获取到商品的主要信息。

（2）搭配合理：将视觉元素和文案内容进行合理的搭配，可以使消费者迅速了解商品卖点。

（3）拍摄精致：优秀的素材是吸引消费者关注商品并产生购买行为的关键，因此商品的拍摄需要尽可能清晰、精致。

（4）气氛合适：无论是商业海报还是非商业海报，都需要呈现出丰富的艺术化视觉效果，从而给消费者留下深刻的印象。

12.1.2 电商设计的应用

电商设计主要应用于网上购物领域，其目的是借助不同的互联网媒介和智能设备对商品进行宣传，从而激发消费者的购买欲望。综合运用商品拍摄、图片处理、页面设计及视频剪辑等技术打造的便于购物的电商平台和网络店铺页面如图 12-2 所示。

（a）电商平台页面　　　　　　　　　　　　　（b）网络店铺页面

图 12-2

12.1.3　电商设计的类型

　　根据电商设计的应用类型，可以将电商设计分为平台类电商设计和店铺类电商设计两种，如图 12-3 所示。平台类电商设计是指针对京东、淘宝和网易严选等出售各类商品的平台进行设计，此类电商设计有大量的类目、品牌和商品。店铺类电商设计是指针对平台中的某一个店铺进行设计，此类电商设计的类目和品牌通常很单一，商品也是单一品牌下的少量商品。

（a）平台类电商设计　　　　　　　　　　　　　（b）店铺类电商设计

图 12-3

12.2　制作美妆主图

12.2.1　案例分析

　　本例将为美加宝美妆有限公司制作网店主图，要求以多个产品为主体，直观地表现出活动内容。
　　在设计思路上，简洁的场景能够突显产品，使人产生购买欲望。整体画面的色调要体现出节日的氛围，背景与产品的风格要统一。标题文字与活动内容要简单明了，装饰元素要分布均匀，以使画面的活泼感增强，不至于呆板。

本例使用多种参数化对象、生成器及多边形建模工具建立模型，使用"摄像机"工具控制视图中的显示效果，使用"区域光"工具制作灯光效果，使用"材质"窗口创建材质并设置材质的属性，使用"物理天空"工具制作环境效果，使用"渲染设置"窗口和"渲染到图像查看器"按钮渲染图像。

12.2.2 案例设计

设计作品参考效果所在位置：云盘中的"Ch12\制作美妆主图\工程文件.c4d"。本案例的设计流程如图 12-4 所示。

（a）建立模型

（b）设置摄像机

（c）设置灯光

（d）赋予材质

（e）渲染输出

（f）最终效果

图 12-4

12.2.3 案例制作

1. 合并模型

（1）本案例场景模型及礼物盒模型、气球模型、面霜模型的创建在前面的章节

扫码观看
本案例视频1
场景建模

扫码观看
本案例视频2
礼物盒建模

扫码观看
本案例视频3
气球建模

扫码观看
本案例视频4
面霜建模

扫码观看
本案例视频5
合并模型

中已经讲解过，这里不再赘述。选择"文件 > 打开项目"命令，在弹出的"打开文件"对话框中选择保存的场景模型文件，单击"打开"按钮打开选择的文件。选择"文件 > 合并项目"命令，在弹出的"打开文件"对话框中分别选择保存的礼物盒模型、气球模型和面霜模型，分别单击"打开"按钮，合并模型。

（2）选择"文件 > 合并项目"命令，在弹出的"打开文件"对话框中选择云盘中的"Ch12 \ 制作国货美妆主图 \ 素材 \ 01"文件，单击"打开"按钮导入其他美妆产品，视图窗口中的效果如图 12-5 所示。

（3）选择"空白"工具🖵，在"对象"窗口中生成一个"空白"对象，并将其重命名为"美妆电商主图"。框选需要的对象组，将选中的对象组拖曳到"美妆电商主图"对象的下方，如图 12-6 所示。折叠"美妆电商主图"对象组。

（4）选择"摄像机"工具🎥，在"对象"窗口中生成一个"摄像机"对象。单击"摄像机"对象右侧的▨按钮，进入摄像机视图。在"坐标"窗口的"位置"选项组中设置"X"为 1cm、"Y"为 223cm、"Z"为-780cm，在"旋转"选项组中设置"H"为 0°、"P"为 0°、"B"为 0°。视图窗口中的效果如图 12-7 所示。

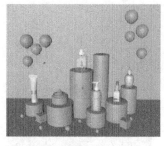

图 12-5　　　　　　　　　　图 12-6　　　　　　　　　　图 12-7

2. 创建灯光

（1）选择"区域光"工具🔳，在"对象"窗口中生成一个"灯光"对象，将其重命名为"主光源"。在"属性"窗口的"常规"选项卡中设置"强度"为 50%、"投影"为"阴影贴图（软阴影）"。选中"主光源"对象，在"坐标"窗口的"位置"选项组中设置"X"为 155cm、"Y"为 1580cm、"Z"为-2055cm，在"旋转"选项组中设置"P"为-30°。

扫码观看
本案例视频6
创建灯光

（2）选择"区域光"工具🔳，在"对象"窗口中生成一个"灯光"对象，将其重命名为"辅光源 1"。在"属性"窗口的"常规"选项卡中设置"强度"为 70%。选中"辅光源 1"对象，在"坐标"窗口的"位置"选项组中设置"X"为 0cm、"Y"为 0cm、"Z"为-3940cm。

（3）选择"区域光"工具🔳，在"对象"窗口中生成一个"灯光"对象，将其重命名为"辅光源 2"。在"属性"窗口的"常规"选项卡中设置"强度"为 70%。选中"辅光源 2"对象，在"坐标"窗口的"位置"选项组中设置"X"为 2680cm、"Y"为 0cm、"Z"为-780cm，在"旋转"选项组中设置"H"为 90°。

（4）选择"空白"工具🖵，在"对象"窗口中生成一个"空白"对象，并将其重命名为"灯光"，如图 12-8 所示。框选需要的对象，将选中的对象拖曳到"灯光"对象的下方，如图 12-9 所示。折叠"灯光"对象组。

图 12-8　　　　　　　　　　　　　　　图 12-9

3. 创建材质

（1）在"材质"窗口中双击，添加一个材质球。在添加的材质球上双击，弹出"材质编辑器"窗口。在"名称"文本框中输入"背景"，在左侧列表中选择"颜色"通道，在右侧设置"H"为5°、"S"为56%、"V"为92%。在左侧列表中取消勾选"反射"复选框，如图12-10所示，单击"关闭"按钮，关闭"材质编辑器"窗口。

（2）在"对象"窗口中展开"美妆电商主图 > 场景"对象组，将"材质"窗口中的"背景"材质拖曳到"对象"窗口中的"地面背景"对象组上。

（3）在"材质"窗口中双击，添加一个材质球。在添加的材质球上双击，弹出"材质编辑器"窗口。在"名称"文本框中输入"底座1"，在左侧列表中选择"颜色"通道，在右侧设置"H"为355°、"S"为44%、"V"为88%。在左侧列表中选择"反射"通道，在右侧设置"类型"为"GGX"、"粗糙度"为62%、"高光强度"为13%，其他选项的设置如图12-11所示，单击"关闭"按钮，关闭"材质编辑器"窗口。

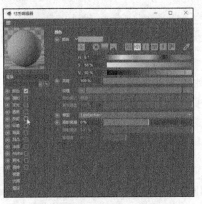
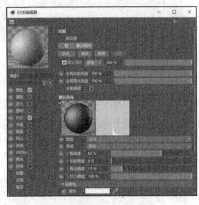

图 12-10　　　　　　　　　　　　　　　　图 12-11

（4）在"对象"窗口中展开"美妆电商主图>场景>底座"对象组，将"材质"窗口中的"底座1"材质拖曳到"对象"窗口中的"圆柱体""圆柱体.2""圆柱体.3"对象上。

（5）在"材质"窗口中双击，添加一个材质球。在添加的材质球上双击，弹出"材质编辑器"窗口。在"名称"文本框中输入"底座2"，在左侧列表中选择"颜色"通道，在右侧设置"H"为7°、"S"为59%、"V"为80%，其他选项的设置如图12-12所示，单击"关闭"按钮，关闭"材质编辑器"窗口。

（6）将"材质"窗口中的"底座2"材质拖曳到"对象"窗口中的"圆柱体.1""圆柱体.4""圆柱体.5""圆柱体.6"对象上。

（7）在"材质"窗口中双击，添加一个材质球。在添加的材质球上双击，弹出"材质编辑器"窗口。在"名称"文本框中输入"装饰球"，在左侧列表中选择"颜色"通道，在右侧设置"纹理"为"渐变"，单击"渐变预览框"按钮，切换到相应的设置界面，如图12-13所示；双击"渐变"左侧的"色标.1"按钮，弹出"渐变色标设置"对话框，设置"H"为44°、"S"为56%、"V"为97%，单击"确定"按钮，返回"材质编辑器"窗口；双击"渐变"右侧的"色标.2"按钮，弹出"渐变色标设置"对话框，设置"H"为343°、"S"为28%、"V"为95%，单击"确定"按钮，返回"材质编辑器"窗口。

（8）在左侧列表中选择"反射"通道，在右侧设置"类型"为"GGX"、"粗糙度"为 50%、"高光强度"为 12%，其他选项的设置如图 12-14 所示，单击"关闭"按钮，关闭"材质编辑器"窗口。将"材质"窗口中的"装饰球"材质拖曳到"对象"窗口中的"装饰球"对象组上。折叠"底座"对象组和"场景"对象组。

图 12-12

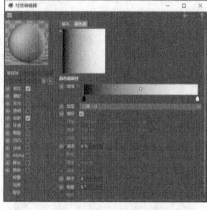

图 12-13

（9）展开"礼物盒 > 左礼物盒"对象组和"礼物盒 > 右礼物盒"对象组。在"材质"窗口中双击，添加一个材质球。在添加的材质球上双击，弹出"材质编辑器"窗口。在"名称"文本框中输入"盒子"，在左侧列表中选择"颜色"通道，在右侧设置"H"为 10°、"S"为 80%、"V"为 85%，其他选项的设置如图 12-15 所示，单击"关闭"按钮，关闭"材质编辑器"窗口。

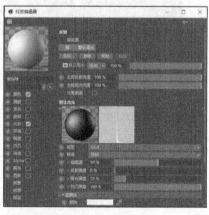

图 12-14

图 12-15

（10）将"材质"窗口中的"盒子"材质拖曳到"对象"窗口"右礼物盒"对象组中的"立方体"和"立方体.1"对象上，用相同的方法为"左礼物盒"对象组中的"立方体"对象和"立方体.1"对象添加"盒子"材质。

（11）在"材质"窗口中双击，添加一个材质球。在添加的材质球上双击，弹出"材质编辑器"窗口。在"名称"文本框中输入"带子"，在左侧列表中选择"颜色"通道，在右侧设置"H"为 33°、"S"为 51%、"V"为 97%，其他选项的设置如图 12-16 所示，单击"关闭"按钮，关闭"材质编辑器"窗口。

（12）将"材质"窗口中的"带子"材质拖曳到"对象"窗口"右礼物盒"对象组中的"带子 1"对象上，使用相同的方法为其他对象添加"带子"材质。折叠"左礼物盒"对象组、"右礼物盒"对象组和"礼物盒"对象组。

（13）在"材质"窗口中双击，添加一个材质球。在添加的材质球上双击，弹出"材质编辑器"窗口。在"名称"文本框中输入"气球 1"，在左侧列表中选择"颜色"通道，在右侧设置"H"为27°、"S"为 36%、"V"为 96%。在左侧列表中选择"反射"通道，在右侧设置"类型"为"GGX"、"粗糙度"为 50%、"高光强度"为 10%，其他选项的设置如图 12-17 所示。

图 12-16

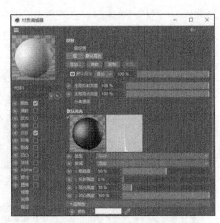

图 12-17

（14）在窗口中单击"层"按钮，切换为层设置界面，单击"添加"按钮，在弹出的下拉列表中选择"Phong"选项，添加一个层。单击"层 1"按钮，设置"粗糙度"为 10%、"反射强度"为 56%、"高光强度"为 9%，如图 12-18 所示。单击"层"按钮，设置"层 1"为 12%，如图 12-19 所示，单击"关闭"按钮，关闭"材质编辑器"窗口。

图 12-18

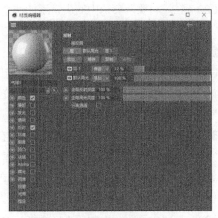

图 12-19

（15）在"对象"窗口中展开"气球"对象组，将"材质"窗口中的"气球 1"材质拖曳到"对象"窗口"气球"对象组中的"气球 2"对象上。用相同的方法为其他对象添加"气球 1"材质。

（16）在"材质"窗口中双击，添加一个材质球。在添加的材质球上双击，弹出"材质编辑器"窗口。在"名称"文本框中输入"气球 2"，在左侧列表中选择"颜色"通道，在右侧设置"H"为

50°、"S"为47%、"V"为67%。在左侧列表中选择"反射"通道，在右侧设置"类型"为"GGX"、"粗糙度"为50%、"高光强度"为20%，其他选项的设置如图12-20所示，单击"关闭"按钮，关闭"材质编辑器"窗口。

（17）将"材质"窗口中的"气球 2"材质拖曳到"对象"窗口"气球"对象组中的"气球"对象上。用相同的方法为其他对象添加"气球 1"材质，折叠"气球"对象组。

（18）在"材质"窗口中双击，添加一个材质球。在添加的材质球上双击，弹出"材质编辑器"窗口。在"名称"文本框中输入"内饰"，在左侧列表中选择"颜色"通道，在右侧设置"H"为210°、"S"为98%、"V"为80%。在左侧列表中勾选"发光"复选框，在右侧设置"亮度"为20%，如图12-21所示，单击"关闭"按钮，关闭"材质编辑器"窗口。

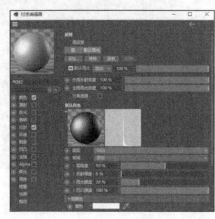 

图 12-20　　　　　　　　　　　　　　　　图 12-21

（19）在"对象"窗口中展开"面霜 > 组合"对象组。将"材质"窗口中的"内饰"材质拖曳到"对象"窗口"组合"对象组中的"内饰"对象上。

（20）在"材质"窗口中双击，添加一个材质球。在添加的材质球上双击，弹出"材质编辑器"窗口。在"名称"文本框中输入"瓶身"，在左侧列表中选择"颜色"通道，在右侧设置"纹理"为"菲涅耳（Fresnel）"，单击"渐变预览框"按钮，切换到相应的设置界面，如图12-22所示。

（21）双击"渐变"左侧的"色标.1"按钮，弹出"渐变色标设置"对话框，设置"H"为182°、"S"为48%、"V"为97%，单击"确定"按钮，返回"材质编辑器"窗口；双击"渐变"右侧的"色标.2"按钮，弹出"渐变色标设置"对话框，设置"H"为208°、"S"为77%、"V"为76%，单击"确定"按钮，返回"材质编辑器"窗口。在窗口中拖曳渐变中点到适当的位置，如图12-23所示。

（22）在左侧列表中勾选"发光"复选框，在右侧设置"亮度"为29%。在左侧列表中勾选"透明"复选框，在右侧设置"亮度"为68%，单击"关闭"按钮，关闭"材质编辑器"窗口。将"材质"窗口中的"瓶身"材质拖曳到"对象"窗口"组合"对象组中的"瓶身"对象上。

（23）在"材质"窗口中双击，添加一个材质球。在添加的材质球上双击，弹出"材质编辑器"窗口。在"名称"文本框中输入"瓶身 2"，在左侧列表中选择"颜色"复选框，在右侧设置"纹理"为"菲涅耳（Fresnel）"，单击"渐变预览框"按钮，切换到相应的设置界面，如图 12-24所示。

（24）双击"渐变"左侧的"色标.1"按钮，弹出"渐变色标设置"对话框，设置"H"为199°、

"S"为65%、"V"为99%，单击"确定"按钮，返回"材质编辑器"窗口；双击"渐变"右侧的"色标.2"按钮，弹出"渐变色标设置"对话框，设置"H"为198°、"S"为100%、"V"为94%，单击"确定"按钮，返回"材质编辑器"窗口。在窗口中拖曳渐变中点到适当的位置，如图 12-25所示。

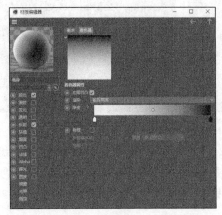

图 12-22

图 12-23

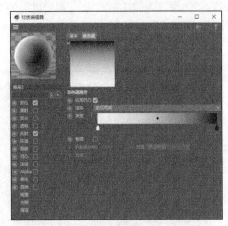

图 12-24

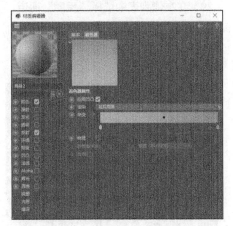

图 12-25

（25）在左侧列表中选择"反射"通道，在右侧设置"类型"为"GGX"、"粗糙度"为53%、"反射强度"为8%、"高光强度"为12%，单击"关闭"按钮，关闭"材质编辑器"窗口。将"材质"窗口中的"瓶身2"材质拖曳到"对象"窗口"组合"对象组中的"瓶身"对象上。

（26）选中"瓶身"对象右侧的"材质标'瓶身2'"标签，如图 12-26 所示。将"瓶身"对象右侧的"多边形选集"标签拖曳至"属性"窗口的"选集"文本框中，如图 12-27 所示。

（27）在"材质"窗口中双击，添加一个材质球。在添加的材质球上双击，弹出"材质编辑器"窗口。在"名称"文本框中输入"螺旋"，在左侧列表中选择"颜色"通道，在右侧设置"H"为200°、"S"为63%、"V"为100%。在左侧列表中选择"反射"通道，在右侧设置"类型"为"GGX"、"粗糙度"为58%、"反射强度"为11%、"高光强度"为16%，其他选项的设置如图 12-28 所示，单击"关闭"按钮，关闭"材质编辑器"窗口。将"材质"窗口中的"螺旋"材质拖曳到"对象"窗口"组合"对象组中的"螺旋"对象组上。

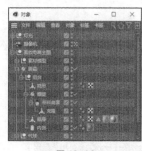

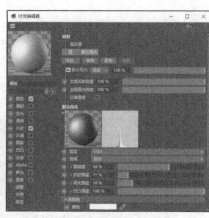

图 12-26   图 12-27   图 12-28

（28）在"材质"窗口中双击，添加一个材质球。在添加的材质球上双击，弹出"材质编辑器"窗口。在"名称"文本框中输入"霜"，在左侧列表中选择"颜色"通道，在右侧设置"H"为171°、"S"为6%、"V"为95%。在左侧列表中勾选"发光"复选框，在右侧设置"亮度"为24%，如图 12-29 所示。

（29）在左侧列表中选择"反射"通道，在右侧设置"类型"为"GGX"、"粗糙度"为59%。在窗口中单击"层"按钮，切换为层设置界面，单击"添加"按钮，在弹出的下拉列表中选择"Phong"选项，添加一个层，如图 12-30 所示。

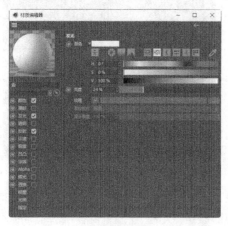

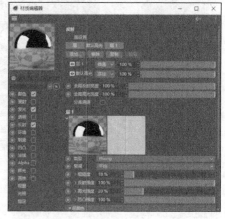

图 12-29   图 12-30

（30）单击"层1"按钮，设置"粗糙度"为16%、"反射强度"为67%、"高光强度"为20%，如图 12-31 所示。单击"层"按钮，设置"层1"为10%，如图 12-32 所示，单击"关闭"按钮，关闭"材质编辑器"窗口。将"材质"面板中的"霜"材质拖曳到"对象"窗口"组合"对象组中的"地形"对象上。折叠所有对象组。

4. 渲染

（1）选择"物理天空"工具 ，在"对象"窗口中生成一个"物理天空"对象。在"属性"窗口的"太阳"选项卡中设置"强度"为50%、"类型"为"无"，如图 12-33 所示。视图窗口中的效果如图 12-34 所示。（注："物理天空"对象会根据不同的地理位置和时间，显示出不同的环境效果，可根据实际需要在"时间与区域"选项卡中进行设置。如果没有对"物理天空"对象进行特别设置，则会自动根据制作时的时间和地理位置进行设置。）

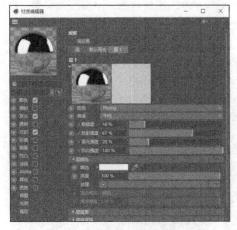
图 12-31

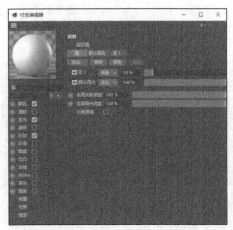
图 12-32

图 12-33

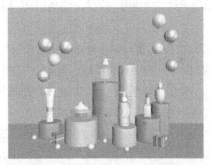
图 12-34

（2）单击"编辑渲染设置"按钮，弹出"渲染设置"窗口，设置"渲染器"为"物理"，在左侧列表中选择"保存"选项，在右侧设置"格式"为"PNG"。在左侧单击"效果"按钮，在弹出的下拉列表中选择"全局光照"选项，以添加"全局光照"效果。单击"效果"按钮，在弹出的下拉列表中选择"环境吸收"选项，以添加"环境吸收"效果。单击"效果"按钮，在弹出的下拉列表中选择"降噪器"选项，以添加"降噪器"效果。

（3）在左侧列表中选择"全局光照"选项，在右侧设置"主算法"为"准蒙特卡罗（QMC）"、"次级算法"为"准蒙特卡罗（QMC）"。在左侧列表中选择"环境吸收"选项，在右侧设置"最大光线长度"为50cm，勾选"评估透明度"复选框，单击"关闭"按钮，关闭"渲染设置"窗口。

（4）单击"渲染到图像查看器"按钮，弹出"图像查看器"窗口，如图 12-35 所示。渲染完成后，单击"图像查看器"窗口中的"将图像另存为"按钮，弹出"保存"对话框，如图 12-36 所示。

（5）单击"保存"对话框中的"确定"按钮，弹出"保存对话"对话框，在该对话框中设置文件的保存位置，并在"文件名"文本框中输入文件的名称，设置完成后，单击"保存"按钮保存图像。

（6）在 Photoshop 中，根据需要添加文字与图标相结合的宣传信息，丰富整体画面，提升作品的商业价值，效果如图 12-37 所示。美妆主图制作完成。

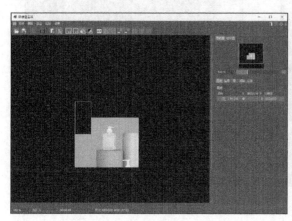
图 12-35

图 12-36

图 12-37

课堂练习——制作吹风机的 Banner

【练习知识要点】使用多种参数化对象、生成器及多边形建模工具建立模型，使用"摄像机"工具控制视图中的显示效果，使用"区域光"工具制作灯光效果，使用"材质"窗口创建材质并设置材质的属性，使用"物理天空"工具制作环境效果，使用"渲染设置"窗口和"渲染到图像查看器"按钮渲染图像。最终效果如图 12-38 所示。

【效果所在位置】云盘\Ch12\制作吹风机的 Banner\工程文件.c4d。

图 12-38

课后习题——制作电动牙刷详情页

【习题知识要点】使用多种参数化对象、生成器及多边形建模工具建立模型，使用毛发技术制作牙刷毛，使用"摄像机"工具控制视图中的显示效果，使用"无限光"工具和"区域光"工具制作灯光效果，使用"材质"窗口创建材质并设置材质的属性，使用"天空"工具制作环境效果，使用"渲染设置"窗口和"渲染到图像查看器"按钮渲染图像。最终效果如图 12-39 所示。

【效果所在位置】云盘\Ch12\制作电动牙刷详情页\工程文件.c4d。

图 12-39

第 13 章
UI 设计

UI 设计是指对软件的人机交互界面、操作逻辑等进行设计。运用 Cinema 4D 进行 UI 设计，可以制作出具有创造力的素材和动画。本章将对 UI 设计的特点、应用及类型进行系统讲解，通过案例分析、案例设计和案例制作进一步讲解 Cinema 4D 的强大功能和操作技巧。通过对本章的学习，读者可以快速掌握商业案例的设计理念和 Cinema 4D 的操作要点，从而制作出具有专业水准的 Cinema 4D UI 设计作品。

知识目标

- ✓ 了解 UI 设计的特点
- ✓ 熟悉 UI 设计的应用
- ✓ 熟悉 UI 设计的类型

能力目标

- ✓ 掌握欢庆儿童节闪屏页的分析方法
- ✓ 掌握欢庆儿童节闪屏页的设计思路
- ✓ 掌握欢庆儿童节闪屏页的制作方法

素质目标

- ✓ 培养针对 Cinema 4D 的自我学习与技术更新能力
- ✓ 培养用 Cinema 4D 进行 UI 设计时的工作协调能力和组织管理能力
- ✓ 培养对 UI 设计工作的高度责任心和良好的团队合作精神

13.1　UI 设计概述

　　UI 设计按照应用场景的不同可以被分为应用程序（Application，App）界面设计、网页界面设计、软件界面设计以及游戏界面设计。UI 设计内容丰富、前景广阔，深受设计爱好者及专业设计师的喜爱。运用 Cinema 4D 进行 UI 设计，可以制作出具有创造力的素材和动画，如图 13-1 所示。

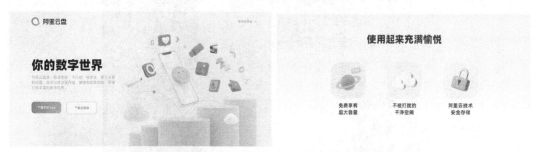

图 13-1

13.1.1　UI 设计的特点

　　UI 设计具有设计精简、界面一致、交互形式丰富和多媒体性等特点。

　　（1）设计精简：在有限的空间中进行设计时不宜设计得太复杂，否则不利于信息的传递。为了更好地进行信息展示，UI 设计目前都遵循"大而粗、简而美"的设计原则。

　　（2）界面一致：一致的UI 设计能够帮助用户更好地理解产品的交互逻辑，从而快速熟悉产品的使用方法。

　　（3）交互形式丰富：UI 设计的交互形式丰富，包括手势交互、语音交互、重力感应交互等，这些交互形式进一步增强了用户的参与感。

　　（4）多媒体性：多媒体性是 UI 设计的重要特点之一，UI 设计的展现形式包括文字、图像、动画、音频和视频等。

13.1.2 UI 设计的应用

现今，日常生活中随处可见 UI 设计的应用，应用于个人计算机（Personal Computer，PC）端界面和移动端 App 界面的效果如图 13-2 所示。

图 13-2

13.1.3 UI 设计的类型

根据应用 UI 设计的设备终端，可以将 UI 设计分为移动端 UI 设计、PC 端 UI 设计及其他端 UI 设计，如图 13-3 所示。移动端 UI 设计主要包括智能手机和平板计算机上的 App 设计与主题设计，是目前广为流行的 UI 设计。PC 端 UI 设计主要包括计算机上的系统界面、软件界面等，是发展时间较长的 UI 设计。其他端 UI 设计主要包括银行取款机界面、车载系统界面、智能手表界面等，这类 UI 设计正处于蓄力发展阶段。

（a）移动端 UI 设计

图 13-3

（b）PC 端 UI 设计

（c）其他端 UI 设计

图 13-3（续）

13.2　制作欢庆儿童节闪屏页

13.2.1　案例分析

本例将为中悦云互联网科技有限公司制作欢庆儿童节闪屏页，要求画面生动、活泼，能体现出节日的氛围。

在设计思路上，使用简洁的纯色背景能够更准确地突出主题。将卡通形象放于画面中心，能够增强画面整体的活力。醒目、突出的标题文字能够直接地表达主题，让人一目了然。整体色调清新自然，和谐统一。

本例使用多种参数化对象、生成器及多边形建模工具建立模型，使用"摄像机"工具控制视图中的显示效果，使用"区域光"工具制作灯光效果，使用"材质"窗口创建材质并设置材质的属性，使用"物理天空"工具制作环境效果，使用"渲染设置"窗口和"渲染到图像查看器"按钮渲染图像。

13.2.2　案例设计

设计作品参考效果所在位置：云盘中的"Ch13\制作欢庆儿童节闪屏页\工程文件.c4d"。本案例的设计流程如图 13-4 所示。

（a）建立模型　（b）设置摄像机　（c）设置灯光　（d）赋予材质　（e）渲染输出　（f）最终效果

图 13-4

13.2.3　案例制作

1. 小熊建模

（1）启动 Cinema 4D。单击"编辑渲染设置"按钮 ，弹出"渲染设置"窗口，在"输出"选项组中设置"宽度"为 750 像素、"高度"为 1624 像素，单击"关闭"按钮，关闭"渲染设置"窗口。由于下一章将系统介绍场景设计相关知识，本案例场景建模部分此处不详述。场景模型以素材的形式提供。下面进行小熊建模。

（2）选择"胶囊"工具 ，在"对象"窗口中生成一个"胶囊"对象，并将其重命名为"身体"。在"身体"对象上单击鼠标右键，在弹出的快捷菜单中选择"转为可编辑对象"命令，将其转为可编辑对象。在"坐标"窗口的"位置"选项组中设置"坐标"为"世界坐标"，"X"为 0cm、"Y"为 42cm、"Z"为-112cm；在"尺寸"选项组中设置"X"为 30cm、"Y"为 50cm、"Z"为 30cm。

（3）按 F3 键切换至"右视图"窗口。单击"点"按钮 ，切换到"点"模式。选择"框选"工具 ，在视图窗口中框选需要的点，如图 13-5 所示。在"坐标"窗口的"位置"选项组中设置"X"为 0cm、"Y"为 22cm、"Z"为-112cm，在"尺寸"选项组中设置"X"为 32cm、"Y"为 0cm、"Z"为 28cm。视图窗口中的效果如图 13-6 所示。

（4）在视图窗口中框选需要的点，如图 13-7 所示。在"坐标"窗口的"位置"选项组中设置"X"为 0cm、"Y"为 27cm、"Z"为-113cm，在"尺寸"选项组中设置"X"为 33cm、"Y"为 0cm、"Z"为 35cm。视图窗口中的效果如图 13-8 所示。

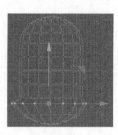

图 13-5　　　　　　图 13-6　　　　　　图 13-7　　　　　　图 13-8

（5）在视图窗口中框选需要的点，如图 13-9 所示。在"坐标"窗口的"位置"选项组中设置"X"为 0cm、"Y"为 33cm、"Z"为-114cm，在"尺寸"选项组中设置"X"为 33cm、"Y"为 0cm、"Z"为 35cm。视图窗口中的效果如图 13-10 所示。

（6）在视图窗口中框选需要的点，如图 13-11 所示。在"坐标"窗口的"位置"选项组中设置"X"为 0cm、"Y"为 38cm、"Z"为-114cm，在"尺寸"选项组中设置"X"为 31cm、"Y"为 0cm、"Z"为 33cm。视图窗口中的效果如图 13-12 所示。

  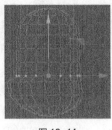 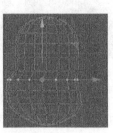

图 13-9   图 13-10   图 13-11   图 13-12

（7）按 F1 键切换至"透视视图"窗口。单击"模型"按钮，切换到"模型"模式。选择"网格 > 轴心 > 轴居中到对象"命令，将轴与对象居中对齐。在"坐标"窗口的"位置"选项组中设置"X"为-1cm、"Y"为 40cm、"Z"为-113m，在"旋转"选项组中设置"H"为 18°、"P"为0°、"B"为 0°。视图窗口中的效果如图 13-13 所示。

（8）选择"圆柱体"工具，在"对象"窗口中生成一个"圆柱体"对象，并将其重命名为"腿"。在"属性"窗口的"对象"选项卡中设置"半径"为 8cm、"高度"为 30cm、"高度分段"为 1、"旋转分段"为 16。在"坐标"窗口的"位置"选项组中设置"X"为 6cm、"Y"为 26cm、"Z"为-113cm。

（9）将"腿"对象转为可编辑对象。单击"边"按钮，切换到"边"模式。在视图窗口中单击鼠标右键，在弹出的快捷菜单中选择"循环/路径切割"命令，在视图窗口中选中要切割的边，如图 13-14 所示。在"属性"窗口中设置"偏移"为 10%，效果如图 13-15 所示。

 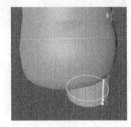 

图 13-13   图 13-14   图 13-15

（10）单击"多边形"按钮，切换到"多边形"模式。选择"选择 > 循环选择"命令，在视图窗口中选中需要的面，如图 13-16 所示。在视图窗口中单击鼠标右键，在弹出的快捷菜单中选择"挤压"命令，在"属性"窗口中设置"偏移"为 1cm，效果如图 13-17 所示。

（11）选中"腿"对象，按住 Shift 键单击"锥化"工具，在"对象"窗口中"腿"对象的下方生成一个"锥化"对象。在"属性"窗口的"对象"选项卡中设置"尺寸"为 19cm、88cm、19cm、"强度"为 44%。选择"对称"工具，在"对象"窗口中添加一个"对称"对象，并将其重命名为

"腿"。将"腿"对象组拖曳到"腿"对象的下方，如图13-18所示。折叠外层"腿"对象组。

（12）在"腿"对象组上单击鼠标右键，在弹出的快捷菜单中选择"连接对象+删除"命令，将该对象组中的对象连接。选择"移动"工具█，在需要的面上双击，将其选中，如图13-19所示。

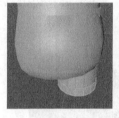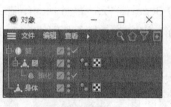

图 13-16   图 13-17   图 13-18   图 13-19

（13）在视图窗口中单击鼠标右键，在弹出的快捷菜单中选择"分裂"命令，将选中的面分割为单独的对象，如图13-20所示，将"腿.1"对象重命名为"右腿"。单击"模型"按钮█，切换到"模型"模式。选择"网格 > 轴心 > 轴居中到对象"命令，将轴与对象居中对齐。

（14）在"坐标"窗口的"位置"选项组中设置"X"为6.2cm、"Y"为26cm、"Z"为-109m，在"旋转"选项组中设置"H"为18°、"P"为-17°、"B"为-20°。视图窗口中的效果如图13-21所示。

（15）选中"腿"对象，单击"多边形"按钮█，切换到"多边形"模式。视图窗口中的效果如图13-22所示。按Delete键将选中的面删除，效果如图13-23所示。将"腿"对象重命名为"左腿"。单击"模型"按钮█，切换到"模型"模式。选择"网格 > 轴心 > 轴居中到对象"命令，将轴与对象居中对齐。在"坐标"窗口的"位置"选项组中设置"X"为-8cm、"Y"为25.5cm、"Z"为-112m，在"旋转"选项组中设置"H"为23°、"P"为-13°、"B"为18°。

图 13-20   图 13-21   图 13-22   图 13-23

（16）选择"胶囊"工具█，在"对象"窗口中生成一个"胶囊"对象，并将其重命名为"左手臂"。将"左手臂"对象转为可编辑对象。在"坐标"窗口的"位置"选项组中设置"X"为-19cm、"Y"为36cm、"Z"为-114cm，在"尺寸"选项组中设置"X"为11cm、"Y"为30cm、"Z"为12cm；在"旋转"选项组中设置"H"为-4°、"P"为27°、"B"为131°。视图窗口中的效果如图13-24所示。

（17）选择"胶囊"工具█，在"对象"窗口中生成一个"胶囊"对象，并将其重命名为"右手臂"。将"右手臂"对象转为可编辑对象。在"坐标"窗口的"位置"选项组中设置"X"为18cm、"Y"为35cm、"Z"为-108cm，在"尺寸"选项组中设置"X"为12cm、"Y"为30cm、"Z"为14cm，在"旋转"选项组中设置"H"为8°、"P"为-7°、"B"为70°。视图窗口中的效果如图13-25所示。

（18）选择"球体"工具█，在"对象"窗口中生成一个"球体"对象，并将其重命名为"头"。

将"头"对象转为可编辑对象。在"坐标"窗口的"位置"选项组中设置"X"为-1cm、"Y"为65cm、"Z"为-111cm，在"尺寸"选项组中设置"X"为55cm、"Y"为49cm、"Z"为55cm，在"旋转"选项组中设置"H"为18°、"P"为0°、"B"为0°，视图窗口中的效果如图13-26所示。

（19）选择"圆环面"工具，在"对象"窗口中生成一个"圆环面"对象，并将其重命名为"围巾"。在"属性"窗口的"对象"选项卡中设置"圆环半径"为14cm、"圆环分段"为32、"导管半径"为3cm、"导管分段"为13。在"坐标"窗口的"位置"选项组中设置"X"为0cm、"Y"为45cm、"Z"为-113cm。

（20）选中"围巾"对象，按住 Shift 键单击"FFD"工具，在"对象"窗口中"围巾"对象的下方生成一个"FFD"对象，如图13-27所示。在"属性"窗口的"对象"选项卡中设置"水平网点"为7。

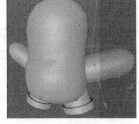

图 13-24　　　　图 13-25　　　　图 13-26　　　　图 13-27

（21）单击"点"按钮，切换到"点"模式。选择"移动"工具，在视图窗口中选中需要的点，如图13-28所示。在"坐标"窗口的"位置"选项组中设置"X"为0cm、"Y"为25cm、"Z"为-144cm。视图窗口中的效果如图13-29所示。

（22）单击"模型"按钮，切换到"模型"模式。选中"围巾"对象，在"坐标"窗口的"位置"选项组中设置"X"为-1cm、"Y"为43cm、"Z"为-112cm，在"旋转"选项组中设置"H"为18°、"P"为0°、"B"为0°。视图窗口中的效果如图13-30所示。

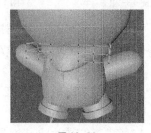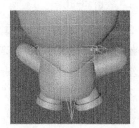

图 13-28　　　　图 13-29　　　　图 13-30

（23）选择"圆盘"工具，在"对象"窗口中生成一个"圆盘"对象，并将其重命名为"嘴巴"。在"属性"窗口的"切片"选项卡中勾选"切片"复选框。将"嘴巴"对象转为可编辑对象。在"坐标"窗口的"位置"选项组中设置"X"为6.6cm、"Y"为56cm、"Z"为-135cm，在"尺寸"选项组中设置"X"为5cm、"Y"为0cm、"Z"为7cm，在"旋转"选项组中设置"H"为18°、"P"为-52°、"B"为0°。

（24）选择"球体"工具 ，在"对象"窗口中生成一个"球体"对象，并将其重命名为"大鼻子1"。将"大鼻子1"对象转为可编辑对象。在"坐标"窗口的"位置"选项组中设置"X"为5cm、"Y"为58cm、"Z"为-136cm，在"尺寸"选项组中设置"X"为5cm、"Y"为5cm、"Z"为2cm，在"旋转"选项组中设置"H"为16°、"P"为5°、"B"为0°。视图窗口中的效果如图13-31所示。

（25）选择"球体"工具，在"对象"窗口中生成一个"球体"对象，并将其重命名为"大鼻子2"。将"大鼻子2"对象转为可编辑对象。在"坐标"窗口的"位置"选项组中。设置"X"为8.2cm、"Y"为58cm、"Z"为-135cm，在"尺寸"选项组中设置"X"为5cm、"Y"为5cm、"Z"为2cm，在"旋转"选项组中设置"H"为19°、"P"为12°、"B"为0°。视图窗口中的效果如图13-32所示。

（26）选择"球体"工具，在"对象"窗口中生成一个"球体"对象，并将其重命名为"鼻子"。将"鼻子"对象转为可编辑对象。在"坐标"窗口的"位置"选项组中设置"X"为7cm、"Y"为59cm、"Z"为-137cm，在"尺寸"选项组中设置"X"为4cm、"Y"为3cm、"Z"为2cm，在"旋转"选项组中设置"H"为18°、"P"为0°、"B"为0°，视图窗口中的效果如图13-33所示。

（27）选择"圆盘"工具，在"对象"窗口中生成一个"圆盘"对象，并将其重命名为"腮红"。将"腮红"对象转为可编辑对象。在"坐标"窗口的"位置"选项组中设置"X"为17cm、"Y"为60cm、"Z"为-130cm，在"尺寸"选项组中设置"X"为6cm、"Y"为0cm、"Z"为4cm，在"旋转"选项组中设置"H"为18°、"P"为104°、"B"为21°。视图窗口中的效果如图13-34所示。

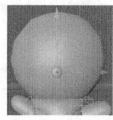
图 13-31

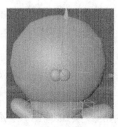
图 13-32

图 13-33

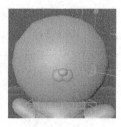
图 13-34

（28）选择"对称"工具，在"对象"窗口中生成一个"对称"对象，并将其重命名为"腮红"。在"坐标"窗口的"位置"选项组中设置"X"为-36cm、"Y"为-2cm、"Z"为-5cm，在"旋转"选项组中设置"H"为18°、"P"为0°、"B"为0°。

（29）将"腮红"对象（"圆盘"工具生成）拖曳到"腮红"对象（"对称"工具生成）的下方，视图窗口中的效果如图13-35所示。折叠"腮红"对象组。

（30）选择"圆盘"工具，在"对象"窗口中生成一个"圆盘"对象，并将其重命名为"左眼睛"。将"左眼睛"对象转为可编辑对象。在"坐标"窗口的"位置"选项组中设置"X"为-3cm、"Y"为64cm、"Z"为-139cm，在"尺寸"选项组中设置"X"为4cm、"Y"为0cm、"Z"为5cm，在"旋转"选项组中设置"H"为0°、"P"为90°、"B"为8°。视图窗口中的效果如图13-36所示。

（31）选择"胶囊"工具，在"对象"窗口中生成一个"胶囊"对象，并将其重命名为"右眼睛"。将"右眼睛"对象转为可编辑对象。在"坐标"窗口的"位置"选项组中设置"X"为16cm、

"Y"为66cm、"Z"为-131cm，在"尺寸"选项组中设置"X"为2cm、"Y"为10cm、"Z"为2cm，在"旋转"选项组中设置"H"为38°、"P"为4°、"B"为59°。视图窗口中的效果如图13-37所示。

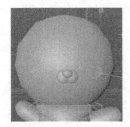

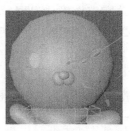

图 13-35　　　　　　　　　图 13-36　　　　　　　　　图 13-37

（32）选中"右眼睛"对象，按住Shfit键单击"弯曲"工具，在"右眼睛"对象的下方生成一个"弯曲"对象。在"属性"窗口的"对象"选项卡中设置"尺寸"为8cm、7cm、2cm，"强度"为70°，勾选"保持长度"复选框。

（33）选择"胶囊"工具，在"对象"窗口中生成一个"胶囊"对象，并将其重命名为"眉毛"。将"眉毛"对象转为可编辑对象。在"坐标"窗口的"位置"选项组中设置"X"为15cm、"Y"为71cm、"Z"为-132cm，在"尺寸"选项组中设置"X"为2cm、"Y"为8cm、"Z"为2cm，在"旋转"选项组中设置"H"为33°、"P"为20°、"B"为89°。视图窗口中的效果如图13-38所示。

（34）选中"眉毛"对象，按住Shfit键单击"弯曲"工具，在"眉毛"对象的下方生成一个"弯曲"对象。在"属性"窗口的"对象"选项卡中设置"尺寸"为8cm、5cm、2cm，"强度"为39°，勾选"保持长度"复选框。视图窗口中的效果如图13-39所示。

（35）选择"对称"工具，在"对象"窗口中生成一个"对称"对象，并将其重命名为"眉毛"。在"坐标"窗口的"位置"选项组中设置"X"为-36cm、"Y"为-2cm、"Z"为-5cm，在"旋转"选项组中设置"H"为18°、"P"为0°、"B"为0°。将"眉毛"对象组拖曳到"眉毛"对象的下方。视图窗口中的效果如图13-40所示。折叠外层"眉毛"对象组。

（36）选择"圆柱体"工具，在"对象"窗口中生成一个"圆柱体"对象，并将其重命名为"耳朵"。在"属性"窗口的"对象"选项卡中设置"半径"为6cm、"高度"为2cm、"高度分段"为4、"旋转分段"为32。在"坐标"窗口的"位置"选项组中设置"X"为16cm、"Y"为85cm、"Z"为-107cm，在"旋转"选项组中设置"H"为0°、"P"为90°、"B"为18°。将"耳朵"对象转为可编辑对象。单击"多边形"按钮，切换到"多边形"模式。选择"实时选择"工具，在视图窗口中选中需要的面，如图13-41所示。

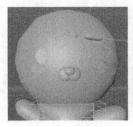
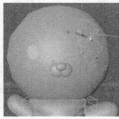

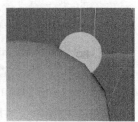

图 13-38　　　　　　　　图 13-39　　　　　　　　图 13-40　　　　　　　　图 13-41

（37）在视图窗口中单击鼠标右键，在弹出的快捷菜单中选择"内部挤压"命令，在"属性"窗口中设置"偏移"为1cm，效果如图13-42所示。再次在视图窗口中单击鼠标右键，在弹出的快捷菜单中选择"挤压"命令，在"属性"窗口中设置"偏移"为-1cm。

（38）单击"边"按钮 ，切换到"边"模式。选择"选择 > 循环选择"命令，按住 Shfit 键在视图窗口中选中需要的边，如图13-43所示。在视图窗口中单击鼠标右键，在弹出的快捷菜单中选择"倒角"命令，在"属性"窗口中设置"偏移"为0.3cm、"细分"为3，效果如图13-44所示。

（39）选择"对称"工具 ，在"对象"窗口中生成一个"对称"对象，并将其重命名为"耳朵"。单击"模型"按钮 ，切换到"模型"模式。在"坐标"面板的"位置"选项组中设置"X"为-36cm、"Y"为-2cm、"Z"为-5cm，在"旋转"选项组中设置"H"为18°、"P"为0°、"B"为0°。将"耳朵"对象（"圆柱体"工具生成）拖曳到"耳朵"对象（"对称"工具生成）的下方，折叠"耳朵"对象组。

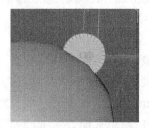  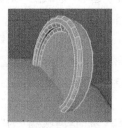

图13-42   图13-43   图13-44

（40）选择"圆锥体"工具 ，在"对象"窗口中生成一个"圆锥体"对象，并将其重命名为"帽子"。在"属性"窗口的"对象"选项卡中设置"顶部半径"为0cm、"底部半径"为8cm、"高度"为21cm，在"封顶"选项卡中分别勾选"顶部"复选框和"底部"复选框。

（41）在"坐标"窗口的"位置"选项组中设置"X"为-3cm、"Y"为98cm、"Z"为-110cm，在"旋转"选项组中设置"H"为21°、"P"为0°、"B"为-10°，视图窗口中的效果如图13-45所示。

（42）选择"球体"工具 ，在"对象"窗口中生成一个"球体"对象，并将其重命名为"帽子球"。在"属性"窗口的"对象"选项卡中设置"半径"为2cm。在"坐标"面板的"位置"选项组中设置"X"为-4.5cm、"Y"为107cm、"Z"为-110cm。视图窗口中的效果如图13-46所示。

（43）选择"空白"工具 ，在"对象"窗口中生成一个"空白"对象，并将其重命名为"熊组合"。在"对象"窗口中框选需要的对象和对象组，并将选中的对象和对象组拖曳到"熊组合"对象的下方，如图13-47所示。折叠"熊组合"对象组。

（44）选中"熊组合"对象组，按住 Alt 键选择"细分曲面"工具 ，在"对象"窗口中生成一个"细分曲面"对象。将"细分曲面"对象组重命名为"熊"，并折叠"熊"对象组，如图13-48所示。小熊建模完成，将其保存。

2. 合并模型并进行相关设置

（1）选择"文件 > 打开项目"命令，在弹出的"打开文件"对话框中选择云盘中的"Ch13 \ 制作欢庆儿童节闪屏页 \ 素材 \ 01"文件，单击"打开"按钮将场景模型文件导入。选择"文件 > 合并项目"命令，在弹出的"打开文件"对话框中选择保存的小熊模型文件，单击"打开"按钮打开选择的文件，视图窗口中的效果如图13-49所示。

扫码观看本案例视频4合并模型并进行相关设置

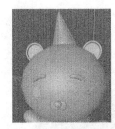

图 13-45　　　　　图 13-46　　　　　图 13-47　　　　　图 13-48

（2）选择"空白"工具 ，在"对象"窗口中生成一个"空白"对象，并将其重命名为"互联网闪屏页"。将"熊"对象组和"场景"对象组拖曳到"互联网闪屏页"对象的下方，折叠"互联网闪屏页"对象组。

（3）选择"摄像机"工具 ，在"对象"窗口中生成一个"摄像机"对象。单击"摄像机"对象右侧的 按钮，如图 13-50 所示，进入摄像机视图。在"属性"窗口的"对象"选项卡中设置"焦距"为 50。在"坐标"窗口的"位置"选项组中设置"X"为-0.5cm、"Y"为 54cm、"Z"为-246cm，在"旋转"选项组中设置"H"为 0°、"P"为 3°、"B"为 0°。视图窗口中的效果如图 13-51 所示。

图 13-49　　　　　　　　　图 13-50　　　　　　　　　图 13-51

3. 创建灯光

扫 码 观 看
本案例视频 5
创建灯光

（1）选择"区域光"工具 ，在"对象"窗口中生成一个"灯光"对象，并将其重命名为"主光源"。在"属性"窗口的"常规"选项卡中设置"强度"为 80%，在"细节"选项卡中设置"衰减"为"平方倒数（物理精度）"、"半径衰减"为 320cm。选中"主光源"对象，在"坐标"窗口的"位置"选项组中设置"X"为 0cm、"Y"为 62cm、"Z"为-408cm。视图窗口中的效果如图 13-52 所示。

（2）选择"区域光"工具 ，在"对象"窗口中生成一个"灯光"对象，并将其重命名为"辅光源"。在"属性"窗口的"常规"选项卡中设置"强度"为 70%，在"细节"选项卡中设置"衰减"为"平方倒数（物理精度）"、"半径衰减"为 64cm。选中"辅光源"对象，在"坐标"窗口的"位置"选项组中设置"X"为 3cm、"Y"为 64cm、"Z"为-80cm，在"旋转"选项组中设置"H"为-180°、"P"为 0°、"B"为 0°。视图窗口中的效果如图 13-53 所示。

（3）选择"空白"工具，在"对象"窗口中生成一个"空白"对象，并将其重命名为"灯光"。框选需要的对象，将选中的对象拖曳到"灯光"对象的下方，如图 13-54 所示，并折叠"灯光"对象组。

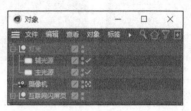

图 13-52　　　　　　　图 13-53　　　　　　　　　　　图 13-54

4．创建材质

（1）在"材质"窗口中双击，添加一个材质球。在添加的材质球上双击，弹出"材质编辑器"窗口。在"名称"文本框中输入"背景"，在左侧列表中选择"颜色"通道，在右侧设置"H"为 199°、"S"为 41%、"V"为 97%。在左侧列表中选择"反射"通道，在右侧设置"类型"为"GGX"、"粗糙度"为 68%、"反射强度"为 10%、"高光强度"为 11%，其他选项的设置如图 13-55 所示，单击"关闭"按钮，关闭"材质编辑器"窗口。

（2）在"对象"窗口中展开"互联网闪屏页 > 场景"对象组，将"材质"窗口中的"背景"材质拖曳到"对象"窗口中所展开对象组中的"背景"对象上，视图窗口中的效果如图 13-56 所示。

（3）在"材质"窗口中双击，添加一个材质球。在添加的材质球上双击，弹出"材质编辑器"窗口。在"名称"文本框中输入"背景板"，在左侧列表中分别取消勾选"颜色"复选框和"漫射"复选框；勾选"发光"复选框，在右侧设置"H"为 187°、"S"为 9%、"V"为 95%，其他选项的设置如图 13-57 所示，单击"关闭"按钮，关闭"材质编辑器"窗口。将"材质"窗口中的"背景板"材质拖曳到"对象"窗口中的"背景板"对象上。

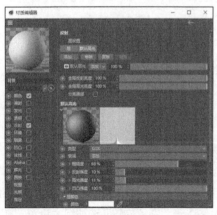

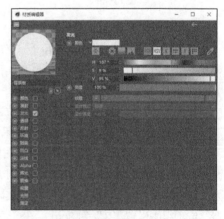

图 13-55　　　　　　　图 13-56　　　　　　　图 13-57

（4）在"材质"窗口中双击，添加一个材质球。在添加的材质球上双击，弹出"材质编辑器"窗口。在"名称"文本框中输入"小球"，在左侧列表中选择"颜色"通道，在右侧设置"H"为194°、"S"为20%、"V"为95%。在左侧列表中选择"反射"通道，在右侧设置"类型"为"GGX"、"粗糙度"为50%、"反射强度"为11%、"高光强度"为24%，其他选项的设置如图 13-58 所示，单击"关闭"按钮，关闭"材质编辑器"窗口。将"材质"窗口中的"小球"材质拖曳到"对象"窗口中"互联网闪屏页 > 场景"对象组中的"装饰球"对象组上。

（5）在"材质"窗口中双击，添加一个材质球。在添加的材质球上双击，弹出"材质编辑器"窗口。在"名称"文本框中输入"下底板"，在左侧列表中选择"颜色"通道，在右侧设置"纹理"为"渐变"，单击"渐变预览框"按钮，切换到相应的设置界面，如图 13-59 所示；双击"渐变"左侧的"色标.1"按钮，弹出"渐变色标设置"对话框，设置"H"为228°、"S"为0%、"V"为97%，单击"确定"按钮，返回"材质编辑器"窗口。

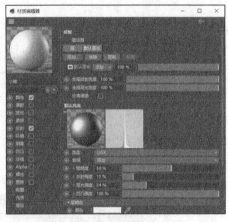
图 13-58

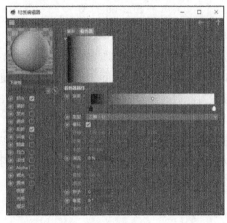
图 13-59

（6）在颜色带上单击以添加一个"色标.3"按钮，双击"色标.3"按钮，弹出"渐变色标设置"对话框，设置"色标位置"为43%，"H"为0°、"S"为0%、"V"为96%，单击"确定"按钮，返回"材质编辑器"窗口。在颜色带上单击以添加一个"色标.4"按钮，双击"色标.4"按钮，弹出"渐变色标设置"对话框，设置"色标位置"为43%，"H"为0°、"S"为0%、"V"为96%，单击"确定"按钮，返回"材质编辑器"窗口。双击"渐变"右侧的"色标.2"按钮，弹出"渐变色标设置"对话框，设置"H"为241°、"S"为57%、"V"为94%，单击"确定"按钮，返回"材质编辑器"窗口。设置"类型"为"二维-V"，其他选项的设置如图 13-60 所示。

（7）在左侧列表中勾选"发光"复选框，在右侧设置"H"为187°、"S"为0%、"V"为100%，"亮度"为30%，其他选项的设置如图 13-61 所示，单击"关闭"按钮，关闭"材质编辑器"窗口。在"对象"窗口中展开"互联网闪屏页 > 场景 > 底盘"对象组，将"材质"窗口中的"下底板"材质拖曳到"对象"窗口中所展开对象组下的"下底盘"对象上。

（8）在"材质"窗口中双击，添加一个材质球。在添加的材质球上双击，弹出"材质编辑器"窗口。在"名称"文本框中输入"上底板"，在左侧列表中选择"颜色"通道，在右侧设置"纹理"为"渐变"，单击"渐变预览框"按钮，切换到相应的设置界面；双击"渐变"左侧的"色标.1"按钮，弹出"渐变色标设置"对话框，设置"H"为228°、"S"为0%、"V"为97%，单击"确定"按钮，返回"材质编辑器"窗口。

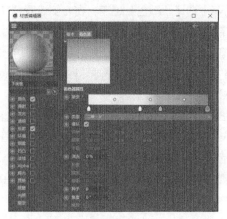
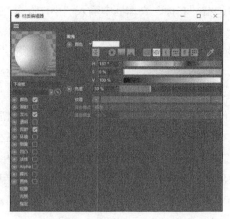

图 13-60　　　　　　　　　　　　　　　　图 13-61

（9）在颜色带上单击以添加一个"色标.3"按钮，双击"色标.3"按钮，弹出"渐变色标设置"对话框，设置"色标位置"为 53%，"H"为 213°、"S"为 53%、"V"为 88%，如图 13-62 所示，单击"确定"按钮，返回"材质编辑器"窗口。双击"渐变"右侧的"色标.2"按钮，弹出"渐变色标设置"对话框，设置"H"为 228°、"S"为 55%、"V"为 80%，如图 13-63 所示，单击"确定"按钮，返回"材质编辑器"窗口。设置"类型"为"二维-V"。在左侧列表中勾选"发光"复选框，在右侧设置"H"为 187°、"S"为 0%、"V"为 100%，"亮度"为 36%，其他选项的设置如图 13-64 所示，单击"关闭"按钮，关闭窗口。

图 13-62　　　　　　　　　　图 13-63　　　　　　　　　　图 13-64

（10）将"材质"窗口中的"上底板"材质拖曳到"对象"窗口中"互联网闪屏页 > 场景 > 底盘"对象组中的"上底盘"对象上，如图 13-65 所示。视图窗口中的效果如图 13-66 所示。使用相同的方法为小熊模型添加材质，视图窗口中的效果如图 13-67 所示。

5. 渲染

（1）选择"物理天空"工具，在"对象"窗口中生成一个"物理天空"对象。在"属性"窗口的"太阳"选项卡中设置"强度"为 5%，展开"投影"选项组，设置"类型"为"无"。（注："物理天空"对象会根据不同的地理位置和时间，使环境显示出不同的

扫码观看
本案例视频 7
渲染

效果，可根据实际需要在"时间与区域"选项卡中进行设置。如果没有对"物理天空"对象进行特别设置，则系统会自动根据制作时的时间和位置进行设置。）

图 13-65

图 13-66

图 13-67

（2）单击"编辑渲染设置"按钮，弹出"渲染设置"窗口，设置"渲染器"为"物理"，在左侧列表中选择"保存"选项，在右侧设置"格式"为"PNG"。在左侧单击"效果"按钮，在弹出的下拉列表中分别选择"全局光照""对象辉光""环境吸收"选项，以添加"全局光照""对象辉光""环境吸收"效果。

（3）在左侧列表中选择"全局光照"选项，在右侧设置"预设"为"内部-高(小光源)"，单击"关闭"按钮，关闭"渲染设置"窗口。单击"渲染到图像查看器"按钮，弹出"图像查看器"窗口，如图 13-68 所示。

（4）渲染完成后，单击"图像查看器"窗口中的"将图像另存为"按钮，弹出"保存"对话框，如图 13-69 所示。单击"保存"对话框中的"确定"按钮，弹出"保存对话"对话框，在该对话框中设置文件的保存位置，并在"文件名"文本框中输入文件的名称，设置完成后，单击"保存"按钮保存图像，效果如图 13-70 所示。

（5）在 Photoshop 中，根据需要添加文字与图标相结合的宣传信息，丰富整体画面，提升闪屏页的商业价值，效果如图 13-71 所示。欢庆儿童节闪屏页制作完成。

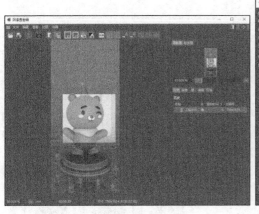
图 13-68

图 13-69

图 13-70

图 13-71

课堂练习——制作旅游引导页

　　【练习知识要点】使用多种参数化对象、生成器及多边形建模工具建立模型，使用"摄像机"工具控制视图中的显示效果，使用"区域光"工具制作灯光效果，使用"材质"窗口创建材质并设置材质的属性，使用"物理天空"工具制作环境效果，使用"渲染设置"窗口和"渲染到图像查看器"按钮渲染图像。最终效果如图 13-72 所示。

　　【效果所在位置】云盘\Ch13\制作旅游引导页\工程文件.c4d。

图 13-72

课后习题——制作美食活动页

　　【习题知识要点】使用多种参数化对象、生成器及多边形建模工具建立模型，使用"摄像机"工具控制视图中的显示效果，使用"区域光"工具制作灯光效果，使用"材质"窗口创建材质并设置材质的属性，使用"天空"工具制作环境效果，使用"渲染设置"窗口和"渲染到图像查看器"按钮渲染图像和动画。最终效果如图 13-73 所示。

　　【效果所在位置】云盘\Ch13\制作美食活动页\工程文件.c4d。

图 13-73

第 14 章
场景设计

场景设计即实现具有空间层次感的画面构图设计。运用
Cinema 4D 进行场景设计可以快速搭建出效果逼真的空间场
景。本章将对场景设计的特点、应用及类型进行系统讲解，
通过案例分析、案例设计和案例制作进一步讲解 Cinema 4D
的强大功能和操作技巧。通过对本章的学习，读者可以快速
掌握商业案例的设计理念和 Cinema 4D 的操作要点，从而制
作出具有专业水准的 Cinema 4D 场景设计作品。

知识目标

- ✔ 了解场景设计的特点
- ✔ 熟悉场景设计的应用
- ✔ 熟悉场景设计的类型

能力目标

- ✔ 掌握简约室内场景效果的分析方法
- ✔ 掌握简约室内场景效果的设计思路
- ✔ 掌握简约室内场景效果的制作方法

素质目标

- ✔ 培养针对 Cinema 4D 的自我学习与技术更新能力
- ✔ 培养用 Cinema 4D 进行场景设计时的工作协调能力和组织
  管理能力
- ✔ 培养对场景设计工作的高度责任心和良好的团队合作精神

14.1 场景设计概述

本书中的场景指人类活动的各种场所，包括生活场所、工作场所、社会环境和自然环境等。而场景设计即实现具有空间层次感的画面构图。运用 Cinema 4D 设计场景的效果，如图 14-1 所示。

图 14-1

14.1.1 场景设计的特点

场景设计具有整体性、客观性、烘托性和艺术性等特点。

（1）整体性：一个完整的场景通常由光影、色彩、物体等多个元素组成。好的场景需要将这些元素组合为一个整体，形成统一的风格。

（2）客观性：场景设计基于客观的现实世界，并具有严谨的科学性，其中常见的光影和透视关系都是需要根据真实场景进行客观还原的。

（3）烘托性：场景设计的交互形式丰富，包括手势交互、语音交互、重力感应交互等，这些交互形式进一步增强了用户的参与感。

（4）艺术性：艺术性是场景设计的重要特点之一，其形体、材质和色彩的设计都应自然、舒适，并具有协调感与观赏性。

14.1.2 场景设计的应用

场景设计的应用非常广泛，主要集中在影视和设计两大方向，如图 14-2 所示。影视方向的场景设计具体应用于电影电视、动画影片等，设计方向的场景设计具体应用于平面设计、电商设计、UI设计、环境设计和游戏设计等。

(a) 动画影片

(b) 电商设计

(c) 环境设计

(d) 游戏设计

图 14-2

14.1.3 场景设计的类型

根据场景设计的应用类型，可以将场景设计分为室内场景设计、室外场景设计及展台场景设计，如图 14-3 所示。室内场景设计主要用于展现建筑物的内部效果，如客厅、厨房及卧室等效果图。室外场景设计主要用于展现户外的效果，如庭院、道路、广场等效果图。展台场景设计主要用于展示产品，展台通常由几个几何体搭建而成，起到放置产品和烘托气氛的作用。

(a) 室内场景设计

(b) 室外场景设计

图 14-3

（c）展台场景设计

图 14-3（续）

14.2 制作简约室内场景效果

14.2.1 案例分析

本例将为迪徽室内设计有限公司制作简约室内场景效果图，要求风格时尚、大气，并能给人温馨、舒适的感觉。

在设计思路上，采用合理的装饰物和布局结构，体现出公司先进的设计理念和极富创意的设计思维。使用柔和、温暖的色调，给人舒适的感觉。整体画面清新自然、和谐统一。

本例使用多种参数化对象、生成器及多边形建模工具建立模型，使用"摄像机"工具控制视图中的显示效果，使用"区域光"工具制作灯光效果，使用"材质"窗口创建材质并设置材质的属性，使用"物理天空"工具制作环境效果，使用"渲染设置"窗口和"渲染到图像查看器"按钮渲染图像。

14.2.2 案例设计

设计作品参考效果所在位置：云盘中的"Ch14\制作简约室内场景效果\工程文件.c4d"。本案例的设计流程如图 14-4 所示。

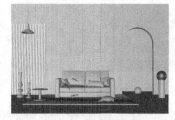

（a）建立模型   （b）设置摄像机   （c）设置灯光

（d）赋予材质   （e）渲染输出

图 14-4

14.2.3　案例制作

1. 房子建模

（1）启动 Cinema 4D。单击"编辑渲染设置"按钮，弹出"渲染设置"窗口，在"输出"选项组中设置"宽度"为 1400 像素、"高度"为 1060 像素，单击"关闭"按钮，关闭"渲染设置"窗口。选择"立方体"工具，在"对象"窗口中生成一个"立方体"对象，并将其重命名为"墙"。

（2）在"属性"窗口的"对象"选项卡中设置"尺寸.X"为 1276cm、"尺寸.Y"为 519cm、"尺寸.Z"为 624cm，在"坐标"选项卡中设置"P.X"为 40cm、"P.Y"为 241cm、"P.Z"为 -32cm。在"对象"面板中的"墙"对象上单击鼠标右键，在弹出的快捷菜单中选择"转为可编辑对象"命令，将其转为可编辑对象，如图 14-5 所示。

（3）单击"多边形"按钮，切换到"多边形"模式。选择"移动"工具，在视图窗口中选中需要的面，如图 14-6 所示，按 Delete 键将选中的面删除。用相同的方法删除其他面，效果如图 14-7 所示。

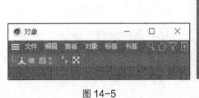

图 14-5　　　　　　　图 14-6　　　　　　　图 14-7

（4）按 Ctrl+A 组合键将所有面全部选中。在视图窗口中单击鼠标右键，在弹出的快捷菜单中选择"挤压"命令，在"属性"窗口中设置"偏移"为 20cm，勾选"创建封顶"复选框，效果如图 14-8 所示。

（5）选择"矩形"工具，在"对象"窗口中生成一个"矩形"对象。在"属性"窗口的"对象"选项卡中设置"宽度"为 140cm、"高度"为 300cm，在"坐标"选项卡中设置"P.X"为 80cm、"P.Y"为 113cm、"P.Z"为 250cm。视图窗口中的效果如图 14-9 所示。

（6）在"对象"面板中的"矩形"对象上单击鼠标右键，在弹出的快捷菜单中选择"转为可编辑对象"命令，将其转为可编辑对象。单击"点"按钮，切换到"点"模式。选择"框选"工具，在视图窗口中框选需要的点。在视图窗口中单击鼠标右键，在弹出的快捷菜单中选择"倒角"命令，在"属性"窗口中设置"半径"为 70cm。视图窗口中的效果如图 14-10 所示。

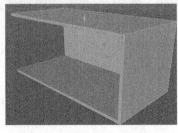

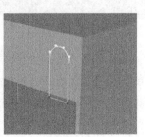

图 14-8　　　　　　　图 14-9　　　　　　　图 14-10

（7）选择"挤压"工具，在"对象"窗口中生成一个"挤压"对象。将"矩形"对象拖曳到"挤压"对象的下方。选中"挤压"对象组，在"属性"窗口的"对象"选项卡中设置"偏移"为50cm，视图窗口中的效果如图 14-11 所示。在"对象"面板中的"挤压"对象组上单击鼠标右键，在弹出的快捷菜单中选择"转为可编辑对象"命令，将其转为可编辑对象，将"挤压"对象重命名为"门"。

（8）单击"模型"按钮，切换到"模型"模式。选择"网格 > 轴心 > 轴居中到对象"命令，将轴与对象居中对齐。选择"移动"工具，选中"门"对象。选择"布尔"工具，在"对象"窗口中生成一个"布尔"对象。分别将"墙"对象和"门"对象拖曳到"布尔"对象的下方，如图 14-12 所示。选中"门"对象，在"属性"窗口的"坐标"选项卡中设置"P.X"为 81cm、"P.Y"为 122cm、"P.Z"为 290cm。视图窗口中的效果如图 14-13 所示。

图 14-11

图 14-12

图 14-13

（9）在"对象"窗口中将"布尔"对象组重命名为"墙体"，并折叠对象组。选择"平面"工具，在"对象"窗口中生成一个"平面"对象，并将其重命名为"后面墙"，如图 14-14 所示。在"属性"窗口的"对象"选项卡中设置"宽度"为 2175cm、"高度"为 1315cm；在"坐标"选项卡中设置"P.X"为 0cm、"P.Y"为-25cm、"P.Z"为 825cm，"R.H"为 0°、"R.P"为-90°、"R.B"为 0°。

（10）选择"平面"工具，在"对象"窗口中生成一个"平面"对象，并将其重命名为"地面"，如图 14-15 所示。在"属性"窗口的"对象"选项卡中设置"宽度"为 2174cm、"高度"为 1755cm，在"坐标"选项卡中设置"P.X"为-28cm、"P.Y"为-38.5cm、"P.Z"为-228.5cm。

（11）选择"球体"工具，在"对象"窗口中生成一个"球体"对象，并将其重命名为"小球"，如图 14-16 所示。在"属性"窗口的"对象"选项卡中设置"半径"为 20cm、"分段"为 36，在"坐标"选项卡中设置"P.X"为 137cm、"P.Y"为-23cm、"P.Z"为 520cm。

图 14-14

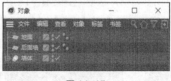
图 14-15

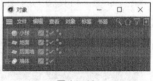
图 14-16

（12）选择"面板 > 新建视图面板"命令，新建一个视图窗口，如图 14-17 所示。按住 Shift键将"对象"窗口中的对象全部选中，按 Alt+G 组合键将选中的对象编组，并将其命名为"房子"，如图 14-18 所示。房子建模完成，将其保存。

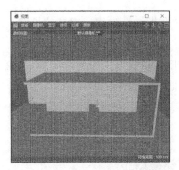

图 14-17

图 14-18

2. 合并模型并进行相关设置

（1）本案例场景模型、绿植模型、沙发
模型的创建在前面的章节中已经讲解过，这
里不再赘述。场景模型、绿植模型、沙发模
型以素材的形式提供。选择"文件 > 打开项

扫码观看
本案例视频2
场景建模

扫码观看
本案例视频3
绿植建模

扫码观看
本案例视频4
沙发建模——
圆抱枕和毛巾

扫码观看
本案例视频5
沙发建模——
沙发和抱枕

扫码观看
本案例视频6
合并模型并进
行相关设置

目"命令，在弹出的"打开文件"对话框中选择云盘中的"Ch14 \ 制作简约室内场景效果 \ 素材 \
01"文件，单击"打开"按钮打开选择的文件。选择"文件 > 合并项目"命令，在弹出的"打开文
件"对话框中选择保存的房子模型文件，单击"打开"按钮将选择的文件导入，如图 14-19 所示，视
图窗口中的效果如图 14-20 所示。展开"场景"对象组，将"房子"对象组拖曳到"场景"对象组
的下方，如图 14-21 所示。折叠"场景"对象组。

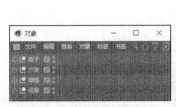

图 14-19

图 14-20

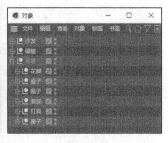

图 14-21

（2）在"对象"窗口中展开"绿植"对象组，选中"毛发"对象，如图 14-22 所示，按 Delete
键将其删除。在"材质"窗口中选中"毛发"材质，如图 14-23 所示，按 Delete 键将其删除。

（3）在"对象"窗口中选中"植物"对象，选择"模拟 > 毛发对象 > 添加毛发"命令，为"植
物"对象添加毛发效果，在"对象"窗口中生成一个"毛发"对象，如图 14-24 所示。

图 14-22

图 14-23

图 14-24

（4）在"属性"窗口的"引导线"选项卡中展开"发根"选项组，设置"长度"为 5cm，如图 14-25 所示。

（5）在"材质"窗口中的"毛发材质"材质球上双击，弹出"材质编辑器"窗口。在左侧列表中勾选"粗细"复选框，在右侧设置"发梢"为 0.3cm，其他选项的设置如图 14-26 所示，单击"关闭"按钮，关闭"材质编辑器"窗口。将"毛发"对象拖曳到"绿植"对象的下方，如图 14-27 所示，并折叠"绿植"对象组。

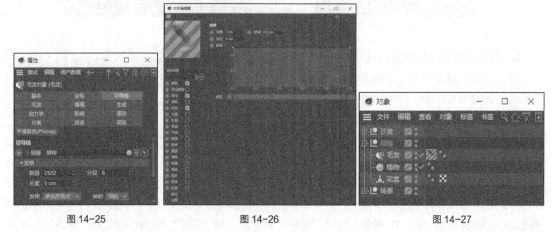

图 14-25　　　　　　　　　图 14-26　　　　　　　　　图 14-27

（6）在"对象"窗口中框选所有对象组，按 Alt+G 组合键将选中的对象组编组，并将生成的对象组命名为"室内环境效果图"。

（7）选择"摄像机"工具，在"对象"窗口中生成一个"摄像机"对象。单击"摄像机"对象右侧的按钮，如图 14-28 所示，进入摄像机视图。

（8）在"属性"窗口的"对象"选项卡中设置"焦距"为 46，其他选项的设置如图 14-29 所示；在"坐标"选项卡中设置"P.X"为-133cm、"P.Y"为 77cm、"P.Z"为-620cm，"R.H"为 0°、"R.P"为 2°、"R.B"为 0°，如图 14-30 所示。

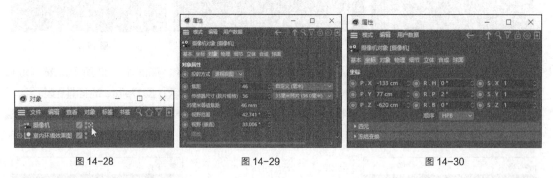

图 14-28　　　　　　　　　图 14-29　　　　　　　　　图 14-30

3. 创建灯光

（1）选择"区域光"工具，在"对象"窗口中生成一个"灯光"对象，将"灯光"对象重命名为"主光源"，如图 14-31 所示。在"属性"窗口的"坐标"选项卡中设置"P.X"为-871 cm、"P.Y"为 575cm、"P.Z"为-626cm，"R.H"为-56°、"R.P"为-29°、"R.B"为-3°。在"属性"窗口的"常规"选项卡中设置"强度"为 125%。

（2）在"细节"选项卡中设置"外部半径"为 262cm、"水平尺寸"为 524cm、"垂直尺寸"为 459cm，在"投影"选项卡中设置"投影"为"区域"、"密度"为 80%，在"工程"选项卡中设置"模式"为"排除"。在"对象"窗口中展开"室内环境效果图"对象组，将其中的"沙发 > 沙发对称"对象组和"绿植"对象组分别拖曳到"工程"选项卡内的"对象"文本框中。

（3）选择"区域光"工具，在"对象"窗口中生成一个"灯光"对象，将"灯光"对象重命名为"辅光源"，如图 14-32 所示。在"属性"窗口的"坐标"选项卡中设置"P.X"为-260 cm、"P.Y"为 227cm、"P.Z"为-14cm，"R.H"为-29°、"R.P"为-42°、"R.B"为-13°。

（4）在"细节"选项卡中设置"外部半径"为 68cm、"水平尺寸"为 136cm、"垂直尺寸"为 128cm，在"工程"选项卡内设置"模式"为"包括"。在"对象"窗口中将"沙发对称"对象组拖曳到"工程"选项卡内的"对象"文本框中。

（5）选择"区域光"工具，在"对象"窗口中生成一个"灯光"对象，将"灯光"对象重命名为"照亮墙后"，如图 14-33 所示。在"属性"窗口的"坐标"选项卡中设置"P.X"为 528 cm、"P.Y"为 285cm、"P.Z"为 490cm，"R.H"为-58°、"R.P"为-29°、"R.B"为-5°。在"属性"窗口的"常规"选项卡中设置"强度"为 70%。

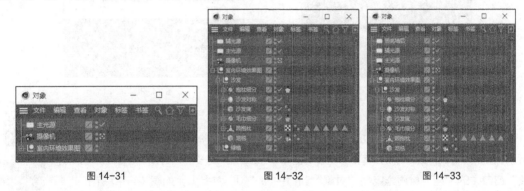

图 14-31　　　　　　　　　图 14-32　　　　　　　　　图 14-33

（6）在"细节"选项卡中设置"外部半径"为 158cm、"水平尺寸"为 316cm、"垂直尺寸"为 533cm，在"工程"选项卡中设置"模式"为"排除"。在"对象"窗口中将"绿植"对象组拖曳到"工程"选项卡内的"对象"文本框中。

（7）选择"区域光"工具，在"对象"窗口中生成一个"灯光"对象，将"灯光"对象重命名为"照亮小球"，如图 14-34 所示。在"属性"窗口的"坐标"选项卡中设置"P.X"为-71 cm、"P.Y"为 257cm、"P.Z"为 494cm，"R.H"为-268°、"R.P"为-24°、"R.B"为 0°。在"属性"窗口的"常规"选项卡中设置"强度"为 130%。

（8）在"细节"选项卡中设置"外部半径"为 134cm、"水平尺寸"为 268cm、"垂直尺寸"为 398cm，在"投影"选项卡中设置投影为"阴影贴图（软阴影）"，在"工程"选项卡中设置"模式"为"排除"。在"对象"窗口中将"绿植"对象组拖曳到"工程"选项卡内的"对象"文本框中。

（9）折叠"室内环境效果图"对象组。选择"聚光灯"工具，在"对象"窗口中生成一个"灯光"对象，将"灯光"对象重命名为"照亮绿植"，如图 14-35 所示。在"属性"窗口的"坐标"选项卡中设置"P.X"为 27cm、"P.Y"为 320cm、"P.Z"为 174cm，"R.H"为-89°、"R.P"为-66°、"R.B"为-9°；在"常规"选项卡中设置"强度"为 60%；在"细节"选项卡中设置"内部角度"为 0°、"外部角度"为 31°；在"投影"选项卡中设置投影为"阴影贴图（软阴影）"。

视图窗口中的效果如图 14-36 所示。

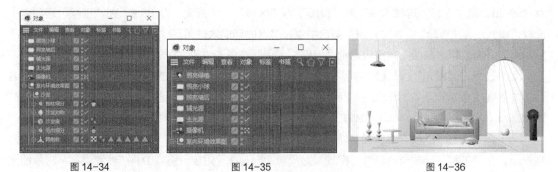

图 14-34   图 14-35   图 14-36

（10）按住 Shift 键在"对象"窗口中选中需要的对象，如图 14-37 所示。按 Alt+G 组合键将选中的对象编组，并将生成的对象组命名为"灯光"，如图 14-38 所示。

图 14-37

图 14-38

4. 创建材质

（1）在"材质"窗口中双击，添加一个材质球，并将其命名为"门"，如图 14-39 所示。展开"对象"窗口中的"室内环境效果图 > 场景 > 房子 > 墙体"对象组。将"材质"窗口中的"门"材质拖曳到"对象"窗口中的"门"对象上，如图 14-40 所示。

扫 码 观 看
本案例视频8
创建材质

图 14-39

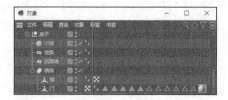

图 14-40

（2）双击"材质"窗口中的"门"材质，弹出"材质编辑器"窗口。在左侧列表中选择"颜色"通道，在右侧设置"H"为 1°、"S"为 28%、"V"为 81%。在左侧列表中选择"反射"通道，在右侧设置"宽度"为 35%、"衰减"为-10%、"内部宽度"为 4%，如图 14-41 所示。

（3）在左侧列表中勾选"凹凸"复选框，在右侧的"纹理"下拉列表中选择"噪波"选项，设置"强度"为 1%；单击"渐复预览框"按钮，切换到相应的设置界面，设置"全局缩放"为 1%，其他选项的设置如图 14-42 所示，单击"关闭"按钮，关闭"材质编辑器"窗口。

（4）在"材质"窗口中选中"门"材质球，按住 Ctrl 键并向左拖曳鼠标，当鼠标指针变为箭头形状时松开鼠标，会自动生成一个材质球，将其命名为"墙"。将"材质"窗口中的"墙"材质拖曳到"对象"窗口中的"墙"对象上。

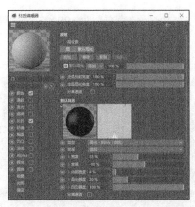

图 14-41

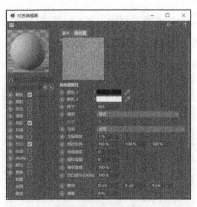

图 14-42

（5）使用相同的方法在"材质"窗口中复制一个"门"材质球，并将其重命名为"后面墙"。将"材质"窗口中的"后面墙"材质拖曳到"对象"窗口中的"后面墙"对象上。再次复制一个"门"材质球，并将其重命名为"地面"，如图 14-43 所示。将"材质"窗口中的"地面"材质拖曳到"对象"窗口中的"地面"对象上。

（6）双击"材质"窗口中的"地面"材质，弹出"材质编辑器"窗口。在左侧列表中选择"颜色"通道，在右侧设置"H"为 1°、"S"为 30%、"V"为 97%。在左侧列表中选择"反射"通道，在右侧设置"宽度"为 57%、"衰减"为-26%、"高光强度"为 55%，如图 14-44 所示。

图 14-43

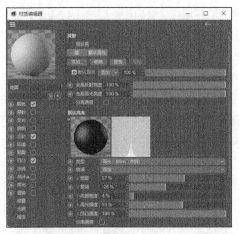

图 14-44

（7）单击"层设置"下方的"添加"按钮，在弹出的下拉列表中选择"Beckmann"选项，添加一个层。设置"粗糙度"为 38%、"反射强度"为 20%、"高光强度"为 2%。在"层颜色"选项下设置"H"为 0°、"S"为 25%、"V"为 92%，其他选项的设置如图 14-45 所示，单击"关闭"按钮，关闭"材质编辑器"窗口。

（8）在"材质"窗口中双击，添加一个材质球，并将其命名为"小球"，将"材质"窗口中的"门"材质拖曳到"对象"窗口中的"小球"对象上。双击"材质"窗口中的"小球"材质，弹出"材质编辑器"窗口。在左侧列表中选择"颜色"通道，在右侧设置"H"为 1°、"S"为 0%、"V"为 87%。

在左侧列表中选择"反射"通道，在右侧设置"宽度"为58%、"衰减"为-28%、"内部宽度"为6%、"高光强度"为71%，如图14-46所示。

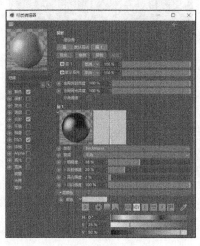

图 14-45   图 14-46

（9）单击"层设置"下方的"添加"按钮，在弹出的下拉列表中选择"Beckmann"选项，添加一个层。设置"粗糙度"为36%、"反射强度"为65%、"高光强度为21%、其他选项的设置如图14-47所示。在左侧列表中勾选"环境"复选框，单击"关闭"按钮，关闭"材质编辑器"窗口。

（10）在"材质"窗口中选中"小球"材质球，按住Ctrl键并向左拖曳鼠标，当鼠标指针变为箭头形状时松开鼠标，会自动生成一个材质球，将其命名为"灯罩"。在"对象"窗口中折叠"房子"对象组，并展开"灯具 > 灯罩细分"对象组。将"材质"窗口中的"灯罩"材质拖曳到"对象"窗口中的"灯罩"对象上。

（11）双击"材质"窗口中的"灯罩"材质，弹出"材质编辑器"窗口。在左侧列表中选择"颜色"通道，在右侧设置"H"为32°、"S"为90%、"V"为35%。在左侧列表中选择"反射"通道，在右侧的"层颜色"选项下设置"H"为292°、"S"为30%、"V"为90%，如图14-48所示。单击"关闭"按钮，关闭"材质编辑器"窗口。

图 14-47   图 14-48

（12）在"材质"窗口中双击，添加一个材质球，并将其命名为"灯头"。在"对象"窗口中折叠"灯罩细分"对象组，并展开"灯头细分"对象组。将"材质"窗口中的"灯头"材质拖曳到"对象"窗口中的"灯头"对象上，并折叠"灯头细分"对象组。

（13）双击"材质"窗口中的"灯头"材质，弹出"材质编辑器"窗口。在左侧列表中选择"颜色"通道，在右侧单击"纹理"选项右侧的▇按钮，弹出"打开文件"对话框，选择"tex"文件夹中的"01"文件，单击"打开"按钮打开选择的文件，如图 14-49 所示。

（14）在左侧列表中选择"反射"通道，在右侧设置"宽度"为 60%、"衰减"为-17%、"高光强度"为 43%。在左侧列表中勾选"凹凸"复选框，在右侧单击"纹理"选项右侧的▇按钮，弹出"打开文件"对话框，选择"tex"文件夹中的"01"文件，单击"打开"按钮打开选择的文件，如图 14-50 所示。单击"关闭"按钮，关闭"材质编辑器"窗口。

图 14-49

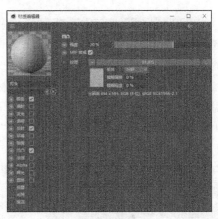
图 14-50

（15）在"材质"窗口中选中"灯头"材质球，按住 Ctrl 键并向左拖曳鼠标，当鼠标指针变为箭头形状时松开鼠标，会自动生成一个材质球，将其命名为"灯绳"。将"材质"窗口中的"灯绳"材质拖曳到"对象"窗口中的"灯绳"对象上。双击"材质"窗口中的"灯绳"材质，弹出"材质编辑器"窗口。在左侧列表中取消勾选"反射"复选框。单击"关闭"按钮，关闭"材质编辑器"窗口。

（16）在"材质"窗口中双击，添加一个材质球，并将其命名为"装饰墙"。在"对象"窗口中折叠"灯具"对象组，并展开"装饰 > 克隆装饰墙"对象组。将"材质"窗口中的"装饰墙"材质拖曳到"对象"窗口中的"装饰墙"对象上。

（17）双击"材质"窗口中的"装饰墙"材质，弹出"材质编辑器"窗口。在左侧列表中选择"颜色"通道，在右侧设置"H"为 359°、"S"为 41%、"V"为 32%。在左侧列表中选择"反射"通道，在右侧设置"宽度"为 57%、"衰减"为-26%、"内部宽度"为 4%、"高光强度"为 55%，如图 14-51 所示。在左侧列表中勾选"凹凸"复选框，在右侧单击"纹理"选项右侧的▇按钮，在弹出的下拉列表中选择"噪波"选项，设置"强度"为 1%；单击"渐变预览框"按钮，切换到相应的设置界面，设置"全局缩放"为 1%，其他选项的设置如图 14-52 所示，单击"关闭"按钮，关闭"材质编辑器"窗口。

（18）在"材质"窗口中双击，添加一个材质球，并将其命名为"画框"。将"材质"窗口中的"画框"材质拖曳到"对象"窗口中的"装饰画 1"对象和"装饰画 2"对象上。

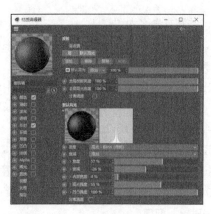
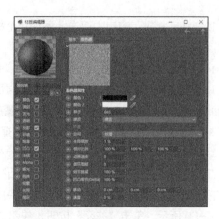

图 14-51　　　　　　　　　　　　　　图 14-52

（19）双击"材质"窗口中的"画框"材质，弹出"材质编辑器"窗口。在左侧列表中选择"颜色"通道，在右侧设置"H"为1°、"S"为0%、"V"为11%。在左侧列表中选择"反射"通道，在右侧设置"宽度"为79%、"衰减"为−28%。单击"关闭"按钮，关闭"材质编辑器"窗口。

（20）在"材质"窗口中双击，添加一个材质球，并将其命名为"壁画1"，如图 14-53 所示。在"对象"窗口中选中"装饰画 1"对象，单击"多边形"按钮，切换到"多边形"模式。在视图窗口中选中需要的面，如图 14-54 所示。将"材质"窗口中的"壁画1"材质拖曳到视图窗口中选中的面上，如图 14-55 所示。

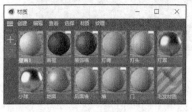
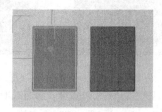
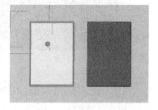

图 14-53　　　　　　　　　图 14-54　　　　　　　　　图 14-55

（21）双击"材质"窗口中的"壁画 1"材质，弹出"材质编辑器"窗口。在左侧列表中选择"颜色"通道，在右侧单击"纹理"选项右侧的▇按钮，弹出"打开文件"对话框，选择"tex"文件夹中的"02"文件，单击"打开"按钮打开选择的文件，如图 14-56 所示。单击"关闭"按钮，关闭"材质编辑器"窗口。

（22）在"材质"窗口中选中"壁画 1"材质球，按住 Ctrl 键并向左拖曳鼠标，当鼠标指针变为箭头形状时松开鼠标，会自动生成一个材质球，将其命名为"壁画 2"。在"对象"窗口中选中"装饰画 2"对象，在视图窗口中选中需要的面，如图 14-57 所示。

（23）将"材质"窗口中的"壁画 2"材质拖曳到视图窗口中选中的面上。双击"材质"窗口中的"壁画 2"材质，弹出"材质编辑器"窗口。在左侧列表中选择"颜色"通道，在右侧单击"纹理"选项右侧的▇按钮，弹出"打开文件"对话框，选择"tex"文件夹中的"03"文件，单击"打开"按钮打开选择的文件。单击"关闭"按钮，关闭"材质编辑器"窗口。视图窗口中的效果如图 14-58 所示。

（24）在"材质"窗口中双击，添加一个材质球，并将其命名为"花瓶"。在"对象"窗口中折叠"装饰"对象组，并展开"瓶子"对象组。将"材质"窗口中的"花瓶"材质拖曳到"对象"窗口中的"瓶子 1"对象和"瓶子 2"对象上。

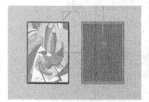

| 图 14-56 | 图 14-57 | 图 14-58 |

（25）双击"材质"窗口中的"花瓶"材质，弹出"材质编辑器"窗口。在左侧列表中选择"颜色"通道，在右侧设置"H"为 345°、"S"为 23%、"V"为 91%。在左侧列表中选择"反射"通道，在右侧设置"宽度"为 47%、"衰减"为−36%、"内部宽度"为 4%、"高光强度"为 22%，如图 14-59 所示。

（26）在左侧列表中勾选"凹凸"复选框，在右侧单击"纹理"选项右侧的 按钮，在弹出的下拉列表中选择"噪波"选项，设置"强度"为 1%；单击"渐变预览框"按钮，切换到相应的设置界面，设置"全局缩放"为 1%，其他选项的设置如图 14-60 所示，单击"关闭"按钮，关闭"材质编辑器"窗口。

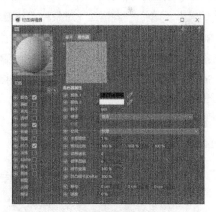

| 图 14-59 | 图 14-60 |

（27）在"材质"窗口中双击，添加一个材质球，并将其命名为"桌子"，如图 14-61 所示。在"对象"窗口中折叠"花瓶"对象组，并展开"桌子"对象组。将"材质"窗口中的"桌子"材质拖曳到"对象"窗口中的"桌子上"对象、"桌子中间"对象和"桌子下"对象上，如图 14-62 所示。

（28）双击"材质"窗口中的"桌子"材质，弹出"材质编辑器"窗口。在左侧列表中选择"颜色"通道，在右侧设置"H"为 0°、"S"为 0%、"V"为 88%。在左侧列表中选择"反射"通道，在右侧设置"全局反射亮度"为 6%，如图 14-63 所示。单击"层设置"下方的"添加"按钮，在弹出的下拉列表中选择"Beckmann"选项，添加一个层。设置"粗糙度"为 24%、"反射强度"为

24%、"高光强度"为 13%，其他选项的设置如图 14-64 所示，单击"关闭"按钮，关闭"材质编辑器"窗口。

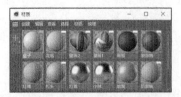

图 14-61

图 14-62

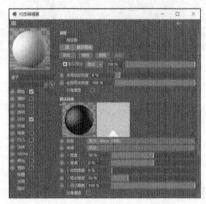

图 14-63

图 14-64

（29）在"材质"窗口中双击，添加一个材质球，并将其命名为"花瓣"。在"对象"窗口中折叠"桌子"对象组，并展开"花瓣"对象组。将"材质"窗口中的"花瓣"材质拖曳到"对象"窗口中的"花瓣"对象、"花瓣.1"对象和"花瓣.2"对象上。

（30）双击"材质"窗口中的"花瓣"材质，弹出"材质编辑器"窗口。在左侧列表中选择"颜色"通道，在右侧单击"纹理"选项右侧的■按钮，弹出"打开文件"对话框，选择"tex"文件夹中的"04"文件，单击"打开"按钮打开选择的文件，如图 14-65 所示。

（31）单击"纹理"选项右侧的■按钮，在弹出的下拉列表中选择"过滤"选项；单击"渐变预览框"按钮，切换到相应的设置界面，设置"色调"为 308°、"饱和度"为 42%，其他选项的设置如图 14-66 所示，单击"关闭"按钮，关闭"材质编辑器"窗口。

图 14-65

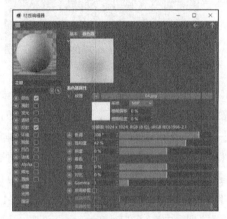

图 14-66

（32）在"材质"窗口中双击，添加一个材质球，并将其命名为"花盆"。在"对象"窗口中折叠"场景"对象组。使用上述方法分别为"绿植"模型和"沙发"模型添加需要的材质，最终效果如图 14-67 所示。

图 14-67

5. 渲染

（1）选择"天空"工具 ，在"对象"窗口中生成一个"天空"对象。在"材质"窗口中双击，添加一个材质球，并将其命名为"天空"，如图 14-68 所示。将"材质"窗口中的"天空"材质拖曳到"对象"窗口中的"天空"对象上。

（2）双击"材质"窗口中的"天空"材质，弹出"材质编辑器"窗口。在左侧列表中选择"颜色"通道，在右侧单击"纹理"选项右侧的 按钮，弹出"打开文件"对话框，选择"tex"文件夹中的"27"文件，单击"打开"按钮打开选择的文件。在左侧的列表中取消勾选"反射"复选框，如图 14-69 所示。单击"关闭"按钮，关闭"材质编辑器"窗口。

扫 码 观 看
本案例视频 9
渲染

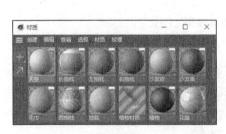

图 14-68

图 14-69

（3）单击"编辑渲染设置"按钮 ，弹出"渲染设置"窗口。在左侧列表中选择"保存"选项，在右侧设置"格式"为"PNG"。在左侧列表中勾选"多通道"复选框，单击"多通道渲染"按钮，在弹出的下拉列表中选择"环境吸收"选项。

（4）在窗口左侧单击"效果"按钮，在弹出的下拉列表中选择"全局光照"选项，以添加"全局光照"效果。单击"效果"按钮，在弹出的下拉列表中选择"环境吸收"选项，以添加"环境吸收"效果，取消勾选"应用到场景"复选框。单击"关闭"按钮，关闭"渲染设置"窗口。

（5）单击"渲染到图像查看器"按钮 ，弹出"图像查看器"窗口，如图 14-70 所示。渲染完成后，单击"图像查看器"窗口中的"将图像另存为"按钮 ，弹出"保存"对话框，如图 14-71 所示。

（6）单击"保存"对话框中的"确定"按钮，弹出"保存对话"对话框，在该对话框中设置文件的保存位置，并在"文件名"文本框中输入文件的名称，设置完成后，单击"保存"按钮保存图像，效果如图 14-72 所示。简约室内场景效果制作完成。

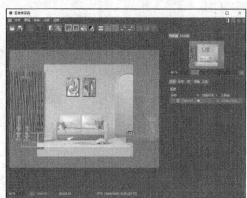  

图 14-70   图 14-71   图 14-72

课堂练习——制作简约室外场景效果

【练习知识要点】使用多种参数化对象、生成器及多边形建模工具建立模型，使用"摄像机"工具控制视图中的显示效果，使用"区域光"工具制作灯光效果，使用"材质"窗口创建材质并设置材质的属性，使用"物理天空"工具制作环境效果，使用"渲染设置"窗口和"渲染到图像查看器"按钮渲染图像。最终效果如图 14-73 所示。

【效果所在位置】云盘\Ch14\制作简约室外场景效果\工程文件.c4d。

图 14-73

扫码观看本案例视频1　扫码观看本案例视频2　扫码观看本案例视频3　扫码观看本案例视频4　扫码观看本案例视频5　扫码观看本案例视频6

课后习题——制作现代室内场景效果

　　【习题知识要点】使用多种参数化对象、生成器及多边形建模工具建立模型，使用"摄像机"工具控制视图中的显示效果，使用"区域光"工具制作灯光效果，使用"材质"窗口创建材质并设置材质的属性，使用"物理天空"工具制作环境效果，使用"渲染设置"窗口和"渲染到图像查看器"按钮渲染图像。最终效果如图 14-74 所示。

　　【效果所在位置】云盘\Ch14\制作现代室内场景效果\工程文件.c4d。

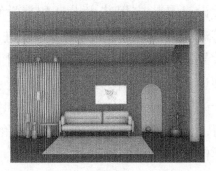

图 14-74

扫码观看
本案例视频1

扫码观看
本案例视频2

扫码观看
本案例视频3

扫码观看
本案例视频4

扫码观看
本案例视频5

扫码观看
本案例视频6

扫码观看
本案例视频7

扫码观看
本案例视频8

扫码观看
本案例视频9

第 15 章
游戏设计

游戏设计是指应用艺术设计和美学知识制作可供人进行娱乐的游戏的过程。运用 Cinema 4D 进行游戏设计可以快速搭建出效果逼真的三维游戏。本章将对游戏设计的特点、应用及类型进行系统讲解，通过案例分析、案例设计和案例制作进一步讲解 Cinema 4D 的强大功能和操作技巧。通过对本章的学习，读者可以快速掌握商业案例的设计理念和 Cinema 4D 的操作要点，从而制作出具有专业水准的 Cinema 4D 游戏设计作品。

知识目标

- ✔ 了解游戏设计的特点
- ✔ 熟悉游戏设计的应用
- ✔ 熟悉游戏设计的类型

能力目标

- ✔ 掌握游戏关卡页的分析方法
- ✔ 掌握游戏关卡页的设计思路
- ✔ 掌握游戏关卡页的制作方法

素质目标

- ✔ 培养针对 Cinema 4D 的自我学习与技术更新能力
- ✔ 培养用 Cinema 4D 进行游戏设计时的工作协调能力和组织管理能力
- ✔ 培养对游戏设计工作的高度责任心和良好的团队合作精神

15.1 游戏设计概述

游戏设计通常需要涉及游戏规则及玩法、视觉艺术、编程、声效、编剧、游戏角色、道具、场景、界面等内容。运用 Cinema 4D 进行游戏设计可以快速搭建出各种具有一定精度的游戏模型和场景，以便更好地配合其他软件完成游戏的整体设计，如图 15-1 所示。

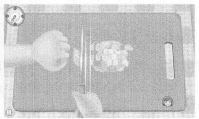

图 15-1

15.1.1 游戏设计的特点

游戏设计具有趣味性、逼真性、互动性和复杂性等特点。

（1）趣味性：现今的游戏融合了多种技术，呈多元化发展趋势，能够最大限度地刺激玩家的感观，给玩家带来了十分有趣的体验。

（2）逼真性：游戏设计通常以现实生活作为背景，运用三维技术模拟出逼真的现实环境，令玩家拥有良好的游戏体验。

（3）互动性：游戏设计具有强烈的互动性。只有在游戏中实现人机的密切交流，才能满足玩家的需求。

（4）复杂性：游戏具有完整的世界观和复杂的故事结构，因此它在视觉和交互设计方面都很复杂。

15.1.2 游戏设计的应用

如今游戏设计已经渗透到了大众的日常生活，如智能手机、平板电脑、台式计算机都可以进行游戏，甚至还有专门的 Switch 游戏机，如图 15-2 所示。

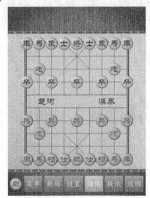

（a）智能手机游戏　　　　　　　　　　（b）平板电脑游戏

图 15-2

（c）台式计算机游戏

（d）Switch 游戏

图 15-2（续）

15.1.3　游戏设计的类型

根据游戏的玩法，可以将游戏设计分为角色扮演游戏设计、动作游戏设计、益智游戏设计、冒险游戏设计、策略游戏设计、格斗游戏设计、射击游戏设计、竞技游戏设计、竞速游戏设计、音乐游戏设计等多种类型，如图 15-3 所示。

（a）角色扮演游戏

（b）益智游戏

（c）竞速游戏

（d）竞技游戏

图 15-3

15.2　制作游戏关卡页

15.2.1　案例分析

本例将为薇薇森林 App 制作游戏关卡页，要求画面美观性与娱乐性并存，并制作出生动、形象的场景，使玩家有身临其境的感觉。

在设计思路上，使用渐变色背景能够起到衬托的作用，以突出主体内容。整体立体化的拟物风格使人印象深刻，版面设计具有美感，色调清新自然，画面和谐统一。

本例使用多种参数化对象、生成器、变形器及多边形建模工具建立模型，使用"摄像机"工具控制视图中的显示效果，使用"区域光"工具制作灯光效果，使用"材质"窗口创建材质并设置材质的属性，使用"物理天空"工具制作环境效果，使用"渲染设置"窗口和"渲染到图像查看器"按钮渲染图像。

15.2.2 案例设计

设计作品参考效果所在位置：云盘中的"Ch15\制作游戏关卡页\工程文件.c4d"。本案例的设计流程如图 15-4 所示。

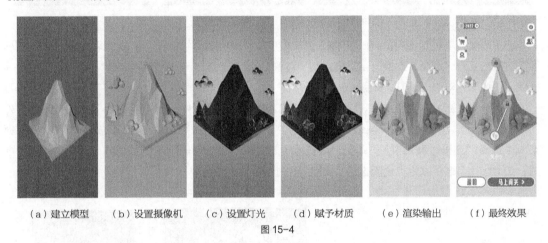

| （a）建立模型 | （b）设置摄像机 | （c）设置灯光 | （d）赋予材质 | （e）渲染输出 | （f）最终效果 |

图 15-4

15.2.3 案例制作

1. 山建模

（1）启动 Cinema 4D。单击"编辑渲染设置"按钮 ，弹出"渲染设置"窗口，在"输出"选项组中设置"宽度"为 750 像素、"高度"为 1624 像素，单击"关闭"按钮，关闭"渲染设置"窗口。

（2）选择"地形"工具 ，在"对象"窗口中生成一个"地形"对象。在"属性"窗口的"对象"选项卡中设置"尺寸"为 600cm、700cm、600cm，"宽度分段"为 30，"深度分段"为 30，"粗糙皱褶"为 100%，"随机"为 119；在"坐标"选项卡中设置"P.X"为 55.9cm、"P.Y"为 148.7cm、"P.Z"为-1296.4cm、"R.H"为-90°。

（3）在"对象"窗口中选中"地形"对象右侧的"平滑着色(Phong)标签"按钮 ，如图 15-5 所示。按 Delete 键将其删除，如图 15-6 所示。将"地形"对象转为可编辑对象。

图 15-5

图 15-6

（4）单击"边"按钮 ■，切换到"边"模式。按住 Shift 键在视图窗口中选中需要的边，如图 15-7 所示。按住 Ctrl 键将边沿 y 轴向下拖曳 40cm，如图 15-8 所示。选中"缩放"工具 ■，按住 Ctrl 键并向中心缩放，如图 15-9 所示。在视图窗口中单击鼠标右键，在弹出的快捷菜单中选择"焊接"命令，当鼠标指针变为 ✛ 形状时，在视图窗口中需要焊接的位置单击，效果如图 15-10 所示。

图 15-7　　　　　　　图 15-8　　　　　　　图 15-9　　　　　　　图 15-10

（5）选择"减面"工具 ■，在"对象"窗口中生成一个"减面"对象。将"地形"对象拖曳到"减面"对象的下方。选择"置换"工具 ■，在"对象"窗口中生成一个"置换"对象。将"置换"对象拖曳到"地形"对象的下方，如图 15-11 所示。

（6）选中"置换"对象，在"属性"窗口的"着色"选项卡中设置"着色器"为"噪波"，如图 15-12 所示。在"地形"对象组上单击鼠标中键，并在该对象组上单击鼠标右键，在弹出的快捷菜单中选择"连接对象+删除"命令，将该组中的对象连接。单击"点"按钮 ■，切换到"点"模式。按 Ctrl+A 组合键将点全部选中，如图 15-13 所示。

图 15-11　　　　　　　图 15-12　　　　　　　图 15-13

（7）在视图窗口中单击鼠标右键，在弹出的快捷菜单中选择"笔刷"命令，在"属性"窗口中设置"模式"为"平滑"、"半径"为 200cm，如图 15-14 所示。在视图窗口中拖曳鼠标指针，以平滑山的顶部，效果如图 15-15 所示。选择"实时选择"工具 ■，按住 Shift 键在视图窗口中选中需要的点，如图 15-16 所示。将点沿 y 轴向下拖曳到适当的位置，如图 15-17 所示。

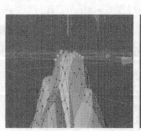

图 15-14　　　　　　　图 15-15　　　　　　　图 15-16　　　　　　　图 15-17

（8）选择"缩放"工具 ■ ，缩放对象，效果如图 15-18 所示。在"地形"对象组上单击鼠标中键，并在该对象组上单击鼠标右键，在弹出的快捷菜单中选择"连接对象+删除"命令，将该组中的对象连接，如图 15-19 所示。将"地形"对象重命名为"山"，单击"山"对象右侧的 ■ 按钮，使其显示为灰色，如图 15-20 所示。

图 15-18

图 15-19

图 15-20

（9）切换至"右视图"窗口。选择视图窗口中的"显示 > 线条"命令，将对象以线条的形式显示。选择"样条画笔"工具 ■ ，在视图窗口中绘制 6 个点，如图 15-21 所示。选择"实时选择"工具 ■ ，选中绘制的第 1 个点，在"坐标"窗口的"位置"选项组中设置"X"为 0cm、"Y"为 474cm、"Z"为-1421cm。视图窗口中的效果如图 15-22 所示。选中第 2 个点，在"坐标"窗口的"位置"选项组中设置"X"为 0cm、"Y"为 474cm、"Z"为-1399.5cm。视图窗口中的效果如图 15-23 所示。

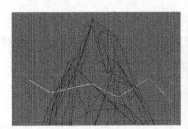

图 15-21

图 15-22

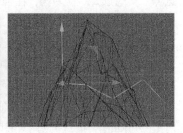

图 15-23

（10）选中第 3 个点，在"坐标"窗口的"位置"选项组中设置"X"为 0cm、"Y"为 440.5cm、"Z"为-1357cm。视图窗口中的效果如图 15-24 所示。选中第 4 个点，在"坐标"窗口的"位置"选项组中，设置"X"为 0cm、"Y"为 463cm、"Z"为-1305.5cm。视图窗口中的效果如图 15-25 所示。选中第 5 个点，在"坐标"窗口的"位置"选项组中设置"X"为 0cm、"Y"为 445.5cm、"Z"为-1249cm。视图窗口中的效果如图 15-26 所示。

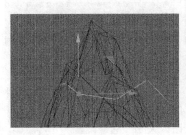

图 15-24

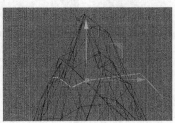

图 15-25

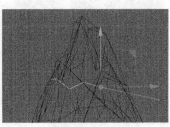

图 15-26

（11）选中第 6 个点，在"坐标"窗口的"位置"选项组中设置"X"为 0cm、"Y"为 476cm、"Z"为−1157cm。视图窗口中的效果如图 15-27 所示。选中"山"对象，单击"边"按钮，切换到"边"模式。在视图窗口中单击鼠标右键，在弹出的快捷菜单中选择"线性切割"命令，在"属性"窗口中取消勾选"仅可见"复选框，在视图窗口中按照样条的形状对对象进行切割，如图 15-28 所示。

（12）选中"样条"对象，按 Delete 键将其删除。单击"多边形"按钮，切换到"多边形"模式。选择"框选"工具，在视图窗口中框选需要的面，如图 15-29 所示。切换至"透视视图"窗口。选择"选择 > 设置选集"命令，将选中的面设置为选集。

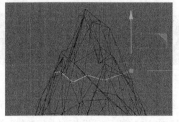

图 15-27

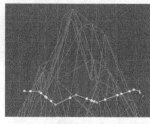
图 15-28

图 15-29

（13）单击"模型"按钮，切换到"模型"模式。在"坐标"窗口的"位置"选项组中设置"X"为−511.8cm、"Y"为 33.8cm、"Z"为−433cm，在"旋转"选项组中设置"H"为−320.7°、"P"为 0°、"B"为 0°，视图窗口中的效果如图 15-30 所示。单击"点"按钮，切换到"点"模式。选择"实时选择"工具，在视图窗口中选中需要的点，将点沿 y 轴向上拖曳到适当的位置，如图 15-31 所示。

（14）按 Ctrl+A 组合键将点全部选中，在视图窗口中单击鼠标右键，在弹出的快捷菜单中选择"笔刷"命令，在"属性"窗口中设置"模式"为"平滑"、"半径"为 50cm、"强度"为 20%。在视图窗口中拖曳鼠标指针，以平滑山体，效果如图 15-32 所示。

（15）在"对象"窗口中的"山"对象上单击鼠标右键，在弹出的快捷菜单中选择"建模标签 > 平滑着色(Phong)"命令，"对象"窗口中的效果如图 15-33 所示。单击"山"对象右侧的"平滑着色(Phong)标签"按钮，在"属性"窗口中勾选"角度限制"复选框，设置"平滑着色(Phong)角度"为 12°。山建模完成，将其保存。

图 15-30

图 15-31

图 15-32

图 15-33

2. 云彩建模

（1）单击"编辑渲染设置"按钮，弹出"渲染设置"窗口，在"输出"选项组中设置"宽度"为 750 像素，"高度"为 1624 像素，单击"关闭"按钮，关闭"渲染设置"窗口。

扫 码 观 看
本案例视频2
云彩建模

（2）选择 4 次"宝石体"工具█，在"对象"窗口中分别生成"宝石体"对象、"宝石体.1"对象、"宝石体.2"对象和"宝石体.3"对象，将所有对象转为可编辑对象，如图 15-34 所示。框选所有对象右侧的"平滑着色(Phong)标签"按钮█，按 Delete 键将选中的按钮删除，如图 15-35 所示。

（3）选中"宝石体"对象，在"坐标"窗口的"位置"选项组中设置"X"为-289cm、"Y"为 270cm、"Z"为-1526.6cm，在"尺寸"选项组中设置"X"为 54cm、"Y"为 97.8cm、"Z"为 67.8cm，在"旋转"选项组中设置"H"为 0°、"P"为 28.45°、"B"为 6.68°。视图窗口中的效果如图 15-36 所示。

图 15-34

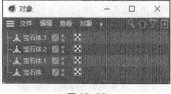

图 15-35

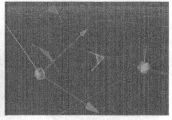

图 15-36

（4）选中"宝石体.1"对象，在"坐标"窗口的"位置"选项组中设置"X"为-265.9cm、"Y"为 286cm，"Z"为-1472.3cm，在"尺寸"选项组中设置"X"为 66.3cm、"Y"为 114.6cm、"Z"为 82cm，在"旋转"选项组中设置"H"为 0°、"P"为 17.6°、"B"为 24.9°。

（5）选中"宝石体.2"对象，在"坐标"窗口的"位置"选项组中设置"X"为-305.3cm、"Y"为 322cm、"Z"为-1449cm，在"尺寸"选项组中设置"X"为 51cm、"Y"为 109.7cm、"Z"为 64.5cm，在"旋转"选项组中设置"H"为 4.7°、"P"为 19.2°、"B"为 26.4°。

（6）选中"宝石体.3"对象，在"坐标"窗口的"位置"选项组中设置"X"为-259.7cm、"Y"为 291.6cm、"Z"为-1399cm，在"尺寸"选项组中设置"X"为 64.3cm，"Y"为 88.4cm、"Z"为 71.2cm，在"旋转"选项组中设置"H"为-4.3°、"P"为 21.2°、"B"为 49.4°。视图窗口中的效果如图 15-37 所示。

（7）将"对象"窗口中的对象全部选中，按 Alt+G 组合键将选中的对象编组。将生成的对象组命名为"云彩左"，如图 15-38 所示。云彩建模完成，将其保存。树建模部分在第 3 章的"3.2.11 课堂案例——制作小树模型"案例中有所讲解，这里不再赘述。

图 15-37

图 15-38

3. 合并模型并进行相关设置

（1）选择"文件 > 打开项目"命令，在弹出的"打开文件"对话框中选择保存的山模型文件，单击"打开"按钮打开选择的文件。选择"文件 > 合并项目"命令，在弹出的"打开文件"对话框中选择云盘中的"Ch15\制作游戏关卡页\素材\01"文件，单击"打开"按钮打开选择的文件。使用相同的方法合并云彩模型和树模型，效果如图 15-39 所示。

（2）在"对象"窗口中将"云彩左"对象组拖曳到"云彩"对象组下的下方，如图 15-40 所示，折叠"云彩"对象组。使用相同的方法将"右边大树"对象组拖曳到"树"对象组下的下方，折叠"树"对象组。

（3）选择"摄像机"工具，在"对象"窗口中生成一个"摄像机"对象，单击"摄像机"对象右侧的按钮，如图 15-41 所示，进入摄像机视图。

图 15-39

图 15-40

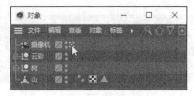
图 15-41

（4）在"属性"窗口的"对象"选项卡中设置"焦距"为 135；在"坐标"选项卡中设置"P.X"为 2537.94cm、"P.Y"为 1902.37cm、"P.Z"为-1300.26cm，"R.H"为 86.845°、"R.P"为-34.087°、"R.B"为-1.058°，视图窗口中的效果如图 15-42 所示。

（5）选择"平面"工具，在"对象"窗口中生成一个"平面"对象，并将其重命名为"背景"。在"属性"窗口的"对象"选项卡中设置"宽度"为 2888cm、"高度"为 1433cm；在"坐标"选项卡中设置"P.X"为-499.5cm、"P.Y"为-409cm、"P.Z"为-1195cm，"R.H"为 0°、"R.P"为 0°、"R.B"为 90°。

（6）在"对象"窗口中将"背景"对象拖曳到最下方，如图 15-43 所示。在"对象"窗口中框选需要的对象及对象组，按 Alt+G 组合键将选中的对象及对象组编组，并将生成的对象组命名为"游戏关卡页"，如图 15-44 所示。

图 15-42

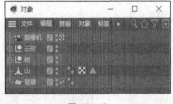
图 15-43

图 15-44

4. 创建灯光

（1）选择"区域光"工具，在"对象"窗口中生成一个"灯光"对象，并将其重命名为"主光源"，如图 15-45 所示。在"属性"窗口的"常规"选项卡中设置"强度"为 20%、"投影"为"区域"，在"细节"选项卡中设置"衰减"为"平方倒数（物理精度）"，在"坐标"选项卡中设置"P.X"为 153cm、"P.Y"为 145.5cm、"P.Z"为-1826cm。

扫码观看
本案例视频5
创建灯光

（2）选择"区域光"工具，在"对象"窗口中生成一个"灯光"对象，并将其重命名为"辅光源"，如图 15-46 所示。在"属性"窗口的"常规"选项卡中设置"强度"为 25%、"投影"为"区域"，在"细节"选项卡中设置"衰减"为"平方倒数（物理精度）"，在"坐标"选项卡中设置"P.X"为 392cm、"P.Y"为 8.5cm、"P.Z"为 -781.9cm。

（3）选择"区域光"工具，在"对象"窗口中生成一个"灯光"对象，并将其重命名为"背光源"，如图 15-47 所示。在"属性"窗口的"常规"选项卡中设置"投影"为"区域"；在"细节"选项卡中设置"水平尺寸"为 769.3cm、"垂直尺寸"为 2366cm；在"坐标"选项卡中设置"P.X"为 96.7cm、"P.Y"为 -160.5cm、"P.Z"为 -1237.5cm，"R.H"为 -90°、"R.P"为 0°、"R.B"为 0°。

图 15-45　　　　　　　　图 15-46　　　　　　　　图 15-47

（4）在"对象"窗口中框选需要的对象，如图 15-48 所示。按 Alt+G 组合键将选中的对象编组，并将生成的对象组命名为"灯光"，如图 15-49 所示。

图 15-48　　　　　　　　　　　　　　图 15-49

5. 创建材质

（1）在"材质"窗口中双击，添加一个材质球。在添加的材质球上双击，弹出"材质编辑器"窗口。在"名称"文本框中输入"山底"，在左侧列表中选择"颜色"通道，在右侧设置"H"为 228°、"S"为 51%、"V"为 99.2%，其他选项的设置如图 15-50 所示，单击"关闭"按钮，关闭"材质编辑器"窗口。

扫 码 观 看
本案例视频6
创建材质

（2）单击"多边形"按钮，切换到"多边形"模式。展开"对象"窗口中的"游戏关卡页"对象组，双击"山"对象右侧的"多边形选集 标签[多边形选集]"图标，将"材质"窗口中的"山底"材质拖曳到视图窗口中选中的面上，如图 15-51 所示。

（3）在"材质"窗口中双击，添加一个材质球。在添加的材质球上双击，弹出"材质编辑器"窗口。在"名称"文本框中输入"山顶"，在左侧列表中选择"颜色"通道，在右侧设置"H"为 0°、"S"为 0%、"V"为 100%，单击"关闭"按钮，关闭"材质编辑器"窗口。选择"选择 > 反选"命令，反选对象的面。将"材质"窗口中的"山顶"材质拖曳到视图窗口中选中的面上，如图 15-52 所示。

（4）在"材质"窗口中双击，添加一个材质球。在添加的材质球上双击，弹出"材质编辑器"窗口。在"名称"文本框中输入"云"，在左侧列表中选择"颜色"通道，在右侧设置"H"为 226.6°、"S"为 14%、"V"为 100%；在左侧列表中选择"反射"通道，在右侧设置"宽度"为 88%、"衰减"为

92%，其他选项的设置如图 15-53 所示，单击"关闭"按钮，关闭"材质编辑器"窗口。将"材质"窗口中的"云"材质拖曳到"云彩"对象组上，如图 15-54 所示。视图窗口中的效果如图 15-55 所示。

图 15-50

图 15-51

图 15-52

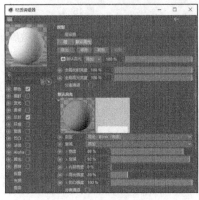

图 15-53

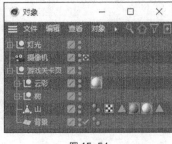

图 15-54

图 15-55

（5）在"材质"窗口中双击，添加一个材质球。在添加的材质球上双击，弹出"材质编辑器"窗口。在"名称"文本框中输入"树叶 1"，在左侧列表中选择"颜色"通道，在右侧设置"H"为 150.6°、"S"为 77%、"V"为 65%。在左侧列表中选择"反射"通道，在右侧单击"添加"按钮，在弹出的下拉列表中选择"GGX"选项，添加一个层。展开"层菲涅耳"选项组，设置"菲涅耳"为"绝缘体"、"预置"为"油（植物）"，其他选项的设置如图 15-56 所示，单击"关闭"按钮，关闭"材质编辑器"窗口。

（6）展开"对象"窗口中的"游戏关卡页 > 树 > 松树 > 松树.1"对象组。将"材质"窗口中的"树叶 1"材质分别拖曳到"松树.1"对象组中的"金字塔"对象、"金字塔.1"对象和"金字塔.2"对象上。折叠"松树.1"对象组。展开"对象"窗口中的"游戏关卡页 > 树 > 松树 > 松树.3"对象组。将"材质"窗口中的"树叶 1"材质分别拖曳到"松树.3"对象组中的"金字塔"对象、"金字塔.1"对象和"金字塔.2"对象上，折叠"松树.3"对象组。视图窗口中的效果如图 15-57 所示。

（7）展开"对象"窗口中的"游戏关卡页 > 树 > 中间大树"对象组。将"材质"窗口中的"树叶 1"材质拖曳到"中间大树"对象组中的"减面.3"对象上，折叠"中间大树"对象组。展开"对象"窗口中的"游戏关卡页 > 树 > 中间小树"对象组。将"材质"面板中的"树叶 1"材质拖曳到"中间小树"对象组中的"减面"对象组上，折叠"中间小树"对象组。展开"对象"窗口中的"游

戏关卡页 > 树 > 右边小树"对象组。将"材质"面板中的"树叶 1"材质拖曳到"右边小树"对象组中的"减面.3"对象上，折叠"右边小树"对象组。

图 15-56

图 15-57

（8）在"材质"窗口中双击，添加一个材质球。在添加的材质球上双击，弹出"材质编辑器"窗口。在"名称"文本框中输入"树叶 2"，在左侧列表中选择"颜色"通道，在右侧设置"H"为79.3°、"S"为58%、"V"为76%。在左侧列表中选择"反射"通道，在右侧单击"添加"按钮，在弹出的下拉列表中选择"GGX"选项，添加一个层。展开"层菲涅耳"选项组，设置"菲涅耳"为"绝缘体"、"预置"为"油（植物）"，其他选项的设置如图 15-58 所示，单击"关闭"按钮，关闭"材质编辑器"窗口。

（9）展开"对象"窗口中的"游戏关卡页 > 树 > 松树 > 松树.2"对象组。将"材质"窗口中的"树叶 2"材质分别拖曳到"松树.2"对象组中的"金字塔"对象、"金字塔.1"对象和"金字塔.2"对象上，折叠"松树.2"对象组。展开"对象"窗口中的"游戏关卡页 > 树 > 中间大树"对象组。将"材质"窗口中的"树叶 1"材质分别拖曳到"中间大树"对象组中的"减面.1"对象、"减面.2"对象和"减面.4"对象上，折叠"中间大树"对象组。展开"对象"窗口中的"游戏关卡页 > 树 > 右边大树"对象组。将"材质"窗口中的"树叶 2"材质拖曳到"右边大树"对象组中的"减面.4"对象上，折叠"右边大树"对象组。展开"对象"窗口中的"游戏关卡页 > 树 > 右边小树"对象组。将"材质"窗口中的"树叶 2"材质分别拖曳到"右边小树"对象组中的"减面.4"对象和"减面.5"对象上，如图 15-59 所示。折叠"右边小树"对象组。

图 15-58

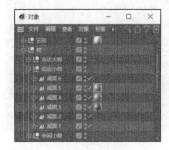

图 15-59

（10）在"材质"窗口中双击，添加一个材质球。在添加的材质球上双击，弹出"材质编辑器"窗口。在"名称"文本框中输入"树叶3"，在左侧列表中选择"颜色"通道，在右侧设置"H"为86°、"S"为81%、"V"为54%。在左侧列表中选择"反射"通道，在右侧单击"添加"按钮，在弹出的下拉列表中选择"GGX"选项，添加一个层。展开"层菲涅耳"选项组，设置"菲涅耳"为"绝缘体"、"预置"为"油（植物）"，其他选项的设置如图15-60所示，单击"关闭"按钮，关闭"材质编辑器"窗口。

（11）展开"对象"窗口中的"游戏关卡页 > 树 > 右边大树"对象组。将"材质"窗口中的"树叶3"材质分别拖曳到"右边大树"对象组中的"减面.2"对象和"减面.3"对象上，如图15-61所示。

图 15-60

图 15-61

（12）在"材质"窗口中双击，添加一个材质球。在添加的材质球上双击，弹出"材质编辑器"窗口。在"名称"文本框中输入"树干1"，在左侧列表中选择"颜色"通道，在右侧设置"H"为12°、"S"为53%、"V"为69%。在左侧列表中选择"反射"通道，在右侧单击"添加"按钮，在弹出的下拉列表中选择"GGX"选项，添加一个层。展开"层菲涅耳"选项组，设置"菲涅耳"为"绝缘体"、"预置"为"油（植物）"，其他选项的设置如图15-62所示，单击"关闭"按钮，关闭"材质编辑器"窗口。

（13）将"材质"窗口中的"树干1"材质分别拖曳到"对象"窗口"右边大树"对象组中的"减面"对象、"减面.1"对象和"减面.5"对象上，如图15-63所示。折叠"右边大树"对象组。将"材质"窗口中的"树干1"材质分别拖曳到"对象"窗口"右边小树"对象组中的"减面.1"对象、"减面.2"对象和"减面.6"对象上，如图15-64所示。折叠"右边小树"对象组。

图 15-62

图 15-63

图 15-64

（14）在"材质"窗口中双击，添加一个材质球。在添加的材质球上双击，弹出"材质编辑器"窗口。在"名称"文本框中输入"树干 2"，在左侧列表中选择"颜色"通道，在右侧设置"H"为27.5°、"S"为58%、"V"为57%。在左侧列表中选择"反射"通道，在右侧单击"添加"按钮，在弹出的下拉列表中选择"GGX"选项，添加一个层。展开"层菲涅耳"选项组，设置"菲涅耳"为"绝缘体"、"预置"为"油（植物）"，其他选项的设置如图 15-65 所示，单击"关闭"按钮，关闭"材质编辑器"窗口。

（15）展开"对象"窗口中的"游戏关卡页 > 树 > 松树 > 松树 1"对象组。将"材质"窗口中的"树干 2"材质拖曳到"松树 1"对象组中的"圆柱体"对象上。使用相同的方法分别将"树干 2"材质拖曳到"松树 2"对象组中的"圆柱体"对象上和"松树 3"对象组中的"圆柱体"对象上，如图 15-66 所示。折叠"松树"对象组。

（16）展开"对象"窗口中的"游戏关卡页 > 树 > 中间大树"对象组。将"材质"窗口中的"树干 2"材质拖曳到"中间大树"对象组中的"圆柱体"对象上。使用相同的方法将"树干 2"材质拖曳到"中间小树"对象组中的"圆柱体"对象上，如图 15-67 所示。分别折叠"中间大树"和"中间小树"对象组。

图 15-65

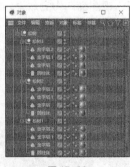
图 15-66

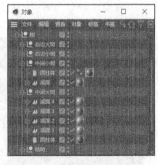
图 15-67

（17）在"材质"窗口中双击，添加一个材质球。在添加的材质球上双击，弹出"材质编辑器"窗口。在"名称"文本框中输入"枯树"，在左侧列表中选择"颜色"通道，在右侧设置"H"为27.5°、"S"为58%、"V"为38%；在左侧列表中选择"反射"通道，在右侧单击"添加"按钮，在弹出的下拉列表中选择"GGX"选项，添加一个层。展开"层菲涅耳"选项组，设置"菲涅耳"为"绝缘体"、"预置"为"油（植物）"，其他选项的设置如图 15-68 所示，单击"关闭"按钮，关闭"材质编辑器"窗口。将"材质"窗口中的"枯树"材质拖曳到"对象"窗口中的"枯树"对象组上，如图 15-69 所示。

（18）在"材质"窗口中双击，添加一个材质球。在添加的材质球上双击，弹出"材质编辑器"窗口。在"名称"文本框中输入"背景"，在左侧列表中选择"颜色"通道，在右侧设置"H"为197.6°、"S"为66%、"V"为95%，在"纹理"下拉列表中选择"渐变"选项，单击"渐变预览框"按钮，如图 15-70 所示，切换到相应的设置界面。

图 15-68	图 15-69	图 15-70

（19）选择"着色器"选项卡。双击"渐变"左侧的"色标.1"按钮，弹出"渐变色标设置"对话框，设置"H"为204°、"S"为47%、"V"为100%，单击"确定"按钮，返回"材质编辑器"窗口。双击"渐变"右侧的"色标.2"按钮，弹出"渐变色标设置"对话框，设置"H"为311°、"S"为16%、"V"为100%。单击"确定"按钮，返回"材质编辑器"对话框，其他选项的设置如图 15-71 所示。单击"关闭"按钮，关闭"材质编辑器"窗口。

（20）将"材质"窗口中的"背景"材质拖曳到"对象"窗口中的"背景"对象上，如图 15-72 所示。折叠"游戏关卡页"对象组。视图窗口中的效果如图 15-73 所示。

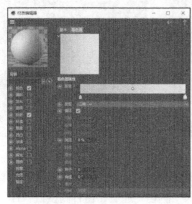

图 15-71	图 15-72	图 15-73

6. 渲染

（1）选择"物理天空"工具，在"对象"窗口中生成一个"物理天空"对象。在"属性"窗口的"太阳"选项卡中设置"强度"为 70%、"密度"为 50%，视图窗口中的效果如图 15-74 所示。（注："物理天空"对象会根据不同的地理位置和时间，使环境显示出不同的效果，可根据实际需要在"时间与区域"选项卡中进行设置。如果没有对"物理天空"对象进行特别设置，则系统会自动根据制作时的时间和位置进行设置。）

扫码观看
本案例视频7
渲染

（2）单击"编辑渲染设置"按钮，弹出"渲染设置"窗口，在左侧列表中选择"保存"选项，在右侧设置"格式"为"PNG"。在左侧单击"效果"按钮，在弹出的下拉列表中选择"全局光照"选项，以添加"全局光照"效果。单击"效果"按钮，在弹出的下拉列表中选择"环境吸收"选项，以添加"环境吸收"效果。在左侧列表中选择"抗锯齿"选项，在右侧设置"抗锯齿"选项为"最佳"。单击"关闭"按钮，关闭"渲染设置"窗口。

（3）单击"渲染到图像查看器"按钮，弹出"图像查看器"窗口，如图 15-75 所示。渲染完成后，单击"图像查看器"窗口中的"将图像另存为"按钮，弹出"保存"对话框，如图 15-76 所示。

图 15-74

图 15-75

图 15-76

（4）单击"保存"对话框中的"确定"按钮，弹出"保存对话"对话框，在该对话框中设置文件的保存位置，并在"文件名"文本框中输入文件的名称，设置完成后，单击"保存"按钮保存图像，效果如图 15-77 所示。

（5）在 Photoshop 中，根据需要添加文字与图标相结合的宣传信息，丰富整体画面，效果如图 15-78 所示。游戏关卡页制作完成。

图 15-77

图 15-78

课堂练习——制作游戏载入页

【练习知识要点】使用多种参数化对象、生成器及多边形建模工具建立模型，使用"摄像机"工具控制视图中的显示效果，使用"区域光"工具制作灯光效果，使用"材质"窗口创建材质并设置材质的属性，使用"物理天空"工具制作环境效果，使用"渲染设置"窗口和"渲染到图像查看器"按钮渲染图像。最终效果如图 15-79 所示。

【效果所在位置】云盘\Ch14\制作游戏载入页\工程文件.c4d。

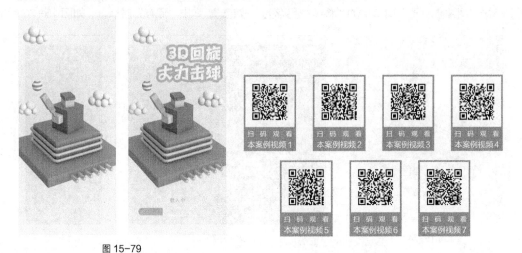

图 15-79

课后习题——制作游戏操作页

【习题知识要点】使用多种参数化对象、生成器、变形器及多边形建模工具建立模型，使用"摄像机"工具控制视图中的显示效果，使用"区域光"工具制作灯光效果，使用"材质"窗口创建材质并设置材质的属性，使用"天空"工具制作环境效果，使用"渲染设置"窗口和"渲染到图像查看器"按钮渲染图像。最终效果如图 15-80 所示。

【效果所在位置】云盘\Ch15\制作游戏操作页\工程文件.c4d。

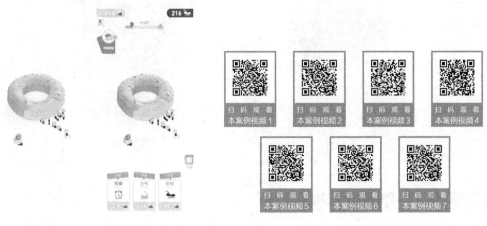

图 15-80

第 16 章
动画设计

动画设计是指通过连续播放一系列画面制作连续变化的动画。运用 Cinema 4D 进行动画设计可以快速实现各类动画效果。本章将对动画设计的特点、应用及类型进行系统讲解，通过案例分析、案例设计和案例制作进一步讲解 Cinema 4D 的强大功能和操作技巧。通过对本章的学习，读者可以快速掌握商业案例的设计理念和 Cinema 4D 的操作要点，从而制作出具有专业水准的 Cinema 4D 动画作品。

知识目标

- ✔ 了解动画设计的特点
- ✔ 熟悉动画设计的应用
- ✔ 熟悉动画设计的类型

能力目标

- ✔ 掌握美妆主图动画的分析方法
- ✔ 掌握美妆主图动画的设计思路
- ✔ 掌握美妆主图动画的制作方法

素质目标

- ✔ 培养针对 Cinema 4D 的自我学习与技术更新能力
- ✔ 培养用 Cinema 4D 进行动画设计时的工作协调能力和组织管理能力
- ✔ 培养对动画设计工作的高度责任心和良好的团队合作精神

16.1 动画设计概述

动画设计通过快速地播放一系列画面，给人眼呈现出流畅的动画效果。运用 Cinema 4D 进行动画设计的效果如图 16-1 所示。

图 16-1

16.1.1 动画设计的特点

动画设计具有发展多元化、技术先进、信息丰富和表现力强等特点。

（1）发展多元化：动画设计经过多年的发展，其制作方式、表现形式及传播渠道都从单一性走向了多元化。

（2）技术先进：制作动画的软件和技术不断丰富，令动画制作变得更加简单、方便。

（3）信息丰富：动画通过快节奏、简洁化的形式进行展示，使其在单位时间内呈现的信息量较大，令人们可以快速且有效地获取大量信息。

（4）表现力强：有别于传统的视觉展现形式，动画的展现形式是将文字、图形、图像及声音等元素进行融合，所以动画充满趣味。

16.1.2 动画设计的应用

动画设计与我们的日常生活息息相关，其常见的应用方向有平面动画、电商动画、UI 动画、游戏动画、视频短片和动画影片等，如图 16-2 所示。当动画设计应用于这些方向时，动画的画面充满趣味性，交互富有情感，内容容易传播。

（a）平面动画 　　　　　　　　　　　（b）电商动画

（c）UI 动画 　　　　　　　　　　　（d）游戏动画

（e）视频短片 　　　　　　　　　　　（f）动画影片

图 16-2

16.1.3　动画设计的类型

根据动画的表现形式和制作方法，可以将动画设计分为以手工绘制为主的传统动画，以计算机为主的计算机动画，以黏土偶、木偶或混合材料为主要角色的定格动画和以剪纸、皮影等其他艺术表现形式为主的动画等类型，如图 16-3 所示。其中计算机动画又可以细分为二维动画和三维动画，这些动画既能体现高超的动画制作技术，又能展现独具特色的艺术表现风格。

（a）传统动画

（b）计算机动画

（c）定格动画

（d）剪纸动画

图 16-3

16.2 制作美妆主图动画

16.2.1 案例分析

本例将为美加宝美妆有限公司制作美妆主图动画，要求为装饰气球添加动画效果，以增强画面的活泼感，并吸引客户点击。

在设计思路上，用"风力"对象制作气球飘起的动画效果，自然生动，符合场景设定，不会过于呆板，且与画面和谐统一。

本例使用"刚体"标签、"属性"窗口、时间线面板和"风力"命令制作动画效果，使用"渲染设置"窗口和"渲染到图像查看器"按钮渲染动画。

16.2.2 案例设计

设计作品参考效果所在位置：云盘中的"Ch16\制作美妆主图动画\工程文件.c4d"。本案例的设计流程如图 16-4 所示。

（a）添加风力效果　　　　　　　　（b）渲染输出动画

图 16-4

16.2.3　案例制作

（1）选择"文件>打开项目"命令，在弹出的"打开文件"对话框中选择云盘中的"Ch12\制作美妆主图动画\工程文件"文件，单击"打开"按钮打开选择的文件。

（2）在"对象"窗口中展开"美妆电商主图"对象组，选中"气球"对象组，如图 16-5 所示。单击鼠标右键，在弹出的快捷菜单中选择"模拟标签 > 刚体"命令。在"属性"窗口的"碰撞"选项卡中设置"继承标签"为"复合碰撞外形"、"独立元素"为"全部"、"外形"为"方盒"，如图 16-6 所示。折叠"美妆电商主图"对象组。在"属性"窗口中选择"模式 > 工程"命令，切换到相应的设置界面。在"动力学"选项卡中设置"重力"为-50cm，如图 16-7 所示。在时间线面板中将"场景结束帧"设置为 120F，按 Enter 键确定操作。

图 16-5　　　　　　　　　　　　图 16-6　　　　　　　　　　　　图 16-7

（3）选择"模拟 > 力场 > 风力"命令，在"对象"窗口中生成一个"风力"对象，如图 16-8 所示。在"属性"窗口的"对象"选项卡中设置"速度"为 4cm、"紊流"为 5%、"紊流缩放"为 10%，如图 16-9 所示。在"衰减"选项卡中长按"线性域"按钮，在弹出的下拉列表中选择"随机域"选项，如图 16-10 所示。

（4）在"对象"窗口中选中"风力"对象。在"坐标"窗口的"位置"选项组中设置"X"为-440cm、"Y"为 16 cm、"Z"为-78 cm，在"旋转"选项组中设置"H"为-62°、"P"为 52°、"B"为 7°。

图 16-8 　　　　　　　　　 图 16-9 　　　　　　　　　 图 16-10

（5）选择"模拟 > 力场 > 风力"命令，在"对象"窗口中生成一个"风力.1"对象，如图 16-11 所示。在"属性"窗口的"对象"选项卡中设置"速度"为 4cm、"紊流"为 5%、"紊流缩放"为 10%，在"衰减"选项卡中长按"线性域"按钮，在弹出的下拉列表中选择"随机域"选项。在"对象"窗口中选中"风力.1"对象。在"坐标"窗口的"位置"选项组中设置"X"为 430cm、"Y"为 16cm、"Z"为-78cm，在"旋转"选项组中设置"H"为 70°、"P"为 32°、"B"为-140°。

（6）选择"模拟 > 力场 > 风力"命令，在"对象"窗口中生成一个"风力.2"对象，如图 16-12 所示。在"属性"窗口的"对象"选项卡中设置"速度"为 4cm、"紊流"为 5%、"紊流缩放"为 10%。在"衰减"选项卡中长按"线性域"按钮，在弹出的下拉列表中选择"随机域"选项。在"对象"窗口中选中"风力.2"对象。在"坐标"窗口的"位置"选项组中设置"X"为-110cm，"Y"为 16cm，"Z"为 174cm，在"旋转"选项组中设置"H"为-182°、"P"为 52°、"B"为 7°。

（7）选择"空白"工具，在"对象"窗口中生成一个"空白"对象，并将其重命名为"风力"。框选需要的对象，将选中的对象拖曳到"风力"对象（"空白"工具生成）的下方，如图 16-13 所示。折叠外层"风力"对象组。

图 16-11 　　　　　　　　　 图 16-12 　　　　　　　　　 图 16-13

（8）单击"编辑渲染设置"按钮，弹出"渲染设置"窗口，设置"渲染器"为"物理"、"帧频"为 25、"帧范围"为"全部帧"。在左侧列表中选择"保存"选项，在右侧设置"格式"为"MP4"。

（9）在窗口左侧单击"效果"按钮，在弹出的下拉列表中选择"全局光照"选项，以添加"全局光照"效果，设置"主算法"为"准蒙特卡罗（QMC）"、"次级算法"为"准蒙特卡罗（QMC）"。单击"效果"按钮，在弹出的下拉列表中选择"环境吸收"选项，以添加"环境吸收"效果，设置"最大光线长度"为"50cm"，勾选"评估透明度"复选框。单击"效果"按钮，在弹出的下拉列表中选择"降噪器"选项，以添加"降噪器"效果。单击"关闭"按钮，关闭"渲染设置"窗口。

（10）单击"渲染到图像查看器"按钮，弹出"图像查看器"窗口，如图 16-14 所示。渲染完成后，单击"图像查看器"窗口中的"将图像另存为"按钮，弹出"保存"对话框，如图 16-15 所示。单击"确定"按钮，弹出"保存对话"对话框，在该对话框中设置文件的保存位置，并在"文件名"文本框中输入文件的名称，设置完成后，单击"保存"按钮保存图像。美妆主图动画制作完成。

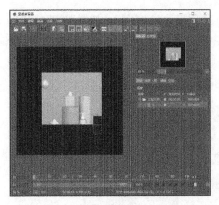 

图 16-14   图 16-15

课堂练习——制作欢庆儿童节闪屏页动画

【练习知识要点】使用多种参数化对象、生成器及多边形建模工具建立模型、使用"摄像机"工具控制视图中的显示效果、使用"区域光"工具制作灯光效果、使用"材质"窗口创建材质并设置材质的属性，使用"物理天空"工具制作环境效果、使用模拟标签制作动画效果、使用"渲染设置"窗口和"渲染到图像查看器"按钮渲染图像。最终效果如图 16-16 所示。

【效果所在位置】云盘\Ch16\制作欢庆儿童节闪屏页动画\工程文件.c4d。

图 16-16

课后习题——制作美食活动页动画

【习题知识要点】使用多种参数化对象、生成器及多边形建模工具建立模型、使用"摄像机"工具控制视图中的显示效果、使用"区域光"工具制作灯光效果、使用"材质"窗口创建材质并设置材质的属性，使用"天空"工具制作环境效果，使用运动图形工具、效果器和时间线面板中的工具制作动画效果，使用"渲染设置"窗口和"渲染到图像查看器"按钮渲染图像和动画。最终效果如图 16-17 所示。

【效果所在位置】云盘\Ch16\制作美食活动页动画\工程文件.c4d。

扫 码 观 看
本案例视频

图 16-17